无机非金属材料专业面向工业过程教材

水泥生产质量控制与管理

主　编　张雪芹
副主编　石常军　张瑞红

中国建材工业出版社

图书在版编目（CIP）数据

水泥生产质量控制与管理/张雪芹主编. —北京：中国
建材工业出版社，2006.6（2021.7 重印）
无机非金属材料专业面向工业过程教材
ISBN 978-7-80227-069-5

Ⅰ.水 ... Ⅱ.张 ... Ⅲ.①水泥 – 生产过程 – 质量
控制 – 高等学校 – 教材②水泥 – 生产管理：质量管理 –
高等学校 – 教材 Ⅳ.TQ172.6

中国版本图书馆 CIP 数据核字（2006）第 038945 号

水泥生产质量控制与管理

主　编　张雪芹
副主编　石常军　张瑞红

出版发行：中国建材工业出版社
地　　址：北京市海淀区三里河路 1 号
邮　　编：100044
经　　销：全国各地新华书店
印　　刷：北京鑫正大印刷有限公司
开　　本：787mm×1092mm　1/16
印　　张：15.5
字　　数：385 千字
版　　次：2006 年 6 月第 1 版
印　　次：2021 年 7 月第 4 次
定　　价：46.00 元

网上书店：www.jccbs.com.cn
本书如出现印装质量问题，由我社发行部负责调换。联系电话：（010）88386906

前　　言

水泥是基本建设不可或缺的建筑材料,以目前的世界技术水平来看,还很难找到一种能在近期内替代水泥的建筑材料。

百年大计,质量为本。水泥产品质量的优劣,关系到建(构)筑物的质量,体现了一个企业的技术和管理水平。在构建和谐社会的今天,提高水泥产品质量,降低水泥生产成本,不仅是提高企业效益、增强市场竞争力的需要,更是落实科学发展观、建设节约型社会的需要。随着全球经济一体化进程的加快,以及加入 WTO 后我国市场经济地位的全面确立,我国国民经济运行平稳并快速增长,固定资产投资和工业生产均保持较快的增长速度,与国民经济密切相关的水泥工业也加快了结构调整的步伐,新型干法水泥生产快速增长,使整个行业保持了良好的发展态势。但同时也暴露了水泥工业技术力量缺乏的结构性矛盾,建材院校无机非金属材料(硅酸盐)及相关专业人才供不应求、缺口巨大已经成为不争的事实。如何尽快提高水泥工业从业人员的技术水平,如何稳定和提高水泥实物质量,是当前水泥工业迫切需要解决的重大课题。为了适应生产、教学、职工培训和科研的需要,我们编写了这本《水泥生产质量控制与管理》。

本书是《质量管理学》和《水泥工艺学》的边缘部分,同时具有较强的专业性,重点讲述了生产中出现的质量问题,并对其进行了分析,对质量控制检验和水泥工艺知识也进行了适当的介绍,力求建立一个科学的、合理的水泥生产质量控制与管理的基本理论体系和实用技术系列。本书立足研究和应用需要,编写内容采用了最新的国家标准和规范,突出了水泥生产质量控制与管理的基本概念和体系建立,在充分叙述现代质量管理的基本理论与技术特点的基础上,重点介绍水泥质量控制与管理的理论与技能。因此,本书具有注重实用、由浅入深、循序渐进的编写特色,贯彻了《无机非金属材料专业面向工业过程教材》的编写思想,便于读者在充分了解现代企业管理理论、技术和方法的基础上,熟练掌握现代水泥生产质量控制与管理技术。

本书是系统阐述现代水泥生产质量控制与管理技术的专业书籍。全书针对水泥生产的特点,将现代质量管理技术与水泥生产工艺有机地结合起来。为便于读者理解和使用,本书在第1章对质量与质量管理进行了较为全面的介绍,第2章简要介绍了硅酸盐水泥生产概述,第3章重点介绍了硅酸盐水泥生产原料、燃料的质量要求,第4章介绍了水泥生产质量控制图表,从第5章至第12章分别介绍了硅酸盐水泥生产原料,燃料的质量控制,混合材的质量控制,硅酸盐水泥的率值、配料及配料计算,水泥生产过程中的均化链,生料的质量控制,硅酸盐水泥熟料的质量控制,硅酸盐水泥制成的质量控制与管理,出厂水泥的质量控制等内容。鉴于水泥的主要应用是配制成水泥砂浆、水泥混凝土及其各种制品,本书第13章、第14章、第16章分别介绍了硅酸盐水泥的性能、硅酸盐水泥的耐久性、混凝土和砂浆等方面的理论知识,第15章还就硅酸盐系列其他水泥品种及目前广泛应用的特种水泥品种进行了简要介绍。根据科学发展观和建材工业可持续发展的要求,本书第17章重点介绍了水泥生产中的环境保护问题。

本书的绪论由河北建材职业技术学院石常军编写,第1章由大庆石油学院杨桂芳编写,第

2章由冀东水泥厂王贺编写,第4章由浅野水泥厂贾凤芹编写,第17章由河北建材职业技术学院张瑞红编写,第6章由河北建材职业技术学院张玉萍编写,第12章由河北建材职业技术学院张向红编写,其余几章由河北建材职业技术学院张雪芹编写。

本书可供高等院校硅酸盐(无机非金属材料)专业师生和水泥厂质量控制人员、工程技术人员使用,也可供科研院所、水泥营销及相关人员参考。

本书在编写过程中得到了河北建材职业技术学院、冀东水泥厂、浅野水泥厂等单位众多同行的支持和帮助,参阅了许多业内专家、学者和生产一线作者的文献资料,在此一并表示感谢。

由于编者水平及知识面有限,虽然尽了较大努力,但由于现代质量控制与管理,以及水泥生产涉及内容实在太多,且其技术发展迅速,因此本书在编写内容及相关技术处理上仍难免有局限性,书中的疏漏甚至谬误恐难避免,竭诚欢迎广大读者批评指正。

编　者
2006年4月

目　　录

绪　　论 ……………………………………………………………………… 1

1　胶凝材料及水泥工业概述 ……………………………………………… 1

1.1　胶凝材料的定义及分类 …………………………………………… 1

1.2　胶凝材料发展简史 ………………………………………………… 1

1.3　水泥在国民经济中的地位与作用 ………………………………… 2

1.4　世界水泥工业发展简史及趋势 …………………………………… 3

1.5　中国的水泥工业概况 ……………………………………………… 5

2　水泥生产质量控制与管理概述 ………………………………………… 7

2.1　重大措施综述 ……………………………………………………… 8

2.2　水泥生产过程的质量控制 ………………………………………… 10

2.3　掌握水泥生产质量控制与管理技术,为提高水泥实物质量而努力 … 13

第1章　质量与质量管理 …………………………………………………… 15

1.1　质量管理的意义和基本特点 ……………………………………… 15

1.2　质量管理的基本知识 ……………………………………………… 17

思考题 …………………………………………………………………… 20

第2章　硅酸盐水泥生产概述 ……………………………………………… 21

2.1　水泥的分类及命名 ………………………………………………… 21

2.2　硅酸盐水泥生产的基本技术要求 ………………………………… 22

2.3　硅酸盐水泥的生产方法 …………………………………………… 27

2.4　硅酸盐水泥的生产过程 …………………………………………… 29

思考题 …………………………………………………………………… 32

第3章　硅酸盐水泥生产原料、燃料的质量要求 ………………………… 34

3.1　石灰质原料 ………………………………………………………… 34

3.2　黏土质原料 ………………………………………………………… 37

3.3　校正原料 …………………………………………………………… 40

3.4　燃料 ………………………………………………………………… 41

3.5　低品位原料和工业废渣的利用 …………………………………… 42

思考题 …………………………………………………………………… 45

第4章　水泥生产质量控制图表 ··· 46

4.1　质量控制点、控制项目、控制指标的确定 ················· 46

4.2　取样方法 ··· 46

4.3　取样次数与检验次数 ··· 46

4.4　检验方法 ··· 47

4.5　生产流程质量控制图表 ······································· 47

思考题 ··· 50

第5章　硅酸盐水泥生产原料、燃料的质量控制 ······················· 51

5.1　石灰石控制指标及检测方法 ··································· 51

5.2　黏土质原料的控制指标及检测方法 ····························· 52

5.3　铁质校正原料、萤石和石膏的控制指标及检测方法 ············· 53

5.4　燃料的控制指标及检测方法 ··································· 54

思考题 ··· 59

第6章　混合材的质量控制 ··· 60

6.1　混合材的分类 ··· 60

6.2　混合材的质量控制指标及检测方法 ····························· 60

思考题 ··· 62

第7章　硅酸盐水泥的率值、配料及配料计算 ························· 63

7.1　熟料的率值 ··· 63

7.2　熟料矿物组成的计算 ··· 66

7.3　配料方案的设计 ··· 71

7.4　配料计算 ··· 74

思考题 ··· 78

第8章　水泥生产过程中的均化链 ··································· 79

8.1　物料的均化 ··· 79

8.2　原、燃料的预均化 ··· 81

8.3　生料的均化 ··· 86

思考题 ··· 95

第9章　生料的质量控制 ··· 96

9.1　生料制备过程中的质量要求 ··································· 96

9.2　出磨生料控制项目及检测方法 ································· 97

9.3 入窑生料的质量控制 ··· 107

思考题 ··· 110

第 10 章 硅酸盐水泥熟料的质量控制 ·················· 111

10.1 熟料的控制指标及检测方法 ······························· 111

10.2 熟料的质量管理 ··· 117

思考题 ··· 118

第 11 章 硅酸盐水泥制成的质量控制与管理 ······· 119

11.1 水泥制成控制指标及检测方法 ··························· 119

11.2 出磨水泥的管理 ··· 129

思考题 ··· 130

第 12 章 出厂水泥的质量控制 ·································· 131

12.1 出厂水泥的质量要求 ··· 131

12.2 出厂水泥的管理 ··· 131

思考题 ··· 134

第 13 章 硅酸盐水泥的性能 ······································ 135

13.1 凝结时间 ·· 135

13.2 强度 ·· 140

13.3 体积变化 ·· 144

13.4 水化热 ·· 145

13.5 泌水性和保水性 ··· 147

13.6 粉磨细度 ·· 148

思考题 ··· 150

第 14 章 硅酸盐水泥的耐久性 ·································· 151

14.1 抗渗性 ·· 151

14.2 抗冻性 ·· 152

14.3 环境介质的侵蚀 ··· 153

思考题 ··· 160

第 15 章 其他水泥 ··· 161

15.1 矿渣水泥、火山灰水泥、粉煤灰水泥 ·················· 161

15.2 高铝水泥 ·· 162

15.3 早强及快硬水泥 ··· 168

15.4 抗硫酸盐水泥 ……………………………………………… 174

15.5 油井水泥 ……………………………………………………… 176

15.6 大坝水泥 ……………………………………………………… 180

15.7 白色和彩色水泥 ……………………………………………… 182

15.8 道路水泥 ……………………………………………………… 183

15.9 砌筑水泥 ……………………………………………………… 184

15.10 防辐射水泥 ………………………………………………… 185

15.11 耐酸水泥 …………………………………………………… 186

15.12 耐高温水泥 ………………………………………………… 189

思考题 …………………………………………………………… 191

第16章 混凝土和砂浆 …………………………………………… 193

16.1 混凝土的组成材料 …………………………………………… 193

16.2 混凝土拌和物的和易性 ……………………………………… 197

16.3 混凝土的强度 ………………………………………………… 201

16.4 混凝土的耐久性 ……………………………………………… 204

16.5 混凝土的配合比设计和工艺控制 …………………………… 206

16.6 混凝土外加剂 ………………………………………………… 210

16.7 特种混凝土 …………………………………………………… 212

16.8 砂浆 …………………………………………………………… 216

思考题 …………………………………………………………… 217

第17章 水泥生产中的环境保护 ………………………………… 218

17.1 环境与环境保护的基本概念和基本知识 …………………… 218

17.2 水泥生产中的环境污染 ……………………………………… 220

17.3 水泥生产中环境污染的防治与控制 ………………………… 221

17.4 水泥工作者的责任及对策 …………………………………… 229

思考题 …………………………………………………………… 231

附录一 水泥工业大气污染物排放标准 ……………………………… 232

附录二 工业企业厂界噪声标准 GB 12348—90 …………………… 238

参考文献 …………………………………………………………… 239

4

绪　　论

1　胶凝材料及水泥工业概述

1.1　胶凝材料的定义及分类

凡能在物理、化学作用下,从浆体变成坚固的石状体,并能胶结其他物料而具有一定机械强度的物质,统称为胶凝材料(又称胶结料)。可分为有机和无机两大类别。沥青和各种树脂属于有机胶凝材料。无机胶凝材料按照硬化条件的不同,分为水硬性和非水硬性两种。水硬性胶凝材料是在拌水后既能在空气中硬化又能在水中硬化的材料,通常称之为水泥,如硅酸盐水泥、铝酸盐水泥、硫铝酸盐水泥等。非水硬性胶凝材料只能在空气中硬化,不能在水中硬化,故又称之为气硬性胶凝材料,如石灰、石膏、耐酸胶结料等。

1.2　胶凝材料发展简史

胶凝材料的发展,有着悠久的历史。按照时间跨度,可粗略将其分为天然胶凝材料时期、石灰-石膏时期、石灰-火山灰时期、水硬性石灰-天然水泥时期、硅酸盐水泥时期、多品种水泥大发展时期等六个阶段。

1.2.1　天然胶凝材料时期

远在新石器时代,由于石器工具的进步,劳动生产力的提高,挖穴建室的建筑活动已经兴起。人们逐渐使用黏土来抹砌简易的建筑物,有时还掺入稻草、壳皮等植物纤维来加筋增强。但未经煅烧的黏土并无抗水能力,而且强度很低。另外,在我国新石器时代的遗址中,还发现用天然姜石夯实而成的柱础以及铺埋的地面和四壁等,其质地光滑坚硬。经测定,姜石是由两种二氧化硅含量较高的石灰质原料组成,是黄土中的钙质结核。在当时的建筑活动中,能有意识地将黄土中的姜石挑选出来,捣碎成粉后应用于特定场合,不能不说是当时居室建筑的一大进步。

1.2.2　石灰-石膏时期

随着火的发现及利用,大约在公元前2000～公元前3000年,中国、古埃及、古希腊以及古罗马等就已开始利用经过煅烧所得的石膏或石灰来调制砌筑砂浆。例如古埃及的金字塔,我国著名的万里长城以及其他许多宏伟的古建筑,都是用石灰、石膏作为胶凝材料砌筑而成的。我国有关石灰的文字记载,最早可以上溯到公元前7世纪的周朝。从以前考古发掘的材料分析来看,至迟在汉朝(公元2世纪),人工烧制石灰已经达到相当高的水平了。

1.2.3 石灰-火山灰时期

随着生产发展的需要,逐渐要求有强度较高并能防止被水侵蚀和冲毁的胶凝材料。到公元初,古希腊人和古罗马人都已经发现,在石灰中掺加某些火山灰沉积物,不仅强度能提高,而且能抵御淡水或含盐水的侵蚀。例如古罗马的庞贝城以及古罗马圣庙,法国南部里姆斯附近的加德桥等著名古建筑都是用石灰、火山灰材料砌筑而成的。又由于当时较多应用的是普佐里(Pozzoli)附近所产的火山凝灰岩,因此在意大利文中就将"Pozzolana"作为火山灰的名称,以后又扩大为凡是属于这类的矿物材料都称做"Pozzolana",并沿用至今。在我国古代建筑中大量应用的"三合土",即石灰与黄土的混合物,或另加细砂等,实际上也是一种石灰-火山灰材料。随后,人们又进一步发现,将碎砖、废陶器等磨细后,可以代替天然的火山灰,与石灰混合,同样能使其具有水硬性。从而使火山灰质材料由天然发展到人工制造,即煅烧过的黏土和石灰混合可以获得一定抗水性的胶凝材料。

1.2.4 水硬性石灰-天然水泥时期

18世纪后半期,又先后出现了水硬性石灰和罗马水泥,都是将含有适量黏土的黏土质石灰石经过煅烧而得。在此基础上,发展到用天然水泥岩(黏土含量在20%～25%左右的石灰石)煅烧、磨细而制得天然水泥。之后,逐渐发现可以用石灰石与黏土按一定比例共同磨细混匀,经过煅烧制成由人工配料的水硬性石灰,这实际上可以看成是近代硅酸盐水泥制造的雏形。

1.2.5 硅酸盐水泥时期

19世纪初期(1810～1825年),用人工配合的原料,再经煅烧、磨细以制成水硬性胶凝材料的方法,已经开始生产,并通过高温煅烧至烧结程度,以获得烧块(熟料)作为提高质量的措施。因为这种胶凝材料凝结后的外观颜色与当时建筑上常用的英国波特兰岛出产的石灰石相似,故称之为波特兰水泥(Portland Cement,我国称为硅酸盐水泥)。英国泥瓦匠阿斯普丁(J. Aspdin)于1824年首先取得了该项产品的专利权。由于该产品含有较多的硅酸钙,不但能在水中硬化,而且能长期抗水,强度甚高,其首批大规模使用的实例是1825～1843年修建的泰晤士河隧道工程。

1.2.6 多品种水泥大发展时期

硅酸盐水泥出现后,应用日益普遍,对于工程建筑起了很大的推动作用。但随着现代工业的发展,仅仅硅酸盐水泥、石灰、石膏等几种胶凝材料已远远不能满足工业建设和军事工程的需要。到20世纪初,就逐渐发展、衍生出各种不同用途的硅酸盐水泥,如快硬水泥、抗硫酸盐水泥、低热水泥以及油井水泥等等,而在1907～1909年发明的以低碱性铝酸盐为主要成分的高铝水泥,具有早强快硬的特性。以后又出现了硫铝酸盐水泥、氟铝酸盐水泥、铁铝酸盐水泥等水泥品种,当今世界各国都在研究和发展专用水泥及特种水泥,从而使水泥从单一的含硅酸盐矿物的品种发展到各种化学成分矿物组成、性能与应用范围不同的品种。可以相信,随着社会生产力的不断提高,胶凝材料还将有较快的发展,以满足日益增长的各种工程建设和人民生活的需要。

1.3 水泥在国民经济中的地位与作用

水泥是极其重要的建筑材料和工程材料,它是建筑工业三大基本材料之一。随着国民经济的发展,水泥的应用越来越广,因此素有建筑工业的粮食之称。水泥不但可以用于民用、工业、水利交通、军事等工程,还可以制造轨枕、坑木、水泥船和石棉水泥制品等,以节省大量的钢材和木材。生产水泥虽需较多能源,但是水泥与砂、石等集料所制成的混凝土则是一种低能耗型建筑材料,其单位质量的能耗只有钢材的 1/5 ~ 1/6,铝合金的 1/25,比红砖还低 55%。根据预测,21 世纪的主要建筑材料依然是水泥和混凝土,对水泥的生产和研究仍然极为重要。

水泥粉末与水拌和后,表面的熟料矿物立即与水发生水化反应放出热量,形成一定的水化产物。由于各种水化产物的溶解度很小,因此就在水泥颗粒周围析出。随着水化作用的进行,析出的水化产物不断增多,以致相互结合。这个过程的进展使水泥浆体稠化而凝结,随后变硬,并能将拌在一起的砂、石等散粒胶结成整体,逐渐产生强度。因此,水泥或水泥混凝土的强度是随龄期延长而逐渐增长的,其特点是早期增长特别快,之后逐渐减缓。但是,只要维持适当的温度和湿度,其强度在几个月、几年后,还会进一步有所增长。另一方面,也可能在几十年后尚有未水化的残留部分,仍具有继续进行水化作用的潜在能力。

作为胶凝材料,除水硬性外,水泥还有许多优点:水泥浆有很好的可塑性,与砂、石拌和后仍能使混合物具有必要的和易性,可浇筑成各种形状尺寸的构件,以满足设计上的不同要求。水泥的适应性强,可用于海上、地下、深水或者严寒、干热地区,以及耐侵蚀、防辐射核电站等特殊要求的工程。水泥硬化后可以获得较高强度,并且通过改变水泥的组成,可以适当调节其性能,满足某些工程的不同需要。水泥还可与纤维或者聚合物等多种无机、有机材料匹配,制成各种水泥基复合材料。与普通钢铁相比,水泥制品不会生锈,也没有木材这类材料易于腐朽的缺点,更不会有塑料年久老化的问题,具有耐久性好、维修工作量小等特点。因此,水泥不但大量应用于工业与民用建筑,还广泛应用于交通、城市建设、水利以及海港等工程,被制成各种形式的混凝土、钢筋混凝土的构件和构筑物。而水泥管、水泥船等各种水泥制品在"代钢"、"代木"方面,也越来越显示出技术经济上的优越性。同时,也正是由于钢筋混凝土、预应力钢筋混凝土和钢结构材料的混合使用,才使高层、超高层、大跨度等以及各种特殊功能的建筑物、构筑物的出现有了可能。此外,宇航工业、核工业以及其他新兴工业的建设,也需要各种无机非金属材料,其中最为基本的都是以水泥基为主的新型复合材料。因此,水泥工业的发展对保证国家建设计划的顺利进行和人民生活水平的提高,具有十分重要的意义。而且,其他领域的新技术,也必然会渗透到水泥工业中来,传统的水泥工业势必随着科学技术的迅猛发展而带来新的工艺变革和品种演变,应用领域必将有新的开拓,从而使其在国民经济中起到更为重要的作用。

1.4 世界水泥工业发展简史及趋势

1.4.1 世界水泥工业发展简史

自 1824 年水泥诞生并实际应用以来,水泥工业历经多次变革,工艺和设备不断改进,品种和产量不断扩大,管理与质量水平不断得到提高。人类最早是利用间歇式土窑(后发展成土立窑)煅烧水泥熟料,首批大规模使用水泥的实例是 1825 ~ 1843 年修建的泰晤士河隧道工程。1877 年回转窑烧制水泥熟料获得了专利权,继而出现了单筒冷却机、立式磨机以及单仓钢球磨机等,从而有效地提高了水泥产量和质量。1905 年湿法回转窑出现,1910 年土立窑得到了改进,实现了立窑机械化连续生产,1928年德国的立列波博士和波利休斯公司在对立窑、回转窑的综合分析研究后创造了带回转炉篦子的回转窑,为了纪念发明者与创造公司,将其取名为"立波尔窑"。1950年悬浮预热器窑的发明与应用使熟料热耗大幅度降低,与此同时,熟料的冷却设备也有了很大的发展,其他的水泥制造设备也不断更新换代。20世纪60年代初,日本将德国的悬浮预热器窑技术引进后,于1971年开发了水泥窑外分解技术,从而揭开了现代水泥工业的新篇章,并且很快地在世界范围内出现了各具特点的预分解窑,形成了新型干法水泥生产技术。随着原料预均化、生料均化、高性能破碎与粉磨、环境保护技术和 X 射线荧光分析等在线检测方法的配套发展与逐步完善,加上电子计算机和自动化控制仪表等技术的广泛应用,使新型干法水泥生产的熟料质量明显提高,能耗明显下降,生产规模不断扩大。新型干法水泥生产工艺正在逐步取代湿法、老式干法和立窑等落后的生产工艺。2003年世界水泥产量突破了18.2亿 t。

1.4.2 水泥工业发展趋势

当今世界水泥工业发展的总体趋势是向新型干法水泥生产技术方向发展,并具有如下特征:

1. 水泥装备大型化

新型干法水泥生产技术提供了提高水泥设备的单机生产能力和功能的可能性,而追求高效率、高性能、低成本促进了水泥生产装备大型化的进程。国外发达国家水泥生产线的建设规模20世纪70年代为 1 000 ~ 3 000t/d,80 年代为 3 000 ~ 5 000t/d,90 年代达到 4 000 ~ 10 000 t/d,目前 5 000t/d 以上的生产线已成主流,在建最大生产线规模为 12 000t/d。全世界目前总计有 10 条日产万吨熟料生产线。伴随着水泥熟料烧成系统的大型化,用于生料粉磨的 600t/h 以上的辊式磨已经问世,形成了年产水泥数百万吨乃至千万吨的水泥厂,大型水泥集团的生产能力甚至高达 1 亿 t 以上。

2. 生产工艺节能化

现代辊式磨机、辊压机和辊筒磨机三种新型挤压粉磨装置显示了巨大的节能潜力,显示了比传统的磨机实现概率破碎的粉磨技术更大的优越性。在生料粉磨中采用带磨外循环的辊式磨机已成为首选方案,在水泥粉磨工艺中采用料间挤压粉磨设备逐步取代直到完全取代球磨机已经成为一种必然的趋势,而与之配套的各种高效节能的新型选粉机使生产效率提高,系统电耗进一步降低。采用 6 级旋风预热器系统和改进型分解炉、新型多通道燃烧器及第三代篦式冷却机可实现高效冷却并高效热回收,熟料热耗显著降低。在过去的 20 年中,世界水泥生产线平均生产规模提高了 5 倍以上,水泥熟料热耗可达到 2 800kJ/kg,水泥综合电耗达到 85kW·h/t。

3. 操作管理自动化

由于计算机控制技术、通讯技术和图形显示技术的飞速发展,DCS 这种分散控制、集中管理的集散型控制系统已经在世界水泥行业中得到广泛应用,管理信息系统(MIS)作为全厂的生产、财务、营销、节资、备品备件、预检修计划制订与实施的管理并把 DCS 作为生产子系统纳入其中,从而形成了自下而上的过程控制层、系统监控层、调度协调层、计划管理层和经营决策层。操作管理的自动化使操作控制方便、管理科学化,具有无可比拟的优越性。通过运用信息技术开发各种工艺过程的专家系统和数字神经网络系统,可实现大型化水泥企业远程诊断和操作,保证水泥生产稳定,产品质量良好。

4. 环保措施生态化

近 20 年来,国际水泥界不断完善以预分解技术为中心的新型干法水泥生产工艺,日益重视以节能化、资源化、环境保护为中心,实现清洁生产和高效集约化生产,在保证水泥产品功能的前提下,逐步降低天然资源和能源的消耗,减少环境污染和最大限度地接收消纳工业废弃物和城市垃圾等,以达到与生态环境完全相容、和谐共处。当前,世界水泥工业的环保工作已开始从被动治理转向主动治理。各种运行可靠,收尘效率在 99.9% 以上的电收尘器和袋式收尘器及其辅助设备已普遍采用,工业发达国家对废气粉尘的排放标准已控制到 50～30g/m³ 以下,并全面控制高温废气中的 SO_2、CO、NO_x 等气体含量,以及某些重金属(如 Hg、Pb 等)、剧毒物二噁英等,以保护生态环境免受污染。改善水泥工业与生态环境的相容性,先进国家的水泥工业都采用了更为严格的水泥厂污染物排放标准,水泥厂逐步做到与其周围环境完全相容、和谐共处,向无污染靠近。展望未来,水泥工业也将从仅为人类提供低价、高性能的建筑材料发展和过渡到对生态环境友好的工业之一。

1.5 中国的水泥工业概况

我国水泥工业自 19 世纪 80 年代创立工厂迄今为止已有 120 多年的历史。在这期间,水泥工业先后经历了萌芽与早期发展阶段、衰落阶段、大发展阶段及结构调整等阶段,谱写了中国水泥工业漫长、曲折和多彩的历史。

1.5.1 萌芽与早期发展阶段

1882～1883 年,广东香山县人余瑞云投资 10 万两白银,在湾仔河道靠近澳门一侧,在香山县的青州岛建青州英泥厂(水泥厂)。1888 年,清政府天津军械局试用青州英泥厂的水泥,并做力学试验,水泥质量达到英国名牌希敦水泥的技术指标。唐山细棉土厂(后改组为启新洋灰公司,现为启新水泥有限公司)1889 年建于河北省唐山,并于 1892 年建成投产。之后,又相继建成了大连、上海、中国、广州等水泥厂,并根据英文"Cement"的音译及其外观特征将这些工厂的产品称之为"细棉土",或者称之为"士敏土"、"水门汀"及"洋灰",20 世纪 30 年代初根据其和水拌和后成泥状物的特性改称为"水泥"并沿用至今。自 19 世纪 80 年代至 1937 年的近 50 年间,我国水泥工业发展极其缓慢,最高水泥年产量仅 114.4 万 t。这是我国水泥工业的萌芽及早期发展阶段。

1.5.2 衰落阶段

抗日战争时期,先后建设了哈尔滨、本溪、小屯、抚顺、锦西、牡丹江、工源、琉璃河及重庆、辰溪、嘉华、昆明、贵阳、泰和等水泥厂,解放前夕投产了华新、江南水泥厂。这些厂大多数是外国人一手操办的,设备来自国外,没有完整的建设水泥工业的机制,因连年战乱,许多水泥厂难于持续生产,水泥工业处于衰落阶段。1949 年全国解放时,水泥年总产量仅 66 万 t,占当时总生产能力的 16.3%。此时的全国水泥工业处于奄奄一息的境地。

1.5.3 大发展阶段

1949 年新中国成立后,水泥工业迅速发展。20 世纪 50 年代中期,我国就开始试制湿法回转窑和半干法立波尔窑生产线成套设备,迈出了我国水泥生产技术发展的重要一步。从 20 世纪 50～60 年代,我国依靠自己的科研设计力量进行预热器窑的试验,先后新建、扩建了 32

个重点大中型的湿法或半干法立波尔窑生产企业,同期的立窑小型水泥企业发展迅速。在20世纪70~80年代,我国自行开发日产700t、1000t、1200t、2000t熟料的预分解窑生产线分别在新疆、江苏邱县、上海川沙、辽宁本溪和江西水泥厂投产,从1978年起,相继从国外引进了一批年产2000~4000t熟料的预分解窑生产线成套设备,建成了冀东、宁国、柳州、云浮等大型厂,不仅改善了水泥生产结构,而且在我国工厂设计、管理与设备改造等方面提供了很好的借鉴作用,迅速提高了我国的新型干法生产技术水平。这期间,还开发了一批低投资的提高型日产300~600t熟料的生产线用于湿法厂和立窑厂改造。与此同时,我国的水泥品种已由建国初期的3~4个发展到现在的100多个品种,经常生产的品种有30个左右,约占水泥总产量的25%,如道路水泥、大坝水泥、快硬水泥、油井水泥、膨胀水泥、自应力水泥、耐高温水泥及白水泥等。水泥科技工作者结合中国经济建设各方面的需要,在水泥及制品的研究开发中取得许多独具特色、具有自主知识产权的重要成果。在煅烧、粉磨、熟料形成、水泥新矿物系列、水泥硬化、混合材、外加剂、节能技术等有关的基础理论以及测试方法的研究和应用方面,也取得了较好的成绩。改革开放以来,中国水泥生产年平均增长12.4%,进入20世纪80年代后,中国水泥在国际上的地位迅速攀升,水泥年产量在1985年之后一直雄踞世界首位,我国水泥的人均消费量正在向发达国家的先进水平看齐。2000年中国水泥产量和消费量占世界的34%,占亚洲的57%。2002年,在水泥工业"控制总量、调整结构、淘汰落后"的大气候下,我国水泥年产量还突破了7亿t。随着2002年6月铜陵海螺5000t/d熟料国产化示范线的全线投产,我国水泥生产技术、大型设备研发制造技术已经具备了与国外技术、设备竞争的能力和实力。2004年我国水泥产量9.7亿t,其中新型干法水泥达3.15亿t,占总产量的32.5%。至2004年年底,我国拥有新型干法生产线499条,熟料总生产能力达到32884万t,此生产能力位居世界榜首。2005年预计投产的新型干法生产线134条,新增熟料生产能力13228t,预计2005年水泥产量增速将在9%左右,水泥总产量将达10.5亿t,新型干法所产水泥的比例将上升到46%。目前,安徽海螺集团已拥有4条10000t/d水泥熟料预分解窑生产线,其水泥年生产能力已接近6000万t,居世界前五位,标志着我国水泥工业正在向世界先进水平挺进。此外,浙江三狮、济南山水集团水泥生产能力也都超过2000万t,另外立窑等落后生产能力淘汰的速度明显加快,浙江、湖南的湿法窑基本停产,浙江湖州地区20万t以下规模的立窑企业也基本停产,广东东莞已淘汰了所有立窑企业。行业结构调整总体上朝着预期方向发展。

我国是名副其实的水泥生产大国,但总体水平不高。主要表现在:一是水泥工业的快速发展主要依靠立窑生产技术为主的水泥生产线来实现,地方水泥工业的发展在我国水泥工业的发展中占有重要的地位。但以立窑为主的地方水泥企业由于技术改造投入不足和管理上的问题以及立窑自身固有的特点,仍然存在着能源消耗高、粉尘和废气污染严重、产品质量不稳定、劳动生产率低等问题以及企业规模小形不成规模经济等问题。二是技术进步步伐虽然加快,但总体技术水平与世界先进水平差距较大。新型干法生产技术装备的科研、开发虽然取得了长足的进步和发展,但无论是在设备的大型化方面,还是在技术性能,特别是能耗指标以及机电一体化水平、设备的材质和结构、成套性、可靠性方面都有明显的差距。三是产业结构不合理。大中型企业数量少,高性能水泥产量比例低,生产工艺线数量多但企业规模普遍较小,职工队伍庞大而技术力量不足,人才缺乏。

1.5.4 结构调整阶段

我国水泥工业正面临调整产业结构,实现由大变强的艰巨任务。"十五"以来,我国水泥工业结构调整取得了令人瞩目的成绩,特别是 2004 年水泥工业结构调整取得了突破性的进展。其标志是新型干法水泥生产对水泥工业的影响,实现了由"量变"到"质变"的转变,这个转变对中国水泥工业发展具有里程碑的意义,新型干法水泥生产开始主导水泥工业的发展方向,中国水泥工业已经进入了一个崭新的发展阶段。我们要以改造扩建为主,大力发展新型干法水泥生产技术和具有经济规模的大中型水泥项目,对以立窑为主的地方水泥工业实行限制、淘汰、改造、提高的方针,逐步减小立窑水泥的比重,增大新型干法水泥窑的比重,到 2010 年使回转窑水泥生产比重达到 50%左右。

2 水泥生产质量控制与管理概述

产品质量的好坏关系到每个人的切身利益,关系到整个社会的发展。随着全球经济一体化的发展,以质量取胜已成为企业生存发展、国家增强综合国力和国际竞争力的必然要求。当前,我国经济已进入一个新的发展阶段,正面临结构调整的关键时期,提高质量水平,即满足市场需求、扩大出口、提高经济运行质量和效益是关键,是增强综合国力和竞争力的必然需要。

水泥作为一种建筑材料,是直接关系到国家利益、人身、财产安全的重要产品,因此我国对水泥生产的要求非常严格。水泥生产企业必须获得国家相关部门颁发的生产许可证才能生产制造水泥。生产产品必须符合相应的强制性国家标准,并接受相关质量监督部门的监督。我国统一的水泥标准诞生于 1953 年,1956 年进行了第一次修订,产生了以前苏联"硬练法"为基础的我国三大水泥标准,即普通硅酸盐水泥、矿渣水泥和火山灰水泥标准;1977 年组织了第二次修改,制定了我国水泥强度检验方法"软练法",以此为基础产生了我国五大水泥标准,即硅酸盐水泥、普通硅酸盐水泥、矿渣硅酸盐水泥、火山灰质硅酸盐水泥、粉煤灰硅酸盐水泥标准,促进了我国水泥质量的提高,使全国水泥质量普遍提高了一个标号;改革开放后,随着我国水泥出口、水泥生产技术出口的日益增加,我国水泥产品质量与国际先进水平相比存在的差距越来越受到人们重视,因此对五大通用水泥产品标准和水泥胶砂强度检验标准进行了修订,1985年颁布实施了五大水泥修订标准。此后,随着我国水泥出口量的增加,以及国外水泥进入中国市场,为了同国际接轨,提高我国水泥产品质量,提高国际竞争力,1991 年对水泥标准进行了修订,GB 175—1992《硅酸盐水泥、普通硅酸盐水泥》将硅酸盐水泥分为Ⅰ型和Ⅱ型,Ⅰ型水泥的各项指标参照美国 ASTM 标准,Ⅱ型水泥指标参照英国 BS 标准,此次的标准修订使我国通用水泥产品标准达到了国际先进水平。然而由于我国水泥强度仍沿用"软练法",使我国水泥强度数值与国外标准没有可比性,因此 1996 年我国开始了强度检验方法等同采用 ISO 标准的研究,1999 年颁布了以新强度检验方法标准(GB/T 17671—1999《水泥胶砂强度检验方法(ISO法)》)为核心的六大通用水泥标准(GB 175—1999《硅酸盐水泥、普通硅酸盐水泥》、GB 1344—1999《矿渣硅酸盐水泥、火山灰质硅酸盐水泥、粉煤灰硅酸盐水泥》、GB 12958—1999《复合硅酸盐水泥》),2001 年 4 月 1 日六大通用水泥新标准正式实施,这标志着我国水泥标准已完全与国际接轨。在不断提高我国水泥产品技术标准水平的同时,为了保证和提高水泥产品质量,国家相关部门相继采取了一系列重大措施。

2.1 重大措施综述

2.1.1 颁布实施了《水泥企业质量管理规程》

产品质量是通过生产过程的各环节工序质量来保证的,因此为了强化水泥生产的过程控制,原国家建材部(局)从 20 世纪 50 年代就开始在国有大中型水泥企业中贯彻实施"水泥企业质量管理规程"(旋窑),为确保出厂水泥质量,该规程从原燃材料、半成品到成品的各工艺过程都有明确的质量控制要求。20 世纪 60 年代以后我国兴起立窑水泥,为此 20 世纪 70 年代原国家建材部(局)又颁布实施了"水泥企业质量管理规程"(立窑),随着立窑企业生产质量管理走上正规,1996 年两项管理规程合并为《水泥企业质量管理规程》(下称管理规程)。"管理规程"对水泥生产企业科学管理,指导水泥生产,制定严于国家标准的内部质量控制要求,确保出厂水泥产品质量方面起着重大作用。1999 年随着我国与国际标准接轨的强度检验方法标准的颁布实施,相应地对通用水泥产品标准进行了修订,原国家经济贸易委员会重新组织修订了"管理规程",于 2002 年 1 月 14 日颁布、同年 4 月 1 日实施。修改后的"管理规程"明确了厂长(经理)是企业产品质量第一责任人;规定了质量管理机构的设置、职责以及作为质量管理机构的化验室的基本条件等;规定了包括产品对比验证检验和抽查对比管理要求在内的质量管理制度;规定了原燃材料、半成品、出厂水泥(熟料)的质量管理。同时考虑到"管理规程"虽是水泥行业遵循的行业规章,但中国水泥企业有 7 000 多家,技术水平、规模、人员素质差别很大,因此为了使"管理规程"既对企业有普遍的指导意义,又具有可操作性,修订后的"管理规程"对生产过程中的一些规定给予了企业自主权,企业可以根据自身的规模、技术条件等制定相应的程序和控制指标。无论监督检查还是生产许可证发放、产品认证、体系认证等,只需检查确定企业制定的程序、指标是否科学、合理、有效即可。

2.1.2 建立健全了水泥企业化验室

在 20 世纪 80 年代初,为了整顿小水泥企业产品质量,国务院 1981 年颁发了 125 号文,提出了整顿小水泥企业产品质量的基本要求,即必须建立健全水泥厂化验室,明确不合格的水泥严禁出厂。为了进一步完善水泥企业的检验条件,通过提高检测水平确保出厂水泥产品质量,原国家建材工业局于 1989 年 10 月 19 日颁布实施了《水泥企业化验室基本条件》(下简称《基本条件》),《基本条件》1996 年进行第一次修订,2002 年原国家经贸委组织了第二次修订,并于 2002 年 1 月 14 日颁布、同年 4 月 1 日实施。对水泥化验室的环境条件、检验人员、检验设备及设备检定均做了明确规定。

2.1.3 建立健全了质量监督检验机构

由于水泥性能检测方法是采用模拟方法,因此目前世界上对水泥性能检验的准确性大都依靠对比来维持,这样,水泥试验操作和周围条件的变化会直接影响检验结果,这些操作和条件的正确与否需靠实验室间的对比来发现和验证。因而要确保水泥企业产品质量和产品质量检验的统一性,就必须使水泥企业化验室的操作和条件纳入到一个比对系统,以使其处于经常受监控的状态。在"管理规程"中明确提出了产品对比验证检验和抽查对比的管理相应要求,1981 年原国家建材工业局以(81)建材水字 350 号文颁布实施了《大中型水泥企业产品质量监督检验管理试行办法》。1983年原国家标准局、国家建材工业局和农业部根据这一文件精神起草并颁布实施了《地方水泥质量监督检验管理试行办法》。从而在我国形成了国家水泥质量监督检验中心—省级水泥质检站—地区水泥质检站—水泥厂化验室四级水泥质量监督网,使几千家水泥企业都纳入了日常监督检验的运行机制中,这对于确保出厂水泥质量起到了重要作用。1996年对以上"管理办法"进行了第一次修订并将两个规章合并,2002年原国家经贸委组织了第二次修订,并于2002年1月14日颁布、同年4月1日实施了《水泥企业产品质量对比验证检验管理办法》。修订后的"管理办法"明确了对比验证检验工作的组织分两个层次进行:第一层次以国家水泥质量监督检验中心为全国对比基准。按具有独立化验室的、生产能力达到60万t以上(含60万t)的企业、各省省级水泥质检机构和省站无能力承担对比的特种水泥生产企业,与国家水泥质检中心进行定期对比验证;第二层次以各省(市、区)政府建材行业主管部门或其授权的省建材工业协会认定的水泥(建材)质检站为本省(市、区)的对比基准。在规定以外的水泥企业与其进行定期对比验证检验。明确省(市、区)以下不再设对比单位,包括省级市、计划单列市、地、县等都不再设对比单位。由此可知,我国水泥产品质量检验最终溯源至国家水泥质检中心。为了维持我国水泥质量检验的准确性,本管理办法中还要求国家水泥质检中心必须参加国际水泥实验室对比验证检验,并对水泥质检机构素质和水平提出了要求。

2.1.4 实行了水泥生产许可证制度

水泥是涉及到建筑工程质量和人身安全的材料,为此国家有关部门于1984年开始对水泥产品生产实行许可制度。全国工业产品生产许可证办公室水泥审查部受全国工业产品生产许可证办公室委托,依据国家法律法规、建材工业产业政策和《水泥产品生产许可证换(发)证实施细则》开展审查工作,国家质量监督检验检疫总局对符合发证条件的企业颁发生产许可证。生产许可证有效期5年。目前约有6 000余家水泥企业获得了生产许可证。自水泥生产许可证制度实行以来,全国水泥企业的生产工艺条件、质量管理水平和实物产品质量都有了很大提高,有效地发挥了生产许可证制度对产品质量宏观调控的作用,规范了水泥市场秩序,基本制止了无证生产劣质产品的泛滥。

2.1.5 推行了产品质量认证制度

产品质量认证是指具有第三方(区别于生产方和消费方)公正立场的专职机构,以与国际水平相适应的国家标准或专业标准为认证依据,按规定的认证章程、认证管理办法、认证细则及认证程序,根据企业的申请,对企业生产合格产品的质量体系和认证产品的质量进行全面的检查和严格的检验,在确认两者均符合规定后向企业颁发质量认证证书,并准其在产品的适当部位、包装或说明书,以及其他宣传品上使用国家统一规定的认证标志。发证后,质量认证管理机构或委托认证监督检验机构定期或不定期地对认证企业质量体系和产品质量进行监督检查,一经发现产品质量下降或出现其他不符合认证制度规定的现象,视情节严重程度,给予必要的纠正和惩治的一整套制度。我国水泥产品质量认证工作始于1988年,为自愿性合格认证。水泥产品质量认证的依据是ISO 9001质量管理体系认证标准和相关的国家标准与行业标准,同时依据JC/T 452—2002《通用水泥质量等级》对水泥产品质量实行等级认证,从而进一步促进了我国实物水泥产品质量的提高。

2.1.6 实施了环境管理标准

在ISO 9000系列质量认证标准得到了广泛实施后,1996年9月1日又颁布了ISO 14000环境管理体系认证标准,新建新型干法水泥企业已经实现了"清洁生产"。

2.2 水泥生产过程的质量控制

在水泥生产过程中,必须科学有效地、及时地、全面系统地对整个生产工艺过程进行严格的控制,使水泥生产每个工序都按规定的生产工艺参数指标进行,以达到优质、高效和低消耗的目的。

2.2.1 质量控制的重要性

水泥生产是连续的,各生产工序之间有着非常密切的联系。在生产过程中,原燃材料的成分与生产状况每时每刻都在不断变化。比如石灰石破碎粒度过大,就在一定程度上影响了生料磨的产品质量;进厂石灰石、黏土成分波动较大或不合格,就会影响生料成分的均匀和稳定,影响配料指标,从而影响窑的煅烧和熟料的质量;同样,配料与计量的准确与否,出磨生料成分是否得到了有效的控制与反馈,原燃材料预均化是否达到了质量要求等,均会影响窑的煅烧和熟料质量;而熟料与混合材料的质量还将直接影响水泥的质量等。倘若前一道工序控制不严,就会给后一道工序带来影响。无论哪一道工序或岗位保证不了质量,都将影响水泥产品的最终质量。所以必须把质量控制工作做到水泥生产的全过程中去,不仅要控制出厂水泥的质量符合国家标准中规定的品质指标,更重要的是控制生产过程中的每道工序的产品质量。许多水泥厂的生产经验表明,合理的水泥生产质量控制与管理是保证水泥厂正常生产、稳定和提高水泥产品质量的关键。

每一道生产工序都是依靠参加生产的所有人员来掌握和调整的。如果在生产全过程中,一个岗位的人员不能严格按标准、规程和规定控制生产,就可能会造成产品质量波动、下降,甚至会有不合格品或废品出厂。因此,所有参加水泥生产的人员都要树立强烈的质量意识,进行预先控制,严格把关,才能保证产品质量的优良和稳定。

2.2.2 质量控制的内容

质量控制是有组织、有计划的活动,既有专业技术问题,又有管理问题,必须有机结合,才能达到控制质量的目的。质量控制主要有以下几方面内容:

一是制定质量控制计划和控制标准。根据本厂实际,依据国家标准和行业相关要求,制定合适的控制指标,正确选择取样点、取样方法、检验次数、检验方法,及时准确地提供原燃材料、半成品、成品从进厂到出厂的各道工序、各种工况下真实的质量数据。

二是处置和纠正生产状况。根据大量质量数据反映出来的各种物料、各道工序的质量状况进行分析,找到存在的异常状况及其产生的原因,并及时采取有效措施,保证各控制指标的实现,以最终保证出厂水泥的各项技术指标符合国家标准及有关规定。同时要满足用户的某些特殊要求,将"符合性质量"转向"适应性质量",以节能降耗,提高水泥实物质量,增加水泥产量,生产出适应市场需求的高品质、高性能水泥产品。

2.2.3 质量控制的对象

生产过程的质量控制包括生产过程的各道工序,以及工序质量的影响因素,如工艺技术、机械装备、材料和人等。水泥工业质量控制的重点包括:

一是原燃材料的控制及可追溯性。进厂原燃材料必须符合有关技术指标要求,进厂后做到合理堆放、严格隔离、清晰标记,保持其可追溯性。坚持先检验后使用,万一有不合格的原燃材料进厂,经过处置后方可使用。

二是设备的控制。要按照设备管理规程的要求,用好设备,管好设备,坚持定期检查、定期(预防)维修制度,严禁设备"带病作业",使设备技术状况始终处于完好状态。

三是关键工序的控制。生料制备、均化,熟料煅烧,水泥制成、均化与出厂等都是水泥生产的关键工序,都要重点控制。重点岗位要配备技术素质较高的职工,重要工艺参数要加大检验频次,加强质量监控。

四是工艺参数更改的控制。工艺条件或原燃材料发生重大变化或生产品种变化时,质量控制指标必须及时更改,但更改这些指标,必须履行一定程序,并在技术文件上加以注明,及时通知相关部门和生产岗位。

五是不合格品的控制。原燃材料、半成品、成品都有可能出现不合格品,在生产过程中要对不合格品要进行有效控制,制定出控制不合格品的有关制度和处置办法,出厂水泥不合格时应按重大质量事故来处理。

2.2.4 质量控制的方法及图表

水泥生产质量管理主要有两个方面:一方面是控制主机设备——窑和磨,在指标控制范围内的正常运转;另一方面是控制好各种进厂原燃材料的质量和管理好各种库,控制好原料、煤、生料、熟料、水泥各库内物料的数量与质量,掌握进库与出库秩序,保证生产的正常运转。

确定质量控制点和控制指标是一项非常重要的工作,一定要从本厂工艺流程和设备的具体情况出发,制定合理的、可行的方案,才能更好地指导生产。一个开流的生产流水线可以通过控制和分析对其进行闭路的循环管理。

生产→质量控制→分析→信息反馈→质量控制→生产

控制和分析后的信息反馈是指导再生产的关键。下面介绍几种水泥厂常用的质量控制图表,供参考。

(1)质量信息反馈单

质量信息反馈单

信息提出部门: 编号:		提出日期:		
产生的质量问题和提出的改进意见: 提出者:　　　　　　提出部门领导: 　　　　　　　　　　　　　年　　月　　日				
审查意见: 公司质量管理部门: 　　　　　　　　年　　月　　日				
责任单位分析意见和改进措施: 责任部门领导:　　　　　处理者: 　　　　　　　　　　　　年　　月　　日				
处理结果:		经手人: 返回时间:　　年　　月　　日		

(2)生产过程质量控制信息系统反馈图

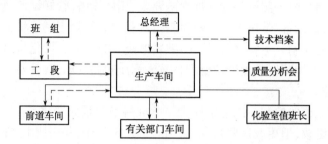

图 0-1　水泥生产过程质量控制信息系统反馈图

(3)原燃材料质量信息反馈图

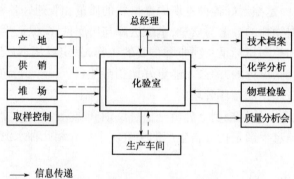

图 0-2　原燃材料质量信息反馈图

(4)用户反映信息反馈系统图

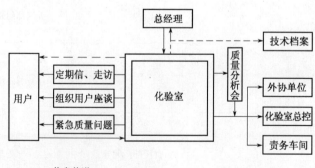

图 0-3　用户反映质量信息反馈图

(5)各部门工作质量信息反馈系统图

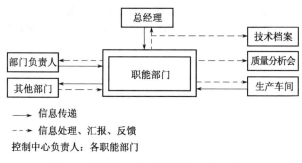

图 0-4　各部门工作质量信息反馈系统图

(6)企业质量信息反馈系统图

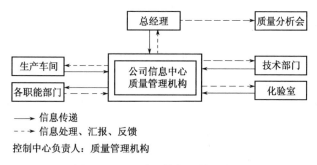

图 0-5　企业质量信息反馈系统图

(7)信息处理工作程序图

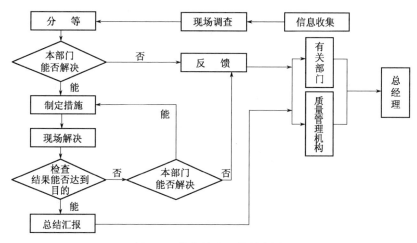

图 0-6　信息处理工作程序图

2.3　掌握水泥生产质量控制与管理技术，为提高水泥实物质量而努力

　　水泥生产质量控制与管理技术是《质量管理学》与《水泥工艺学》的边缘部分，是质量管理和水泥工艺交互共生的边缘学科，因此它具有特定的学科属性。

13

随着水泥在各个领域的应用越来越广泛,对水泥质量的要求也越来越高,世界范围内水泥市场的竞争也日趋激烈。因此,采用先进技术,提高水泥质量,调整产品结构,改善生态环境,发展规模经济,降低生产成本,不断提高经济效益和社会效益已成为我国水泥工业的中心任务。作为水泥专业技术人员来说,系统地了解水泥生产的基本原理和生产过程,熟练掌握原燃材料的选择与加工准备、配料工艺、生料制备、熟料煅烧、水泥制成等工艺技术和质量控制、管理,熟悉水泥的水化、硬化机理及多品种水泥性能、应用的基本知识,从而掌握水泥生产工艺、生产管理、技术改造、产品营销的基本技能,培养分析和解决实际问题的能力是极为必要的。

　　学习水泥生产质量控制与管理技术,应以《物理化学及硅酸盐物理化学》、《硅酸盐岩相分析》、《硅酸盐热工基础》等课程为基础,同时应注意与《水泥工业热工设备及热工测量》、《水泥工业粉磨工艺及设备》、《水泥厂工艺设计概论》等课程的衔接与分工。对相关课程中已涉及到的内容,本书则侧重工艺技术与过程控制方面的内容,注意满足不同读者的学习要求。

　　这是一门与生产实践密切相关的专业课程,学习中要力求书本内容与生产实践相结合,密切联系生产实际,因此要勤于思考,善于分析,勇于探索,及时归纳综合所学知识,全面准确掌握水泥生产质量控制与管理技术,为提高水泥实物质量而努力。

第1章 质量与质量管理

随着全球经济一体化和国际经济贸易多元化、多层次、多形式的激烈竞争,质量问题已越来越突出、严峻。产品质量的竞争已成为贸易竞争的主要因素之一。质量控制作为一种提高产品质量的有效方法,为各个企业普遍采用。生产质量控制是质量管理的重要环节,所以我们有必要了解质量和质量管理及其发展,以及生产质量控制的作用。

1.1 质量管理的意义和基本特点

1.1.1 质量的概念

质量在某些国家和地区也称为品质。人们对质量概念的理解和认识是随着生产力的发展、社会的进步而逐步深化的。

所谓质量通常有两种定义:一种是狭义的质量;一种是广义的质量。狭义的质量是指产品或服务本身的质量,即产品或服务质量。

我国工业产品责任条例第二条,对产品质量有一个明确的定义:"产品质量是指国家有关的法规、质量标准以及合同规定的对产品适用、安全和其他特性的要求。"这一定义是指产品特性须符合既定的有关法规、产品标准或合同的要求。它是根据产品所具有的特性符合技术标准要求的程度来衡量产品质量优劣的。因此,称其为符合性定义。世界著名的质量管理专家,美国的朱兰(J.M.Juran)博士把产品或服务质量定义为"产品或服务的适用性"。因此,称其为适用性定义。他强调,产品或服务质量不能仅从标准角度出发,只看产品或服务是否符合标准的规定,而是要从顾客出发,看产品或服务是否满足顾客的需要以及满足的程度。

从理论上说,适用性定义更全面、深刻地揭示了产品质量的实质,而符合性定义却存在着一定的不足。因为用户和消费者对产品的要求与形成文件的产品技术标准往往不一致。一是由于技术标准本身不一定能反映出用户的要求;二是由于用户对产品要求的变化比技术标准修订速度更快。但由于符合性定义比适用性定义更直观,便于使用,所以在实践中企业都采用符合性定义,即用满足技术标准要求的程度来衡量产品的质量。

无论是质量符合性定义还是质量适用性定义都属于狭义的质量。

用户所使用的产品或服务质量是经过设计、制造、检验、销售、策划、培训、组织等其中的某些环节逐步产生和形成的。在产品或服务质量的形成过程中涉及到许多方面的工作,有与产品或服务质量直接有关的工作,也有间接有关的工作。只有把这些工作处理好,才能保证用户得到满意的产品或服务质量。这种与实现产品质量或服务质量各阶段有关的设计、策划、制造、技术、组织、管理等工作的好坏程度就是工作质量。

我们将包括工作质量在内的质量称为广义的质量。

这种广义的质量具体包括以下特点:

(1)质量不仅包括结果,也包括质量的形成和实现过程。

(2)质量不仅包括产品质量和服务质量,也包括它们形成和实现过程的工作质量。

(3)质量不仅要满足顾客的需要,还要满足社会的需要,并使顾客、业主、职工、供应方和社会均受益。

(4)质量不仅存在于工业领域,也存在于服务业领域,还存在于其他各行各业。

工作质量与产品或服务质量是两个不同的概念,既有区别,又有联系。工作质量是产品质量或服务质量的保证,产品质量或服务质量是工作质量的综合反映。所以要想从根本上提高产品质量或服务质量,必须提高和保证工作质量,通过提高和保证工作质量来提高和保证产品质量或服务质量。

1.1.2 质量管理的意义

工业产品质量是整个企业活动的最终结果,是一步一步形成的。因此,必须对产品质量形成的全过程实行质量管理。产品全过程质量管理是指产品的设计过程、生产过程、使用过程的质量管理。其中最重要的是设计过程和生产过程中的质量管理。好的产品质量是设计和生产出来的,不是靠检验出来的,所以抓产品质量管理关键在于抓设计和生产环节中的质量管理。

生产中的质量管理,包括从原料进厂,一直到成品出厂以前整个生产过程中的质量把关和质量控制工作。生产质量控制是生产质量管理不可缺少的一个重要环节。它的作用是根据设计和工艺技术文件的规定,控制生产过程中各道工序可能出现的异常和波动,使生产过程处于可控状态。

生产过程中的质量控制目的包括两方面:一是产品性能质量控制,使产品满足所需性能,保证生产出符合设计和质量规范要求的产品,如水泥的凝结时间、强度和标号等;二是产品外观质量控制,使产品的表面质感等各因素的总和达到统一的效果,如陶瓷产品的外观颜色、墙地砖尺寸和表面光泽度等。

水泥、陶瓷、玻璃的生产工艺是连续性很强的过程,无论哪一道工序保证不了质量都将最终影响这种产品的质量;此外,在生产过程中,原材料的成分及生产情况是经常变动的。因此必须经常地、系统地、科学地对各生产工序按照工艺要求一环扣一环地进行严格的质量控制,合理地选择质量控制点,采用正确的质量控制方法,把质量控制工作贯穿于生产的全过程,预防质量缺陷产品的产生,生产出满足用户需求并具有市场竞争力的产品。

1.1.3 质量管理的基本特点

全面质量管理的主要特点就在于"全"字,它包括下列四个方面:

1. 管理对象是全面的

全面质量管理所要达到的目标是为用户提供消费满意的产品质量。所以管理的对象不仅仅是产品本身的质量,即所谓狭义的质量,而且包括影响产品质量的各个方面的工作质量,即所谓广义的质量。要立足于工作质量,就要从搞好工作质量出发,以达到搞好产品质量的目的。因此不妨说,全面质量管理是一种预防性的管理。

2. 管理范围的全面性

一件产品从设计构思到消费者使用,中间要经过市场调查、设计、试制、生产、检验、销售、服务等环节。在生产的各个环节上都要进行质量管理,质量管理的范围往往超过以往的设计、制造环节,要从生产领域扩大到流通流域,包括生产销售的全过程,是全过程的管理。企业要最终使用户对自己的产品满意,除了要不断了解用户的需要、不断更新产品外,还要使产品物美价廉,还要服务周到。所以,全面质量管理也是把生产和市场销售联系在一起的经营管理。

3. 参加管理的人员是全面的

一件产品从原料进厂到成品出厂,有许多环节,需要经过许多人之手,可以说人人都与产品质量有关。只有各个岗位上的人员都重视产品质量,发挥自己的主动性、积极性,产品质量才能保证。全面质量管理正是从这一点出发,通过适当的组织形式,把全厂各方面的人员都吸收到产品质量的保证体系中来,因此它是全员参加的质量管理。

4. 管理的方法是全面的

全面质量管理的出现是现代科学技术和科学管理发展的结果。它从系统理论出发,吸取了自然科学、技术科学和管理科学的成就,并与企业的生产实际相结合,提出了很多的科学方法,它简单适用、通俗易懂,对改善和提高产品质量有着很大作用。

1.2　质量管理的基本知识

1.2.1　质量管理及其发展

质量管理是企业围绕着使产品或服务质量能满足不断更新的质量要求,而开展的策划、组织、计划、实施、检查、监督和审核等所有管理活动的总和。它涵盖企业各级职能部门领导的职责,由企业最高领导负全责,通过调动与质量有关的所有人员的积极性,共同做好本职工作,才能完成质量管理的任务。

质量管理是伴随着产业革命的兴起而逐渐发展起来的。真正把质量管理作为科学管理的一部分,在企业中有专人负责质量管理工作,则是近百年来的事。

质量管理的发展,按照解决质量问题所依据的手段和方法来划分,大致经历了三个阶段:

(1)质量检验阶段

这是开展质量管理的第一阶段,大约盟生在第二次世界大战以前,在20世纪30年代时达到高峰。进入20世纪后,随着工业生产规模的不断增大,企业设置了专职检验员,加强了产品质量检查。这个阶段的质量管理主要限于质量检查工作,即按照事先确定的产品质量标准,通过严格检验来保证出厂或转入下道工序的产品质量,此方法仍局限于事后检验,属于"死后验尸"。它既不能预防废品的发生,也不能及时解决生产中的质量问题。

(2)统计质量控制阶段

这是质量管理发展的第二阶段,大致是在第二次世界大战开始至20世纪50年代末期。这一时期由于战争对军需产品质量和数量要求的提高和增大,而使原有检验工作的弱点突出,影响了军需产品的供应。因此,美国政府和国防部于1942年组织休哈特(W. A. Shewhart)等一批专家,制定了战时质量控制标准,大力提倡和推广统计质量控制方法进行质量管理。这种方法是以休哈特的质量控制图为基础的。由于采用了数理统计中的正态分布"6δ"方法来预防不合格品的产生,突破了单纯事后检验的局限,实现了预防控制,所以使质量管理工作建立在科学基础之上了。但是,这种方法过分强调数理统计方法,忽视了组织管理和生产者能动性的发挥,因而影响了统计质量控制方法的普及和作用。

(3)全面质量管理阶段

这一阶段,大约是从20世纪50年代末期开始,经过大约10年时间的发展,使全面质量管理体系日趋成熟。

随着科学技术的飞速发展,特别是电子技术的进步,为满足生产自动化、航天技术、军事工业以及大型系统工程的需要,开始引进可靠性的概念,对产品质量的要求更高、更严格。例如美国的"阿波罗"飞船和"水星五号"运载火箭,共有零件560万个,如果每个零件的可靠性只有99.9%,则飞行中就有5 600个机件要发生故障,后果不堪设想。为此,全套装置的可靠性要求控制在99.999 9%,在100万次动作中,只允许失灵一次,连续安全工作时间要在1亿h到10亿h。要达到这样的要求,单纯依靠统计方法控制生产过程是远远不够的,还需有一系列的组织管理工作,要对设计、制造、准备、销售、使用等环节都进行质量管理,统计方法只是其中的一种工具。于是,由美国费根堡姆(A.V.Feigenbaum)博士等人提出了全面质量管理(Total Quality Control)的概念。他在1961年出版的《Total Quality Control》一书中,对全面质量管理做了如下定义:全面质量管理就是为了能够在最经济的水平上,并考虑到充分满足用户要求的条件下进行市场研究、设计、生产和服务,把企业各部门的研制质量、保持质量和改进质量的活动构成为一个有效的体系。

(4)ISO 9000系列质量管理和质量保证体系

全面质量管理活动的兴起标志着质量管理进入了一个新阶段。与此同时,随着科学技术的发展,质量管理也吸收了各种现代科学成就和最新技术手段继续向纵深发展。20世纪80年代后期出现了ISO 9000系列质量管理和质量保证体系。

1.2.2 ISO 9000族标准与全面质量管理

1.2.2.1 全面质量管理的先进思想

全面质量管理是相对于传统的质量管理而言的。它是从系统理论出发,把企业作为产品质量生产的整体,以最优生产、最低消耗、最佳服务,使用户得到满意的产品质量为目的。它是用一定的组织体系,用科学的管理方法,动员、组织企业各个部门和全体职工,在产品质量形成的所有环节上,对影响产品质量的各种因素进行综合治理。它比检验的质量管理,统计的质量管理更加完善。

全面质量管理思想的形成为质量管理思想带来了深刻的变革,主要体现在以下几方面:

(1)质量管理不是为了生产符合国家标准规范的合格品而进行的质量管理,而是为了生产能够满足用户要求的产品进行的管理。将只限于对质量标准负责的质量管理思想,变为满足用户需要放在第一位的思想。

(2)将质量管理的重点从事后检验转到预防为主,注重管理影响产品质量的因素;将注意力从最终产品扩大到整个生产过程。这是因为产品质量是设计、生产出来的,不是单纯靠检验出来的。全面质量管理的管理思想上的转变就是根据这一规律,重在提高工作质量,以形成一个能稳定地生产出合格的高质量产品的"环境"。

(3)质量管理是少数质检人员的工作转变为是企业全体人员共同的任务。只有全员参与管理,才有可能对全过程中影响质量的诸因素进行管理,从而通过提高工作质量来提高产品质量。

1.2.2.2 ISO 9000族标准与全面质量管理

国际标准化组织在1987年颁布的ISO 9000系列标准,可认为是质量管理国际化的一个规范性和依据性的文件。

ISO 9000 系列标准阐述的是为了实施企业质量方针必须建立有效运行的质量体系;通过对质量环节的分析,找出影响产品和服务质量的技术、管理及人的因素;使之在建立的质量体系中始终处于受控状态,以减少、消除特别是预防质量缺陷,保证满足顾客的需要和期望,并保护企业的利益。最终使质量体系能被全体职工所理解并有效实施,以保证实现企业规定的质量方针和目标。

ISO 9000 系列标准不论在原理上,还是在基本要求上均与全面质量管理都是一致的。两者都强调广义的质量、全员的参与和全过程的控制,都强调预防为主、系统管理,都强调管理层在质量管理和质量体系建设中的主导地位。ISO 9000 系列标准从规范化和通用性角度体现了全面质量管理的思想和原则。

全面质量管理与 ISO 9000 系列标准的比较:

(1)两者都认为要建立、健全有效的质量体系。全面质量管理中建立质量体系是质量管理深入发展的标志,是保证全面质量管理取得长期稳定效果,巩固和扩大管理成果的关键。ISO 9000 系列标准把建立质量体系作为必要的内容。

(2)两者都认为产品质量是由生产的全过程决定的,而质量体系贯穿于产品质量形成的全过程。

(3)两者都强调管理层的领导作用。全面质量管理要求在企业的集体统一领导下,把各部门有机地组织起来。ISO 9000 系列标准认为需要通过管理层的领导作用和各种措施来创造一个良好的内部环境,使质量管理体系得到有效运行,全体员工都充分参与,发挥他们的主动性、积极性和创造性。

(4)两者都要求必须全员参与质量管理,被全体员工所理解,并进行全员培训。

(5)两者都要求使影响质量的全部因素始终处于受控状态。

(6)两者都使用现代科学技术、统计技术和现代管理技术。

(7)两者都要求有组织、有系统的活动。

(8)两者都重视评审。全面质量管理重视考核与评价;ISO 9000 系列标准重视质量体系的审核、评审和评价。

(9)两者都强调任何一个过程都是可以不断改进,并不断完善的,都注重过程质量的改进。

通过比较可以看出:全面质量管理与 ISO 9000 系列标准的理论和指导原则基本一致,方法可相互兼容。推行 ISO 9000 系列标准可促进全面质量管理的发展并使之规范化;ISO 9000 系列标准也从全面质量管理中吸取先进的管理思想和技术,不断完善 ISO 9000 系列标准。但是我们不能把 ISO 9000 系列标准等同于全面质量管理。ISO 9000 系列标准是对各国质量管理和质量保证方面的语言、概念和准则所做的统一规定,在一定时期内保持相对稳定;而全面质量管理则始终不断地寻求改进的机会。两者是静态和动态、基础和发展的关系。全面质量管理是具体系统的管理活动。推行 ISO 9000 系列标准可促进全面质量管理的发展并使之规范化。因此我们要正确处理好贯彻 ISO 9000 系列标准与开展全面质量管理间的关系,以全面质量管理的思想来领会、贯彻 ISO 9000 系列标准。两者需要相互补充,相互促进,以使质量体系更加完善,取得更好的效果。

思 考 题

1. 什么是狭义的质量？什么是广义的质量？
2. 什么是工作质量？工作质量与产品或服务质量有何区别和联系？
3. 什么是质量管理？质量管理的发展经历了哪三个阶段？
4. 全面质量管理的特点包括哪几方面？

第2章 硅酸盐水泥生产概述

2.1 水泥的分类及命名

2.1.1 水泥的定义

所谓水泥,指的是加水拌和成塑性浆体后,能胶结砂、石等材料,并能在空气中硬化的粉状水硬性胶凝材料。它是各种类型水泥的总称。

水泥作为一种水硬性胶凝材料,100多年来广泛应用于社会生活的各个方面。水泥的共同特征是:它是经过粉磨后具有一定细度的粉末;加入适量水后可成塑性浆体;它既能在水中硬化,又能在空气中硬化形成人造石;水泥浆能牢固地胶结砂、石、钢筋等材料使之成为整体并产生强度。但由于水泥的种类不同,结构组分有别,因而各种水泥又具有自身独特的一些性能。

2.1.2 水泥的种类

水泥的种类繁多,至今为止已有100多种,而且各种新型水泥仍在不断出现。我国通常按以下几种方法对水泥进行分类:

1. 按水泥的用途及性能分:

可将水泥分为三大类:通用水泥、专用水泥、特性水泥。

(1)通用水泥

一般土木建筑工程通常采用的水泥,如硅酸盐水泥、普通硅酸盐水泥、矿渣硅酸盐水泥、火山灰硅酸盐水泥、粉煤灰硅酸盐水泥、复合硅酸盐水泥、石灰石硅酸盐水泥等。

(2)专用水泥

专用水泥指具有专门用途的水泥,如砌筑水泥、油井水泥、道路水泥等。

(3)特性水泥

特性水泥指某种性能突出的水泥,如抗硫酸盐硅酸盐水泥、快硬硅酸盐水泥、自应力铝酸盐水泥、白色硅酸盐水泥等。

通常情况下把专用水泥、特性水泥统称为特种水泥。

2. 按水泥的组成分:

(1)硅酸盐水泥系列(通常简称为硅酸盐水泥):

磨制水泥的熟料以硅酸盐矿物为主要成分。如通用水泥及大部分专用水泥、特性水泥都属于硅酸盐水泥系列。

(2)铝酸盐水泥系列

该系列水泥的特征是熟料矿物以铝酸盐矿物为主,主要包括铝酸盐膨胀水泥、铝酸盐自应力水泥和铝酸盐耐火水泥等。

(3)氟铝酸盐水泥系列

如快凝快硬氟铝酸盐水泥、型砂水泥、锚固水泥等。

(4)硫铝酸盐水泥系列

如快硬硫铝酸盐水泥、高强硫铝酸盐水泥、膨胀硫铝酸盐水泥、自应力硫铝酸盐水泥、低碱硫铝酸盐水泥等。

(5)铁铝酸盐水泥系列

如快硬铁铝酸盐水泥、高强铁铝酸盐水泥、膨胀铁铝酸盐水泥、自应力铁铝酸盐水泥等。

(6)其他

如耐酸水泥、氧化镁水泥、生态水泥、少熟料和无熟料水泥等。

2.1.3 水泥的命名

水泥命名时,按不同类别以水泥的主要水硬性矿物、混合材、用途和主要特性进行命名,当名称过长时允许有简称。

通用水泥以水泥的主要水硬性矿物名称冠以混合材料名称,或以适当名称来命名。通用水泥的主要水硬性矿物为硅酸盐,由于掺加混合材料的不同而有不同的名称。如不掺或仅掺少量混合材料(< 5%)的水泥称硅酸盐水泥(国外叫波特兰水泥);掺有较多矿渣作混合材的水泥称矿渣硅酸盐水泥;对掺有 10% ~ 35% 的石灰石作混合材的水泥称石灰石硅酸盐水泥等。

专用水泥按其专门用途命名。所谓专用,是指特定的单一用途,在此特定用途范围内,水泥能充分发挥其特性,取得最佳使用效果。某些情况下还在其名称前冠以不同型号。如石油开采使用不同井深条件下的固井水泥分别称 A 级油井水泥、B 级油井水泥等;用于修建道路的水泥称道路硅酸盐水泥,简称道路水泥。

特性水泥以水泥的主要特性命名。它不是专用的,在需要和规定的范围内均可使用。如快硬硅酸盐水泥、低热矿渣硅酸盐水泥、膨胀硫铝酸盐水泥等。

以火山灰或潜在水硬性材料以及其他活性材料为主要组分的水泥是以主要组分的名称冠以活性材料的名称进行命名,也可以冠以特性名称,如石膏矿渣水泥、石灰火山灰水泥等。

目前我国经常生产的水泥品种约为 30 种,但最主要的品种仍然为各种硅酸盐水泥,它的产量占水泥总产量的 98% 以上,为此,硅酸盐水泥系列产品,尤其是硅酸盐水泥将作为本书讨论的主要对象。

2.2 硅酸盐水泥生产的基本技术要求

2.2.1 水泥标准

水泥的标准不仅对指导水泥生产、控制质量、加强管理和提高企业经济效益起重要作用,而且是质检机构、科研设计、建设施工等部门监督检验产品质量、保证工程质量的重要技术依据。在我国,1952 年采用日本的强度试验方法和前苏联标准的水泥标号,第一次统一了水泥标准;1956 年又以前苏联水泥标准为蓝本制定了全国统一的水泥标准和检验方法标准。后经多次修订、完善(1962 年、1977 年、1985 年、1992 年、1999 年),通过 50 多年的发展,水泥标准已形成了中国的特点,水泥标准的数量已发展到 100 多个,标准的质量与水平也明显提高并逐步与国际先进指标接轨。

在我国的 100 多个水泥专业标准中,既有强制性的国家标准(代号 GB)、建材行业标准(代号 JC,1990 年前也曾用 ZBQ),也有推荐性的国家标准(GB/T)、建材行业标准(JC/T)。

当生产的水泥新品种没有国家标准和行业标准时,可制定企业标准作为组织生产的依据,并报当地政府标准化行政主管部门和有关行政主管部门备案。已有国家标准或行业标准的,国家鼓励企业制定严于国家标准或行业标准的企业标准在企业内部实施。

近几年来,国际标准化组织(英文名称缩写为 ISO)制定颁布了一系列标准,采用 ISO 标准体系的国家和地区已超过半数,欧洲标准化组织(CEN)制定了欧洲通用水泥标准,ENV197—1—92 在 18 个成员国中实施。随着世界经济格局的变化,世界经济走向一体化,世界水泥标准逐步走向统一是必然趋势。为此,我国水泥标准将逐步与国际标准接轨,因而水泥标准的修订还将不断进行。

目前,在我国一些管理较先进的水泥企业中是三大体系同时进行:即 GB 175—1999(国家标准)、ISO 9000(国际标准)和 ISO 14000(国际环境质量标准)同时执行。

2.2.2 硅酸盐水泥和普通硅酸盐水泥的定义与代号(根据 GB 175—1999 定义)

1. 硅酸盐水泥

凡由硅酸盐水泥熟料、0%~5% 的石灰石或粒化高炉矿渣、适量石膏磨细制成的水硬性胶凝材料称为硅酸盐水泥,即国外的波特兰水泥。硅酸盐水泥分两种类型,不掺混合材的称Ⅰ型硅酸盐水泥,用代号 P·Ⅰ表示;在硅酸盐水泥粉磨时掺加不超过水泥质量 5% 的石灰石或粒化高炉矿渣混合材的称为Ⅱ型硅酸盐水泥,用代号 P·Ⅱ表示。其中 P 为波特兰"Portland"的英文字首。

2. 普通硅酸盐水泥

凡由硅酸盐水泥熟料、6%~15% 混合材料、适量石膏磨细制成的水硬性胶凝材料称为普通硅酸盐水泥(简称普通水泥),代号为 P·O。

掺活性混合材料时,最大掺入量不得超过 15%,其中允许用不超过水泥质量 5% 的窑灰或不超过水泥质量 10% 的非活性混合材料来代替。掺非活性混合材料时,最大掺入量不得超过水泥质量的 10%。

2.2.3 组分材料

1. 硅酸盐水泥熟料

凡以适当成分的熟料烧至部分熔融,所得以硅酸钙为主要成分的烧结物,称为硅酸盐水泥熟料,简称熟料。熟料是各种硅酸盐水泥的主要组分材料,其质量的好坏直接影响到水泥产品的性能与质量优劣。在硅酸盐水泥生产中熟料属于半成品。

2. 混合材料

混合材料是指在粉磨水泥时与熟料、石膏一起加入磨机内用于改善水泥性能、调节水泥标号、提高水泥产量的矿物质材料,如粒化高炉矿渣、石灰石等。

粒化高炉矿渣是高炉冶炼生铁所得以硅酸钙和铝酸钙为主要成分的熔融物经淬冷成粒后的产品。石灰石为水泥工业原料,在水泥中掺入少量石灰石可以起到混合材料的作用。

3. 石膏

石膏是用作调节水泥的凝结时间的组分,可用天然的石膏也可以使用工业副产石膏。

(1)天然石膏

①石膏

以二水硫酸钙($CaSO_4 \cdot 2H_2O$)为主要成分的天然矿石。

②硬石膏

以无水硫酸钙($CaSO_4$)为主要成分的天然矿石。采用天然石膏应符合 GB/T 5483—1996《石膏与硬石膏》国家标准规定的技术要求。

（2）工业副产石膏

工业生产中以硫酸钙为主要成分的副产品，称工业副产石膏，采用工业副产石膏时，应经过试验证明对水泥性能无害后才能使用。

2.2.4 硅酸盐水泥技术要求

技术要求及品质指标，是衡量水泥品质及保证水泥质量的重要依据。水泥质量可以通过化学指标和物理指标加以控制和评定。化学指标主要是控制水泥中有害物质的化学成分不超过一定限量，若超过了允许限量，即意味着对水泥性能和质量可能产生有害的或潜在的有害影响。水泥的物理指标主要是保证水泥具有一定的物理力学性能，满足水泥使用要求，以保证工程质量。水泥强度等级是根据水泥强度的高低来划分的。

硅酸盐水泥技术指标主要有不溶物、烧失量、细度、凝结时间、安定性、氧化镁、三氧化硫、碱及强度9项指标。

1. 水泥的化学和物理指标

硅酸盐水泥的化学和物理指标及评定方法见表 2-1。

表 2-1 硅酸盐水泥的化学和物理指标

序 号	项　　　目		指　　标		检验方法与依据
			P·Ⅰ	P·Ⅱ	
1	不溶物(%)		≤0.75	≤1.5	GB/T 176—1996
2	烧失量(%)		≤3.0	≤3.5	GB/T 176—1996
3	细度(比表面积)(m^2/g)		≥300		GB 8074—1987
4	凝结时间(min)		初凝≥45 终凝≤390		GB 1346—1989
5	安 定 性	沸煮法检验	合格		GB 1346—1989
		雷氏夹膨胀(mm)	≤5		GB 1346—1989
6	氧化镁(%)		≤5.0,水泥压蒸安定性检验合格可放宽到6.0		GB 176—1996 或 GB 750—1992
7	三氧化硫(%)		≤3.5		GB 176—1996
8	碱($Na_2O + 0.658K_2O$)(%)		≤0.6 或协商指标		GB 176—1996

（1）不溶物

不溶物是指水泥经酸和碱处理后，不能被溶解的残留物。其主要成分是结晶 SiO_2，其次是 R_2O_3，它属于水泥中非活性组分之一。

（2）烧失量

水泥烧失量是指水泥在 950～1 000℃高温下燃烧失去的质量百分数。水泥中不溶物和烧失量指标主要是为了控制水泥制造过程中熟料煅烧质量，以及限制某些组分材料的掺量。

（3）细度

细度亦即水泥的粗细程度。通常以比表面积或筛余百分数表示。水泥需要有足够的细度,使用中才能具有良好的和易性、不泌水等施工性能,并具有一定的早期强度,满足施工进度要求。从水泥生产角度来说,水泥粉磨细度直接影响水泥的能耗、质量、产量和成本,故实际生产中必须权衡利弊进行适当的控制。

（4）凝结时间

水泥凝结时间是水泥从加水开始到失去流动性,即从可塑性状态发展到固体状态所需要的时间,分初凝时间和终凝时间两种。初凝时间是指水泥加水拌和到标准稠度,净浆开始失去塑性的时间;终凝时间是指水泥加水拌和到标准稠度,净浆完全失去塑性的时间。为保证水泥使用时砂浆或混凝土有充分时间进行搅拌、运输、浇筑,必须要求水泥有一定的初凝时间。当施工完毕,又希望混凝土能较快硬化,较快脱模,因此,要求水泥有不太长的终凝时间。加入适量的石膏可以调节水泥凝结时间,并使其达到标准要求。

（5）安定性

水泥的体积安定性是指水泥凝结硬化过程中体积变化的均匀性和相对稳定性,简称安定性。安定性是水泥质量指标中最重要的指标之一,它直接反映水泥质量的好坏。如果水泥中某些成分的化学反应发生在水泥硬化过程中甚至硬化后,致使反应剧烈而产生不均匀的体积变化(体积膨胀)足以使建筑物强度明显降低,甚至溃裂,即是水泥安定性不良。引起水泥安定性不良的原因有:熟料中游离氧化钙、方镁石含量过高及水泥中石膏掺加量过多等。

①游离氧化钙（f-CaO）

如果水泥中游离氧化钙含量达到一定程度时,将会造成水泥混凝土体积膨胀而使结构破坏。因此,水泥标准对安定性有严格要求,一般均采用雷氏夹法或试饼法、沸煮法检验,而不规定游离氧化钙含量指标。

②氧化镁（MgO）

水泥中氧化镁含量过高时,其缓慢的水化反应和体积膨胀效应可使水泥硬化体结构破坏。总结国内水泥生产使用实践,并经大量科研和调查证明,水泥中氧化镁含量≤5.0%对水泥混凝土工程质量有保证,故标准中规定水泥中 MgO 含量不得超过 5.0%。如果水泥中 MgO 含量超过 5.0%,有可能出现游离 MgO 含量过高和方镁石（结晶 MgO）晶体颗粒过大问题,将造成后期膨胀的潜在危害性,且游离 MgO 比游离氧化钙更难水化,沸煮法不能检定,因此必须采用压蒸安定性试验才能进行检验。

③三氧化硫（SO_3）

水泥中的 SO_3 主要是生产水泥时为调节凝结时间而添加石膏带入的,此外,水泥中掺入窑灰,采用石膏矿化剂,使用高硫燃料煤都会把 SO_3 带入熟料。通过对不同 SO_3 含量的各种水泥的物理性能试验表明,硅酸盐水泥中 SO_3 含量超过 3.5%后,强度会下降,硬化后水泥的体积会膨胀,甚至产生结构破坏,因此,规定水泥中 SO_3 含量不得超过 3.5%。

（6）碱

标准中规定水泥中碱含量按钠碱当量（$Na_2O + 0.658K_2O$）计算值来表示。水泥混凝土中的碱-骨料(或称碱-集料)反应与混凝土中拌和物的总碱量、骨料的活性程度及混凝土的使用环境有关,为防止碱-集料反应,不同的混凝土配比和不同使用环境对水泥中碱含量的要求也不会一样,因此,标准中将碱定为任选要求。当用户要求提供低碱水泥时,以钠碱当量计算的碱含量应不大于 0.60%；当用户对碱含量不做要求时,可以协商制定指标。

2.强度与强度等级

水泥强度是水泥试体净浆在单位面积上所能承受的外力。它是水泥技术要求最关键的主要性能指标,又是设计混凝土配合比的重要依据。由于水泥在拌水后其硬化过程中强度是逐渐增大的,通常以各龄期的抗压强度、抗折强度或水泥强度等级来表示水泥强度的增长速率。一般称 3d 或 7d 以前的强度为早期强度,28d 及以后的强度成为后期强度,也有将 3 个月以后的强度称为长期强度的。由于水泥 28d 后的强度大部分发挥出来了,以后强度增大相当缓慢,所以通常用 28d 的强度作为水泥质量的分级标准来划分不同的标号。

水泥强度等级俗称商品等级,是按水泥强度高低来分等级的一种称呼。它的含义是指 28d 抗压强度达到相应指标外,各龄期的抗压强度、抗折强度均要达到规定的指标。水泥强度等级仅是等级划分,它没有单位。硅酸盐水泥(P·Ⅰ、P·Ⅱ两种类型)分 42.5、42.5R、52.5、52.5R、62.5、62.5R 等。普通水泥分 42.5、42.5R、52.5、52.5R 等。其中 R 代表早强型水泥,它具有比普通水泥 3d 强度高的特点,而 28d 的强度指标则完全相同。

水泥强度等级按龄期的抗压强度、抗折强度来划分,各强度等级的各龄期强度值不得低于表 2-2 中数值。

表 2-2　硅酸盐水泥的强度指标

品　　种	强度等级	抗压强度(MPa)		抗折强度(MPa)	
		3d	28d	3d	28d
硅酸盐水泥	42.5	17.0	42.5	3.5	6.5
	42.5R	22.0	42.5	4.0	6.5
	52.5	23.0	52.5	4.0	7.0
	52.5R	27.0	52.5	5.0	7.0
	62.5	28.0	62.5	5.0	8.0
	62.5R	32.0	62.5	5.5	8.0
普通水泥	42.5	16.0	42.5	3.5	6.5
	42.5R	21.0	42.5	4.0	6.5
	52.5	22.0	52.5	4.0	7.0
	52.5R	26.0	52.5	5.0	7.0

硅酸盐水泥的强度等级划分原则:凡符合某一强度等级的水泥必须同时满足表 2-2 所规定的各龄期抗压强度、抗折强度的相应指标。如其中任意龄期抗压或抗折强度指标达不到所要求等级的规定,则以其中最低的某一个强度指标计算该水泥的等级。

2.2.5　废品与不合格品

1.废品:凡氧化镁、三氧化硫、初凝时间、安定性中的任一项指标不符合标准规定时,均为废品。

2.不合格品

凡细度、终凝时间、不溶物和烧失量中的任一项指标不符合标准规定,或混合材掺加量超过最大限量和强度低于商品等级规定的指标时称为不合格品。水泥包装标志中的水泥品种、强度等级、工厂名称和出厂编号不全的也属于不合格品。

2.3 硅酸盐水泥的生产方法

2.3.1 生产过程

硅酸盐水泥的生产过程通常可分为三个阶段:石灰质原料、黏土质原料与少量校正原料经破碎后,按一定比例配合、磨细并调配为成分合适、质量均匀的生料,称为生料的制备。生料在水泥窑内煅烧至部分熔融,所得以硅酸钙为主要成分的硅酸盐水泥熟料,称为熟料煅烧。熟料加适量石膏、混合材料,共同磨细成粉状的水泥,并经包装或散装出厂,称为水泥制成及出厂。

生料制备的主要工序是生料粉磨,水泥制成及出厂的主要工序是水泥的粉磨,因此,亦可将水泥的生产过程,即生料制备、熟料煅烧、水泥制成及出厂这三个阶段概括为"两磨一烧"。

实际上,水泥的生产过程还有许多工序及环节,所谓"两磨一烧"不过是将主要工序浓缩而已,不同的生产方法及不同的装备技术,其生产的具体过程还有差异。

2.3.2 生产方法及特点

1. 生产方式分类

水泥的生产方法主要取决于生料制备的方法及生产的窑型。目前,主要有两种分类方法:

(1)按生料制备方法分类

①湿法

将黏土质原料先经淘制成黏土浆,然后与石灰质原料、铁质校正原料和水按一定比例配合喂入磨机制成生料浆,生料浆经调配均匀并符合要求后喂入湿法回转窑煅烧成熟料的方法称为湿法生产,湿法生产中料浆中的水分占 32%～40% 左右。将湿法制备的生料浆脱水烘干后破碎,生料粉入窑煅烧,称之为半湿法生产,亦可归入湿法,但一般称之为湿后干烧。

②干法

将原料同时烘干与粉磨或先烘干后再粉磨成生料粉,而后经调配均化符合要求后喂入干法窑内煅烧熟料的生产方法称为干法生产,干法生产中生料以干粉形式入窑,干法制得的生料粉调配均匀并加入适量水,制成料球喂入立窑或立波尔窑内煅烧成熟料的方法称为半干法,其料球含水 12%～15%。亦可将半干法归入干法。

(2)按煅烧熟料窑的结构分类

①立窑生产

利用竖式固定的水泥煅烧设备,即立窑煅烧水泥熟料的方法称为立窑生产。

②回转窑生产

利用卧式回转的水泥设备,即回转窑来煅烧水泥熟料的方法称为回转窑生产。按进窑物料水分不同,回转窑又划分为湿法回转窑、半干法回转窑(立波尔窑)、干法回转窑及新型干法窑(悬浮预热器窑、预分解窑)。

2. 各种生产方法的特点

(1)立窑生产特点

立窑生产是最古老的煅烧工艺。国内立窑生产水泥经历了人工操作的普立窑、半机械化立窑、机械化立窑等阶段。立窑生产对水泥工业的贡献是不可忽视的。立窑生产具有以下特点：

①投资小，见效快

立窑厂设备规格小，结构简单，耗钢材少，生产机械地方上能够制造，一次性基本建设比同规模的回转窑建设周期短，投入生产快。

②可就地取材、就地生产、就地使用

立窑水泥可就近利用廉价的劣质燃料和零星矿山资源，在交通不便的地区，减少了运输费用，降低了水泥使用费用。

③立窑能源消耗比较低

窑内传热效率高，散热损失小，单位质量需要设备和动力的容量比回转窑水泥厂少50%左右。

④立窑生产规模小

单机生产能力低，熟料质量不稳定，自动化程度和劳动生产率低，劳动强度大，产品成本高，粉尘污染严重。

随着我国经济的进一步发展，当工厂规模、产品质量、效益、环保等在竞争中愈来愈显得重要时，优胜劣汰是必然的规律。目前，我国对占水泥工业总产量80%以上的立窑工业主要是实行"限制、淘汰、改造、提高"的政策，以引导其健康发展，限制重复建设新立窑厂，淘汰工艺设备落后、管理粗放、产品质量低劣和环境污染严重的小型立窑，全面推广应用立窑的新技术、新设备，促进立窑水泥技术进步。

(2)湿法回转窑厂的生产特点

①熟料质量较好且均匀

由于生料制备成料浆，因而对非均质原料适应性强，生料成分均匀，工艺稳定，使熟料的烧成质量高，熟料中游离氧化钙一般都很低，熟料结粒良好，熟料标号高且稳定。

②粉尘飞扬少

生料制备过程中粉尘飞扬少，窑尾飞灰少，环境卫生好，容易满足环保要求，且输送方便。

③熟料单位热耗高

湿法生产时需蒸发32%～40%的料浆水分，故需耗用大量的热量，消耗燃料量大，一般每千克熟料需消耗5 440～6 600kJ的热量，能耗占水泥成本的1/3～1/2，较立窑、干法生产均高。

湿法生产由于热耗高，能源消耗巨大，而且生产时用水量大，要求产地水源比较丰富，因此在我国水泥工业产业政策中被列为限制发展的窑型。目前对现有的湿法生产项目也应逐步改造成干法生产或湿磨干烧，以提高经济效益。

(3)干法生产的特点

普通干法回转窑生产时具有以下特点：一是窑内传热效率差，高温废气的热损失大，以致热耗高；二是生产成分波动大，熟料质量不高且不稳定；三是扬尘点多，扬尘大。悬浮预热器窑和预分解窑工艺是当代水泥工业用于生产水泥的最新技术，通常称为新型干法水泥生产技术，其特点是：

①优质

生料制备全过程广泛采用现代均化技术。矿山开采、原料预均化、原料配料及粉磨、生料空气搅拌均化四个关键环节互相衔接、紧密配合,形成生料制备全过程的均化控制保证体系,满足了悬浮预热、预分解窑新技术以及大型化对生料质量提出的严格要求。产品质量可以与湿法媲美,使干法生产的熟料质量得到了保证。

②低耗

熟料热耗低,烧成热耗可降到 3 000kJ/kg 以下,水泥生产单位电耗降低到了 90 ~ 110 kW·h/t 以下。

③高效

悬浮预热、预分解窑技术从根本上改变了物料预热、分解过程的传热状态,传热、传质迅速,大幅度提高了热效率和生产效率。操作基本自动化,单位容积产量达 110 ~ 270kg/m^3,劳动生产率可高达 1 000 ~ 4 000t/(年·人)。

④单线规模大

装备大型化、单机生产能力大。水泥熟料烧成系统的单机生产能力最高可达 10 000t/d,从而有可能建成年产数百万吨规模的大型水泥厂,进一步提高了水泥的生产效率。

⑤投资大,建设周期较长

技术含量高,资源、地质、交通运输等条件要求较高,耐火材料的消耗亦较大,整体投资大。

3. 水泥生产方法的选择

新型干法是在改进提高各种水泥传统工艺基础上发展起来的,集中了当代水泥工业中最先进的科学技术,代表了当今水泥工业发展的基本方向和主流,是世界水泥生产方法的发展趋势,也是我国水泥工业实现由大变强、走向现代化的基本方向。

结合我国水泥工业的具体情况,在大中型生产线的生产方法选择上主要应考虑选择新型干法生产,限制普通干法回转窑,一般不再扩建、新建湿法生产线,除边远地区以外禁止新建扩建立窑生产线。新建、扩建中、小型水泥厂的生产线宜采用日产 600t 及以上的预热器和日产 500t 及其以上带发电装置的干法窑生产线。当原料水分高且易于制成生料浆时,亦可考虑湿磨干烧的混合方法生产。

2.4 硅酸盐水泥的生产过程

硅酸盐水泥可根据原材料种类和性质、所采用的生产方法及设备、工厂规模采用不同的工艺流程进行生产。即使是同一种生产方法,其具体工艺流程也可以有所不同。具体确定某一种工艺流程时,应当考虑到工艺上的几个重要条件,即有效的粉磨设备,均匀地调配控制,良好的熟料烧成,合理地热利用,最经济的运输流程,最高的劳动生产率,最有效的防尘措施,最少的占地面积以及最少的流动资金等。同时还应注意到实际生产中操作、维护、管理的方便。因此,工艺流程也应通过不同方案的分析比较后加以确定。

2.4.1 立窑生产工艺流程

立窑生产工艺流程相对简单,某机械化立窑水泥厂生产工艺流程示意图如图 2-1 所示。原料之一的石灰石经破碎机 1 破碎后进入碎石库,原料黏土、铁粉经烘干后分别进入干燥的黏土库、铁粉库,燃料无烟煤经碎煤机破碎后(有时也要烘干)进入原煤库,在库底经下料、计量设备按比例准确配合后喂入生料磨 5 粉磨。经粉磨合格后的生料入生料库 6 进行均化、储存。均化后的生料经计量与适量水配合,在生料成球系统 7 中进行成球,然后送入立窑上部经布料器撒入窑内煅烧成熟料。出窑熟料经破碎机破碎后进入熟料库 10 中储存,混合材料经烘干机烘干后也入库储存;石膏经破碎后送入石膏库。熟料、混合材料和适量石膏经计量后按比例配合送入水泥磨中粉磨,粉磨合格后的水泥送入水泥库 14 中,经检验,包装或散装出厂。

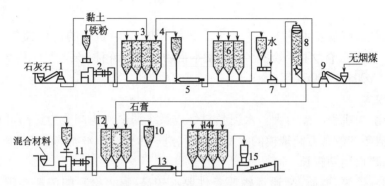

图 2-1　机械化立窑水泥厂生产工艺流程示意图

1—破碎机;2—烘干机;3—原料库;4—原煤库;5—生料磨;6—生料库;
7—成球盘;8—立窑;9—破碎机;10—熟料库;11—烘干机;
12—混合材库;13—水泥磨;14—水泥库;15—包装机

2.4.2　回转窑生产工艺流程

1. 湿法回转窑生产工艺流程

湿法回转窑生产工艺流程如图 2-2 所示。

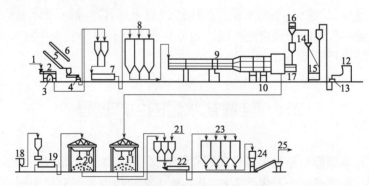

图 2-2　湿法回转窑生产工艺流程图

1—黏土;2—水;3—淘泥机;4—破碎机;5—外加剂;6—石灰石;7—生料磨;8—料浆库;
9—回转窑;10—熟料;11—熟料库;12—燃烧用煤;13—破碎机;14—粗分离器;
15—煤粉磨;16—旋风分离器;17—喷煤用鼓风机;18—混合材料;19—烘干机;
20—混合材料库;21—石膏;22—水泥磨;23—水泥库;24—包装机;25—外运水泥

　　原料石灰石经破碎机 4 破碎后为粒径小于 25mm 的碎石,另一种原料黏土经破碎、淘洗成浆体,在生料磨 7 磨头后将石灰石、黏土(浆体)、铁粉及适量水喂入磨内进行粉磨。磨制成的生料浆由泥浆泵送入料浆库 8 中,经调配均匀并符合要求后喂入湿法回转窑 9 中煅烧。出窑熟料通过熟料冷却设备冷却后送入熟料储存库,然后与混合材料、石膏按一定的比例计量配合,经水泥磨粉磨后再入水泥库,通过包装机包装外运出厂或散装出厂。值得注意的是,燃料煤的加入与立窑的生产不同,它是经过破碎、风扫煤磨粉磨后由鼓风机送入窑内燃烧的。

2. 干法回转窑生产工艺流程(新型干法水泥生产工艺流程)

预分解窑干法水泥生产是新型干法的典型代表。图 2-3 所示为我国某日产 4 000t 熟料的预分解窑新型干法水泥生产线的工艺流程。

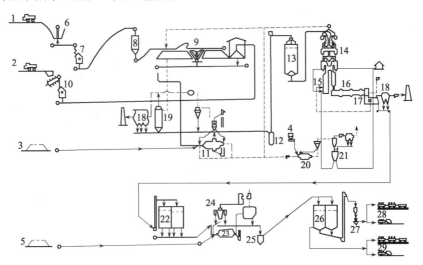

图 2-3　预分解窑干法水泥厂生产工艺流程示意图

1—石灰石;2—黏土;3—铁粉;4—原煤;5—石膏;6—PX1200/150 轻型旋回式破碎机;
7—PCK-1616 单转子锤式破碎机;8—碎石库;9—预均化堆场;10—双辊破碎机;
11—烘干兼粉磨生料磨;12—气力提升泵;13—连续式空气均化库;14—悬浮预热器;
15—分解炉;16—回转窑;17—箅式冷却机;18—电收尘器;19—增湿塔;20—风扫煤磨;
21—粗粉分离器;22—熟料库;23—水泥磨;24—选粉机;25—仓式空气输送泵;
26—水泥库;27—包装机;28—袋装水泥出厂;29—散装专用车(火车、汽车)散装出厂

来自矿山的石灰石 1 由自卸卡车运入破碎机喂料仓,经两级破碎系统的破碎机 6、破碎机 7 破碎送入 $\phi6.5m \times 12.5m$ 的碎石库内储存,然后由裙板式喂料机、皮带输送机定量地送往预配料的预均化堆场 9。

黏土用自卸汽车输入或从工厂的黏土堆棚中用铲斗卸入黏土喂料仓,经喂料机喂入 $\phi1\ 200mm \times 800mm$ 双辊破碎机破碎到总量的 85% 小于 25mm 后,经计量设备送入预配料的预均化堆场 9。

石灰石和黏土在尺寸为 $(2 \sim 34)m \times 125m$ 的预配料均化堆场自动配合,并均化成均匀的石灰石、黏土混合原料。混合原料、石灰石及铁粉 3 各自从堆场由皮带输送机送往生料磨 11 的磨头喂料仓,经定量卸料、喂料送入 $\phi5.0m \times 5.6m$ 中烘干磨进行烘干与生料粉磨。烘干磨的热气体由悬浮预热器 14 排出的废气供给,开启时则借助热风炉供热风。

粉磨后的生料用气力提升泵 12 送入两个连续性空气均化库,进一步用空气搅拌均化生料和储存生料。均化库中的生料经卸料、计量、提升、定量喂料后由气力提泵送至窑尾悬浮预热器 14 和分解炉 15 中,经预热和分解后的物料进入回转窑 16 煅烧成熟料。回转窑和分解炉所用燃料煤由原煤 4 经烘干兼粉磨后,制成煤粉并储存在煤粉仓中供给。

熟料经篦式冷却机 17 冷却后,由裙板输送机、计量秤、斗式提升机分别送入四个 Φ18m × 32m 的熟料库内储存。

熟料、石膏 5 经定量喂料机喂料送入水泥磨中粉磨。水泥磨 23 带有选粉机 24 构成所谓的圈流水泥磨,粉磨时也可根据产品要求加入适量的混合材料与熟料、石膏一同粉磨。粉磨后的水泥经仓式空气输送泵 25 送至水泥库 26 储存,一部分水泥经包装机 27 包装为袋装水泥,经火车或汽车 28 运输出厂,另一部分由散装专用车 29 散装出厂。

其他生产方法的工艺流程大体上与前述相似,不同之处主要是生产过程中的某些工序不尽相同。

2.4.3 硅酸盐水泥生产的工序

我们从上述的生产工艺流程不难看出,尽管生产方法不同,其工艺流程也有区别,但硅酸盐水泥的生产工序远不止是"两磨一烧"三道工序。一般而言,无论是采用何种生产方法,硅酸盐水泥生产主要包括以下几大工序:

(1)原料、燃料、材料的选择及入厂;

(2)原料、燃料、材料的加工处理与准备;

(3)原材料的配合;

(4)生料粉磨;

(5)生料的调配、均化与储存;

(6)熟料在回转窑或立窑中假烧;

(7)熟料、石膏、混合材料的储存、准备;

(8)熟料、石膏、混合材料的配合及粉磨;

(9)水泥储存、包装及发运。

在整个生产过程中,为确保原料、燃料、材料及生料、熟料、水泥符合要求,达到硅酸盐水泥限定的各项技术指标,生产过程的各道工序必须进行生产控制与质量监督。而研究水泥的水化硬化理论和水泥性能,将有助于指导水泥生产的质量控制与管理。

值得注意的是,在上述的各工序中,无论是原料的选择还是原料的配合、生料制备,都首先取决于硅酸盐水泥熟料组成的要求。不同的熟料其质量要求则可以采用不同的原材料与配合比、生产工艺,而熟料的组成不同,则水泥的性能便有差异。因此,研究硅酸盐水泥熟料的组成是研究讨论各道生产工序的基础。

思 考 题

1. 什么叫水泥? 水泥有哪些特点?

2. 通常水泥可以分成哪几类? 应用最广泛的水泥品种有哪些?

3. 如何对水泥进行命名,试举例说明。

4. 硅酸盐水泥的技术指标有哪些? 为何要作出限定或要求?

5. 简述硅酸盐水泥生产工艺过程及原料。

6. 试比较各种水泥生产方法有何特点,并简述水泥生产方法的发展趋势。

7. 试用框图(文字和箭头、线段)形式分别表示立窑、预分解窑的基本生产工艺流程。

8. 简述水泥生产的主要工序名称。

9. 何谓安定性？如何判别水泥的安定性是否良好？

10. 影响水泥安定性的因素有哪些？为确保水泥安定性良好应作哪些限量要求？

11. 生产中,如何避免所生产的硅酸盐水泥出现废品？

12. 怎样理解"预分解窑生产线是我国水泥工业发展的基本方向"这句话的含义？

第3章 硅酸盐水泥生产原料、
燃料的质量要求

生产硅酸盐水泥熟料的原料主要有石灰质原料(主要提供 CaO)、黏土质原料(主要提供 SiO_2、Al_2O_3、Fe_2O_3),此外,还需补足某些成分不足的校正原料。

我国硅酸盐水泥熟料一般采用三种或三种以上的原料,根据熟料组成的要求配制成生料并经煅烧而成,而且大多数是采用天然原料。通常,生产 1t 硅酸盐水泥熟料约消耗 1.6t 左右的干原料,其中干石灰质原料约占 80% 左右,干黏土质原料约占 10% ~ 15%。

在实际生产过程中,根据具体生产情况有时还需加入一些辅助材料。如加入矿化剂、助熔剂以改善生料的易烧性和液相性质等;加入晶种诱导加速熟料的煅烧过程;加入助磨剂以提高磨机的粉磨效果等。在水泥的制成过程中,还需在熟料中加入缓凝剂以调节水泥凝结时间,加入混合材料共同粉磨以改善水泥性质和增加水泥产量。

生产水泥的各种原材料的种类列于表 3-1。

表 3-1 生产硅酸盐水泥的原材料一览表

类	别	名 称	备 注
主要原料	石灰石原料	石灰石、白垩、贝壳、泥灰岩、电石渣、糖滤泥等	生产水泥熟料用
	黏土质原料	黏土、黄土、页岩、千枚岩、河泥、粉煤灰等	
校正原料	铁质校正原料	硫铁矿渣、铁矿石、铜矿渣等	生产水泥熟料用
	硅质校正原料	河砂、砂岩、粉砂岩、硅藻土等	
	铝质校正原料	炉渣、煤矸石、铝矾土等	
外加剂	矿 化 剂	萤石、萤石-石膏、硫铁矿、金属尾矿等	生产水泥熟料用
	晶 种	熟 料	生产水泥熟料用
	助 磨 剂	亚硫酸盐纸浆废液、三乙醇胺下脚料、醋酸钠等	生料、水泥粉磨用
	料浆稀释剂	Cl-C 料浆稀释剂、Cl-T 料浆稀释剂、纸浆黑液等	湿法生产时用
燃 料	固体燃料	烟煤、无烟煤	我国大多用的是煤
	液体燃料	重 油	
缓凝材料		石膏、硬石膏、磷石膏、工业副产品石膏等	制成水泥的组分
混合材料		粒化高炉矿渣、石灰石等	制成水泥的组分

3.1 石灰质原料

凡是以碳酸钙为主要成分的原料都属于石灰质原料。它可分为天然石灰质原料和人工石灰质原料两类。水泥生产中常用的是含有碳酸钙的天然矿石。

3.1.1 石灰质原料的种类和性质

常用的天然石灰质原料有:石灰石、泥灰岩、白垩、大理石、海生贝壳等。我国水泥工业生产中应用最普遍的是石灰岩(俗称石灰石),泥灰岩次之,个别小厂采用白垩和贝壳。

1. 石灰石

石灰石是由碳酸钙所组成的化学与生物化学沉积岩。其主要矿物由方解石($CaCO_3$)微粒组成,并常含有白云石($CaCO_3 \cdot MgCO_3$)、石英(结晶 SiO_2)、燧石(又称玻璃质石英、火石,主要成分为 SiO_2,属结晶 SiO_2)、黏土质及铁质等杂质,由于所含杂质的不同,按矿物组成又可分为白云质石灰岩、硅质石灰岩、黏土质石灰岩等。它是一种具有微晶或潜晶结构的致密岩石,其矿床的结构多为层状、块状及条带状。

纯净的石灰石在理论上含有 56% CaO 和 44% CO_2,呈白色。但实际上,自然界中的石灰石常因杂质的含量不同而呈青灰、灰白、灰黑、淡黄及红褐色等不同颜色。石灰石一般呈块状,结构致密,性脆,莫氏硬度 3~4(普氏硬度 8~10),表观密度 2.6~2.8g/cm³,耐压强度随结构和孔隙率而异,单向抗压强度在 30~170MPa 之间,一般为 80~140MPa,石灰石含水一般不大于 1.0%,水分大小随气候而异,但夹杂有较多黏土杂质的石灰石水分含量往往较高。

硬度是矿物抵抗外力的机械作用(如压入、刻划、研磨等)的能力。1821 年,莫氏把矿物质硬度相对地分为 10 个等级组,其中每一等级组的矿物被后一等级组的矿物刻划时,将得到一条不会被手指轻轻擦去的划痕。莫氏硬度划分从 1~10,等级越大者则硬度越大。莫氏硬度等级是:1. 滑石;2. 石膏;3. 方解石;4. 萤石;5. 磷灰石;6. 正长石;7. 石英;8. 黄玉;9. 刚玉;10. 金刚石。

2. 泥灰岩

泥灰岩是由碳酸钙和黏土物质同时沉积所形成的均匀混合的沉积岩,属石灰岩向黏土过渡的中间类型岩石。

泥灰岩因含有黏土量的不同,其化学成分和性质也随之变化。如果泥灰岩中 CaO 量超过 45%,称为高钙泥灰岩;若其 CaO 含量小于 43.5%,称为低钙泥灰岩。泥灰岩的主要矿物也是方解石,常见的为粗晶粒状结构,块状构造。

泥灰岩的颜色取决于黏土物质,从青灰色、黄土色到灰黑色,颜色多样。它质软易采掘和粉碎,常呈夹层状或厚层状。其硬度低于石灰岩,黏土矿物含量愈高,硬度愈低。其耐压强度小于 100MPa,含水率随黏土含量和气候而变化。

有些地方产的泥灰岩其成分接近制造水泥的原料,其氧化钙含量在 43.5%~45%,可直接用来烧制水泥熟料,这种泥灰岩称天然水泥岩,但这种水泥岩的矿床是不常见的。泥灰岩是一种极好的水泥原料,因它含有的石灰岩和黏土混合均匀,易于煅烧,所以有利于提高窑的产量,降低燃料消耗。

3. 白垩

白垩是海生生物外壳与贝壳堆积而成的,富含生物遗骸,主要是由隐晶或无定形细粒疏松的碳酸钙所组成的石灰岩,其主要成分是碳酸钙,含量 80%~90%,有的碳酸钙含量可达 90% 以上。

白垩一般呈黄白色、乳白色,有的因风化及含不同杂质而呈淡灰、浅黄、浅褐色等。白垩质松而软,结构单一,易于采掘。

白垩多藏于石灰石地带,一般在黄土层下,土层较薄,有些产地离石灰岩很近,我国河南省

(如新乡地区)盛产白垩。

白垩易于粉磨和煅烧,是立窑水泥厂的优质石灰质原料。但对湿法回转窑用白垩制备料浆时,其需水量较高,料浆水分高达40%以上,影响窑的产量与燃料消耗。

4. 贝壳和珊瑚类

主要有贝壳、蛎壳和珊瑚石,其含碳酸钙90%左右,表面附有泥砂和盐类(如 $MgCl_2$、$NaCl$、KCl)等有害物质,所以使用时需用水冲洗干净。蛎壳来自海底,含15%~18%的水分,韧性比较大,不容易磨细,故需要煅烧后再磨碎。贝壳、蛎壳主要分布于沿海诸省,如河北、山东、浙江、福建、广东等均有产出。

钙质珊瑚石主要分布在海南岛、台湾岛及东沙、西沙、中沙、南沙群岛。目前沿海小水泥厂有的采用这种原料。

3.1.2 石灰质原料的选择

1. 石灰质原料的质量要求

石灰质原料使用最广泛的是石灰石,其主要成分为 $CaCO_3$,纯石灰石的 CaO 最高含量为56%,其品位由 CaO 含量高低来确定。但用于水泥生产的石灰石不一定就是 CaO 含量越高越好,还要看它的酸性组成含量,如 SiO_2、Al_2O_3、Fe_2O_3 等是否满足配料要求。石灰石的主要有害成分为 MgO、$R_2O(Na_2O + K_2O)$ 和游离 SiO_2,尤其对 MgO 含量应给予足够的注意。石灰质原料的一般质量指标要求见表3-2。

表3-2　石灰质原料的质量要求

成　　分	CaO	MgO	f-SiO_2(燧石或石英)	SO_3	$Na_2O + K_2O$
含量(%)	≥48	≤3	≤4	≤1	≤0.6

2. 石灰质原料的选择

在具体选择石灰质原料时,如果石灰质原料中 CaO 含量低于48%,可将其与 CaO 含量大于48%的石灰质原料搭配使用,以利资源的合理利用。但值得注意的是,含有白云石($CaCO_3 \cdot MgCO_3$)的石灰石往往容易造成水泥中的 MgO 含量过高。这是因为白云石是 MgO 的主要来源,为使水泥中氧化镁的含量小于5.0%,应控制石灰质原料中 MgO 含量小于3.0%。含有白云石的石灰石在新敞开的断面上可以看到粉粒状的闪光。用10%盐酸溶液滴在白云石上有少量的气泡产生,如滴在石灰石上则剧烈地产生气泡,因此可用此法简单地区别白云石和石灰石。而燧石含量较高的石灰岩,表面通常有褐黑的凸出或呈结核状的夹杂物,其质地坚硬,难磨难烧,宜严格控制。同理,经过地质变质作用,重结晶的大理石结晶完整、粗大,结构致密,虽化学成分较纯,$CaCO_3$ 含量很高,但不易粉磨与煅烧,故一般也不宜采用。新型干法水泥生产中,考虑到 K_2O、Na_2O、SO_3、Cl^- 离子等微量组分对水泥生产质量有影响,故在原料质量指标中都进行了限制。

近年来,人们愈来愈重视原料的矿山资源勘探,其目的:一是保证储量满足服务年限要求,以免工厂投产后因原料枯竭而转产或关闭;二是使原料储量级别、品位满足矿山开采要求;三是控制有害成分,如严格控制 SiO_2、R_2O、SO_3、Cl^- 离子含量,确保生产的正常进行。

3.1.3 常见石灰质原料的化学成分

石灰质原料在水泥生产中的作用主要是提供 CaO,其次还提供 SiO_2、Al_2O_3、Fe_2O_3,并同时带入少许杂质 MgO、SO_3、R_2O 等。

我国部分水泥厂所用石灰石、泥灰岩、白垩等的化学成分详见表 3-3。

表 3-3　一些天然石灰质原料的化学成分

厂名	名称	烧失量	SiO_2	Al_2O_3	Fe_2O_3	CaO	MgO	$K_2O + Na_2O$	SO_3	Cl^-	产地
冀东水泥厂	石灰石	38.49	8.04	2.07	0.91	48.04	0.82	0.80			王官营
宁国水泥厂	石灰石	41.30	3.99	1.03	0.47	51.91	1.17	0.13	0.27	0.005 7	海螺山
江西水泥厂	石灰石	41.59	2.50	0.92	0.59	53.17	0.47	0.11	0.02	0.003	大河山
新疆水泥厂	石灰石	42.23	3.01	0.28	0.20	52.98	0.50	0.097	0.13	0.003 8	艾维尔沟
双阳水泥厂	石灰石	42.48	3.03	0.32	0.16	54.20	0.36	0.06	0.02	0.006	羊圈顶子
华新水泥厂	石灰石	39.83	5.82	1.77	0.82	49.74	1.16	0.23			黄金山
贵州水泥厂	泥灰岩	40.24	4.86	2.08	0.80	50.69	0.91				贵阳八家沟
北京水泥厂	泥灰岩	36.59	10.95	2.64	1.76	45.00	1.20	1.45	0.02	0.001	
偃师白垩		36.37	12.22	3.26	1.40	45.84	0.81				
浩良河大理岩		42.20	2.70	0.53	0.27	51.23	2.44	0.14	0.10	0.004	浩良河

3.1.4 石灰质原料性能测试方法

石灰质原料的性能研究主要是研究其诸多性能中对易烧性影响最大的分解性能和反应活性。随着现代化测试技术的进步,已经可以对石灰质原料的化学成分、矿物组成、微观结构进行定量研究,从而揭示原料性能对易烧性的影响作用机理。

(1)石灰质原料中各种元素(或氧化物)含量,可用化学分析方法定量确定。

(2)石灰质原料的分解温度,用差热分析方法可确定其中碳酸盐的分解温度。

(3)石灰质原料的主要矿物组成,可用 X 射线衍射方法进行物相定性分析。

(4)石灰质原料的微观结构,可采用透射电子显微镜来研究方解石的晶粒形态、晶粒大小以及晶体中杂质组分的存在形式。用电子探针可测试研究杂质组分的形态、含量、颗粒大小、分布均匀程度等。

3.2　黏土质原料

黏土质原料的主要化学成分是 SiO_2,其次是 Al_2O_3、Fe_2O_3 和 CaO,在水泥生产中,它主要是提供水泥熟料所需的酸性氧化物(SiO_2、Al_2O_3 和 Fe_2O_3)。

3.2.1 黏土质原料的种类与特性

我国水泥工业采用的天然黏土质原料有黏土、黄土、页岩、泥岩、粉砂岩及河泥等,其中使用最多的是黏土和黄土。随着国民经济的发展以及水泥厂大型化的趋势,为保护耕地,不占农田,近年来多采用页岩、粉砂岩等为黏土质原料。

1. 黏土

黏土是多种微细的呈疏松状或胶状密实的含水铝硅酸盐矿物的混合体,它是由富含长石等铝硅酸盐矿物的岩石经漫长的地质年代风化而成。它包括华北、西北地区的红土,东北地区的黑土与棕土,南方地区的红壤与黄壤等。

纯黏土的组成近似于高岭石($Al_2O_3 \cdot 2SiO_2 \cdot 2H_2O$),但水泥生产采用的黏土由于它们的形成和产地的差别,常含有各种不同的矿物,因此它不能用一个固定的化学式来表示。根据主导矿物不同,可将黏土分成高岭石类、蒙脱石类($Al_2O_3 \cdot 4SiO_2 \cdot nH_2O$)、水云母类等,它们的某些工艺性能如表3-4所示。

表3-4 不同黏土矿物的工艺性能

黏土类型	主导矿物	黏粒含量	可塑性	热稳定性	结构水脱水温度(℃)	矿物分解达最高活性温度(℃)
高岭石类	$Al_2O_3 \cdot 2SiO_2 \cdot 2H_2O$	很高	好	良好	480～600	600～800
蒙脱石类	$Al_2O_3 \cdot 4SiO_2 \cdot nH_2O$	高	很好	优良	550～750	500～700
水云母类	水云母、伊利石等	低	差	差	550～650	400～700

黏土广泛分布于我国的华北、西北、东北、南方地区。黏土中常常含有石英砂、方解石、黄铁矿(FeS_2)、碳酸镁、碱及有机物质等杂质,因所含杂质不同,而多呈红色、黑色与棕色、黄色等。其化学成分差别较大,但主要是含 SiO_2、Al_2O_3,以及少量 Fe_2O_3、CaO 和 MgO、R_2O、SO_3 等。其塑性指数较高,红土约为 18～27,黑土与棕土为 17～20,红壤与黄壤约为 20～25。

2. 黄土

黄土是没有层理的黏土与微粒矿物的天然混合物。成因以风积为主,也有成因于冲积、坡积、洪积和淤积的。

黄土的化学成分以 SiO_2、Al_2O_3 为主,其次还有 Fe_2O_3、MgO、CaO 以及碱金属氧化物 R_2O,其中 R_2O 含量高达 3.5%～4.5%,而硅率在 3.5～4.0 之间,铝率在 2.3～2.8 之间。黄土矿物组成较复杂,其中黏土矿物以伊利石为主,蒙脱石次之,非黏土矿物有石英、长石,以及少量的白云母、方解石、石膏等矿物。黄土中含有细粒状、斑点状、薄膜状和结核状的碳酸钙,一般黄土中 CaO 含量达 5%～10%,碱主要由白云母、长石带入。

黄土以黄褐色为主。表观密度 2.6～2.7g/cm^3,含水量随地区降雨量而异,华北、西北地区的黄土水分一般在 10%左右。黄土中的粗粒砂级(0.05mm),颗粒一般占 20%～25%,黏粒级(<0.005mm)一般占 20%～40%,黄土塑性指数较低,一般为 8～12。

3. 页岩

页岩是黏土经长期胶结而成的黏土岩。一般形成于海相或陆相沉积,或海相与陆相交互沉积。

页岩的主要成分是 SiO_2、Al_2O_3,还有少量的 Fe_2O_3、R_2O 等,化学成分类似于黏土,可作为黏土使用,但其硅率较低,一般为 2.1～2.8,通常配料时需要掺加硅质校正原料。若采用细粒砂质页岩或砂岩、页岩互相重叠间层的矿床,可以不再另掺硅质校正原料,但应注意生料中粗砂粒含量和硅率的均匀性。页岩的主要矿物是石英、长石、云母、方解石以及其他岩石碎屑。

页岩颜色不定,一般呈灰黄、灰绿、黑色及紫红等,其结构致密坚实,层理发育,通常呈页状或薄片状,抗压强度 10～60MPa。页岩的含碱量约 2%～4%。

4. 粉砂岩

粉砂岩是由直径为 0.01～0.1mm 的粉砂经长期胶结变硬后的碎屑沉积岩。粉砂岩的主要矿物是石英、长石、黏土等,胶结物质有黏土质、硅质、铁质及碳酸盐质。颜色呈淡黄、淡红、淡棕色、紫红色等,质地取决于胶结程度,一般疏松,但也有较坚硬的。

粉砂岩的硅率一般大于 3.0,铝率在 2.4～3.0 之间,含碱量为 2%～4%,可作为水泥生产用的硅铝质原料。

5. 河泥、湖泥类

江、河、湖泊由于流水速度分布不同,是夹带的泥砂规律地分级沉降的产物。其成分取决于河岸崩塌物和流域内地表流失土的成分。如果在固定的江河地段采掘,则其化学成分稳定,颗粒级配均匀,使用它不仅可不占农田,而且有利于江河的疏通。建造在靠江、湖的湿法水泥厂,可利用挖泥船在固定区域内进行采掘,经淘泥机处理后的泥浆即为所需的黏土质原料。我国某水泥厂使用的河泥成分见表3-5。

表3-5　河泥的化学成分　　　　　　　　　　单位:%

烧失量	SiO$_2$	Al$_2$O$_3$	Fe$_2$O$_3$	CaO	MgO
7.81 ~ 8.19	62.46 ~ 63.22	12.82 ~ 14.41	5.75 ~ 6.35	3.75 ~ 4.76	2 ~ 41

6. 千枚岩

由页岩、粉砂岩或中酸性凝灰岩经低级区域变质作用形成的变质岩称千枚岩。岩石中的细小片状矿物定向排列,断面上可见许多大致平行、极薄的片理,片理面呈丝绢光泽。主要矿物成分为绢云母(化学组成与白云母极相似)、绿泥石(主要化学成分 SiO$_2$、Al$_2$O$_3$ 等)和石英等。岩石常呈浅红、深红、灰及黑等色。根据矿物颜色不同可有各种名称,如硬绿泥石千枚岩、黄绿色钙质千枚岩等。千枚岩分布普遍,如国内的辽东地区、秦岭、南方都有其存在,江西水泥厂使用的黏土质原料便是千枚岩。

3.2.2　黏土质原料的品质要求及选择

1. 品质要求

衡量黏土质量的主要指标是黏土的化学成分(硅率、铝率)、含砂量、含碱量以及黏土的可塑性等。对黏土质原料的一般质量要求可见表3-6。

表3-6　黏土质原料的质量要求

品　　位	n	P	MgO	R$_2$O	SO$_3$	塑性指数
一 等 品	2.7 ~ 3.5	1.5 ~ 3.5	< 3.0	< 4.0	< 2.0	> 12
二 等 品	2.0 ~ 2.7 或 3.5 ~ 4.0	不限	< 3.0	< 4.0	< 2.0	> 12

2. 选择黏土质原料时应注意的问题

为了便于配料又不掺硅质校正原料,要求黏土质原料硅率最好为 2.7 ~ 3.1,铝率 1.5 ~ 3.0,此时黏土质原料中氧化硅含量应为 55% ~ 72%。如果黏土硅率过高,大于 3.5 时,则可能是含粗砂粒(> 0.1mm)过多的砂质土所致;如果硅率过小,小于 2.3 ~ 2.5,则是以高岭石为主导矿物的黏土,配料时除非石灰质原料含有较高的 SiO$_2$,否则就要添加难磨难烧的硅质校正原料。所选黏土质原料应尽量不含碎石、卵石,粗砂含量应小于 5.0%,这是因为粗砂为结晶状态的游离 SiO$_2$,结晶 SiO$_2$ 含量高的黏土对粉磨不利,未磨细的结晶 SiO$_2$ 会严重恶化生料的易烧性。若每增高 1% 的结晶 SiO$_2$,在 1 400℃ 煅烧时,熟料中的游离 CaO 将提高近 0.5%。此外,还会影响生料的塑性和成球性能,不利于立窑的煅烧。为此,干法生产时,生料磨系统应采用圈流生产;湿法生产时,可用淘泥机淘洗,将砂粒分散沉淀后排出,此时可将含砂量略为放宽。

当黏土质原料 $n = 2.0 ~ 2.7$ 时,一般需掺用硅质原料来提高含硅量;当 $n = 3.5 ~ 4.0$ 时,一般需与一级品或含硅量低的二级品黏土质原料搭配使用,或掺加铝质校正原料。

回转窑生产对黏土的可塑性不作要求。立窑和立波尔窑煅烧时的生料都要成球后入窑,而料球的大小、强度、均齐程度、抗炸裂性(热稳定性)等,对立窑或立波尔窑的通风阻力、煅烧均匀程度等都有直接影响。特别是立波尔窑加热机对成球质量更为敏感,要求生料球在输送和加料过程中不破裂,煅烧过程中仍有一定强度,热稳定性良好,才能保证窑的正常生产,否则,会恶化窑的煅烧。通常可塑性好的黏土制备的生料易于成球,料球强度较高,入窑后不易炸裂,热稳定性好。立波尔窑和立窑用黏土质原料的塑性指数最好不小于 12。

3. 黏土质原料的性能测试方法

黏土质原料的矿物颗粒比较细小,大部分颗粒为 $0.1 \sim 1\mu m$,研究测试相对比较困难,一般用化学分析方法测定其化学组成,用 X 射线衍射和透射电镜观察其矿物组成和矿物形态,用差热分析方法确定黏土矿物的脱水温度。对黏土质原料中的粗粒石英含量、晶粒大小和形态要予以足够的重视,因为当石英含量为 70.5% ,粒径超过 0.5mm 时,就会显著影响生料的易烧性。

3.3 校正原料

当石灰质原料和黏土质原料配合所得生料成分不能符合配料方案的要求时,必须根据所缺少的组分掺加相应的原料,这种以补充某些成分的不足为主的原料称为校正原料。

3.3.1 铁质校正原料

当氧化铁含量不足时,应掺加氧化铁含量大于 4% 的铁质校正原料,常用的有低品位铁矿石,炼铁厂尾矿及硫酸厂工业废渣—硫铁渣等。

硫铁矿渣(即铁粉)主要成分为 Fe_2O_3,含量大于 50% ,红褐色粉末,含水量较大,对储存、卸料均有一定影响。

目前有的厂用铅矿渣或铜矿渣代替铁粉,不仅可用作校正原料,而且其中所含氧化亚铁(FeO)能降低烧成温度和液相黏度,可起矿化剂作用。

表 3-7 为各种铁质校正原料的化学成分。

表 3-7 一些铁质校正原料的化学成分　　　　　　　　单位:%

种　类	烧失量	SiO_2	Al_2O_3	Fe_2O_3	CaO	MgO	FeO	CuO	总和
低品位铁矿石	—	46.09	10.37	42.70	0.73	0.14	—	—	100.03
硫铁矿渣	3.18	26.45	4.45	60.30	2.34	2.22	—	—	98.94
铜矿渣		38.40	4.69	10.29	8.45	5.27	30.90		98.00
铅矿渣	3.10	30.56	6.94	12.93	24.20	0.60	27.30	0.13	105.76

3.3.2 硅质校正原料

当生料中 SiO_2 含量不足时,需掺加硅质校正原料。常用的有硅藻土,硅藻石,含 SiO_2 多的河砂、砂岩、粉砂岩等。但应注意,砂岩中的矿物主要是石英,其次是长石。但结晶 SiO_2 对粉磨和煅烧都有不利影响,所以要尽可能少采用。河砂的石英结晶更为完整粗大,只有在无砂岩等矿源时才采用。最好采用风化砂岩或粉砂岩,其氧化硅含量不太低,但易于粉磨,对煅烧影响小。

表 3-8 为几种硅质校正原料的化学成分。

表 3-8 一些硅质校正原料的化学成分   单位:%

种 类	烧失量	SiO_2	Al_2O_3	Fe_2O_3	CaO	MgO	总 计	SM
砂岩(1)	8.46	62.92	12.74	5.22	4.34	1.35	95.03	3.50
砂岩(2)	3.79	78.75	9.67	4.34	0.47	0.44	97.46	5.62
河 砂	0.53	89.68	6.22	1.34	1.18	0.75	99.70	11.85
粉砂岩	5.63	67.28	12.33	5.14	2.80	2.33	95.51	3.85

3.3.3 铝质校正原料

当生料中 Al_2O_3 含量不足时,需掺加铝质校正原料,常用的铝质校正原料有炉渣、煤矸石、铝矾土等。

表 3-9 为几种铝质校正原料的化学成分。

表 3-9 一些铝质校正原料的化学成分   单位:%

原料名称	烧失量	SiO_2	Al_2O_3	Fe_2O_3	CaO	MgO	总 计
铝矾土	22.11	39.78	35.36	0.93	1.60	—	99.78
煤渣灰	9.54	52.40	27.64	5.08	2.34	1.56	98.56
煤 渣	—	55.68	29.32	7.54	5.02	0.93	98.49

3.3.4 校正原料的质量要求

对校正原料的一般质量要求见表 3-10。

表 3-10 校正原料质量指标

校正原料	硅 率	$SiO_2(\%)$	$R_2O(\%)$
硅 质	>4.0	70~90	<4.0
铝 质		$Al_2O_3>30\%$	
铁 质		$Fe_2O_3>40\%$	

3.4 燃 料

水泥工业是消耗大量燃料的企业。燃料按其物理状态的不同可分为固体燃料、液体燃料和气体燃料三种。我国水泥工业目前一般采用固体燃料来煅烧水泥熟料。

3.4.1 固体燃料的种类和性质

固体燃料煤,可分为无烟煤、烟煤和褐煤。回转窑一般使用烟煤,立窑采用无烟煤或焦煤末。

(1)无烟煤

无烟煤又叫硬煤、白煤,是一种碳化程度最高、干燥无灰基挥发分含量小于10%的煤。其收到基低热值一般为 20 900~29 700kJ/kg(5 000~7 000kcal/kg)。

无烟煤结构致密坚硬,有金属光泽,密度较大,含碳量高,着火温度为 600 ~ 700℃,燃烧火焰短,是立窑煅烧熟料的主要燃料。

(2)烟煤

烟煤是一种碳化程度较高,干燥灰分基挥发物含量为 15% ~ 40% 的煤。其收到基低热值一般为 20 900 ~ 31 400kJ/kg(5 000 ~ 7 500kcal/kg)。

其结构致密,较为坚硬,密度较大,着火温度为 400 ~ 500℃,是回转窑煅烧熟料的主要燃料。

(3)褐煤

褐煤是一种碳化程度较低的煤,有时可清楚地看出原来的木质痕迹。其挥发分含量较高。可燃基挥发分可达 40% ~ 60%,灰分 20% ~ 40% 左右。热值为 8 374 ~ 1 884kJ/kg。褐煤中自然水分含量较大,性质不稳定,易风化或粉碎。

3.4.2 煤的质量要求

水泥工业用煤的一般质量要求见表 3-11。

表 3-11 水泥工业用煤的一般质量要求

窑 型	灰分(%)	挥发分(%)	硫(%)	低位发热量(kJ/kg)
湿法窑	≤28	18 ~ 30	—	≥21 740
立波尔窑	≤25	18 ~ 80	—	≥23 000
机立窑	≤35	≤15	—	≥18 800
预分解窑	≤28	22 ~ 32	≤3	≥21 740

3.5 低品位原料和工业废渣的利用

目前,虽然能用于水泥工业的原料种类繁多,资源丰富,但以往的经验认为,生产水泥的主要原料品位要高,矿石的质量要求使得储量、开采、交通运输和工厂建设条件等方面都受到很严的限制,但真正能被利用和开采的主要原料并不太多。特别是石灰石原料要求 CaO≥48%,使得很多石灰质原料矿点虽然离交通干线较近,接近供销地区,但因 CaO 含量偏低,或某些有害杂质偏高而被废置。从现代水泥工业的生产技术要求来看,并不要求十分优质的石灰质原料(即采用 CaO≥50% 的优质石灰石),可在配料时还需加入 15% 左右的硅质原料加以调整,使入窑 CaO 的含量在 42% ~ 46%。现在,发达国家一般采用两个矿山分别开采高钙和低钙石灰石,然后再将其按一定比例混合。

从发展趋势看,利用工业废渣,或以某种简单原料为基础,将一个企业的废渣或副产品变为另一个企业的原料,显然具有显著的经济效益和社会效益。积极利用工业废渣能综合利用资源,减少对环境的污染。目前在水泥工业中,工业废渣具有多种作用,一是代替部分主要原料,二是作为混合材料,三是作为添加剂,如矿化剂等。

3.5.1 低品位石灰质原料的利用

所谓低品位原料,即指那些化学成分、杂质含量与物理性能等不符合一般水泥生产要求的原料。对含量≤48% 或含有较多杂质的低品位石灰质原料而言,除白云石质岩不适宜作硅酸盐水泥熟料原料外,其他大多是含有黏土质矿物的泥灰岩,虽然其 CaO 含量较低,但是只要具备一定的条件仍然可以用于水泥生产。

泥质灰岩、微泥质灰岩、泥灰岩的组成成分中均含有 CaO、SiO_2、Al_2O_3 和一部分 Fe_2O_3,其 CaO 含量一般在 35% ~ 44% 左右。它们与 CaO 含量较高(CaO≥48%)的石灰石搭配使用,不难配制出符合水泥熟料矿物组成所要求的理想生料,而且这些低品位的石灰质原料松软,易于开采,便于破碎,易磨易烧。但其缺点是矿石成分波动大,含水量较高,掺入容易堵塞破碎机和运输设备。

近几年,我国部分企业利用低品位石灰石生产硅酸盐水泥熟料取得了比较好的技术经济效益和社会效益。如广西钦州地区铁山水泥厂利用 CaO 为 38% ~ 42%、SiO_2 为 16% ~ 18% 的低品位石灰石生产 42.5 级以上硅酸盐水泥熟料;湖北松木坪水泥厂利用 CaO 为 42% ~ 46% 的低品位石灰石也生产出 42.5 级以上硅酸盐水泥熟料;浙江临安青山水泥厂用 CaO 为 40% ~ 44% 的石灰石和煤两组分配料,能耗在 3 344kJ/kg 熟料以下,其产量高,强度也好。有资料报道,采用 CaO 为 28% ~ 30%、硅率 = 4.4 ~ 5.4、铝率 = 2.1 ~ 2.2 的硅质泥灰岩作黏土质原料和取代部分石灰质原料可以生产普通硅酸盐水泥。

3.5.2 煤矸石、石煤的利用

煤矸石是煤矿生产时的废渣,它在采煤和选矿过程中被分离出来,一般属泥质岩,也夹杂一些砂岩,呈黑色,烧后呈粉红色。随着煤层地质年代、成矿情况、开采方法不同,煤矸石的组成也不相同。其主要化学成分为 SiO_2、Al_2O_3,含有少量的 Fe_2O_3、CaO 等,并含 4 180 ~ 9 360 kJ/kg 的热值。有关化学成分详见表 3-12。

石煤多为古生代和晚古生代菌藻类等低等植物所形成的低碳煤,它的组成性质及生成等与煤无本质差别,都是可燃沉积岩。不同的是含碳量比一般煤少,挥发分低,发热量低,灰分含量高,而且伴生较多的金属元素。其化学成分见表 3-12。

表 3-12 煤矸石、石煤的主要化学成分   单位:%

名　　　称	SiO_2	Al_2O_3	Fe_2O_3	CaO	MgO
南栗赵家屯煤矸石	48.60	42.00	3.81	2.42	0.33
山东湖田矿煤矸石	60.28	28.37	4.94	0.92	1.26
邯郸峰峰煤矸石	58.88	22.37	5.20	6.27	2.07
浙江常山石煤	64.66	10.82	8.68	1.71	4.05
常山高硅石煤	81.41	6.72	5.56	2.22	—

煤矸石、石煤在水泥工业上的应用,其主要困难是化学成分波动大。目前的利用途径有三:一是代黏土配料;二是经煅烧处理后作混合材;三是作沸腾燃烧室燃料,其渣作水泥混合材。

煤矸石、石煤作黏土质原料进行配料时,工艺上要进行适当性调整。具体应注意以下几方面:

1. 原料要进行预均化处理。这是因为煤矸石和石煤的化学成分波动很大,因此要考虑按质量不同分别堆放,并进行预均化。

2. 提高入窑生料合格率,调整配料方案,减少配热。当 KH 值 > 0.93 时,需掺加矿化剂加速熟料煅烧,否则游离 CaO 较高。而应用石煤时应注意石煤灰分中 Al_2O_3 含量较低,在设计熟料成分时应予以考虑。

3. 立窑生产时宜采用预加水成球,浅暗火操作。因煤矸石、石煤塑性指数偏小,成球质量差以致热稳定性也较差,采用预加水成球,浅暗火操作,可以避免料球的炸裂而影响窑的煅烧。

3.5.3　粉煤灰及炉渣的利用

粉煤灰是火力发电厂煤粉燃烧后所得的粉状灰烬,除了可以用作水泥混合材生产普通水泥和粉煤灰水泥外,还可以代替部分乃至全部黏土参与水泥配料。炉渣是煤在工业锅炉燃烧后排出的灰渣,也可替代黏土参与配料。

粉煤灰和炉渣的化学成分因煤的产地不同而不同,且 SiO_2 和 Al_2O_3 的相对含量波动大。一般来说都是 Al_2O_3 含量偏高。大部分水泥厂都是用作校正黏土中"硅高铝低"而添加的,同时也是废料的综合利用。

粉煤灰和炉渣代替部分乃至全部黏土配料时,应注意下列问题。

1. 加强均化。减少 SiO_2、Al_2O_3 的波动和残碳热值对窑热工制度和熟料质量的影响。

2. 解决配料精确问题。这是因为其粒径细小,锁料、喂料都很困难的缘故。

3. 注意带入的可燃物对煅烧的影响。尤其是高碳粉煤灰、高碳炉渣所带入的可燃物,其燃点较高,上火慢,使立窑底火拉深,熟料冷却慢,易出现还原料及粉化料。

4. 粉煤灰和炉渣可塑性比较差,立窑生产时搞好成球工艺仍是一项技术关键。

北京水泥厂及燕山(700t/d)、冀东($2 \times 4\,000$t/d)、烟台($2\,500$t/d)、富阳($4\,000$t/d)、冀中($4\,000$t/d)等水泥厂均采用了粉煤灰作为水泥原料生产普通硅酸盐水泥,取得了显著的经济效益和社会效益。

3.5.4　玄武岩资源的开发与利用

玄武岩是一种分布较广的火成岩,其颜色因异质矿物的含量而异,并由灰到黑,风化后的玄武岩表面呈红褐色。密度一般在 $2.5 \sim 3$kg/cm^3,性硬且脆,通常具有较固定的化学组成和较低的熔融温度。除 Fe_2O_3、R_2O 偏高外,其化学成分类似于一般黏土,如表 3-13 所示。

表 3-13　玄武岩的主要化学成分　　　　　　　　　单位:%

成　分	SiO_2	Al_2O_3	Fe_2O_3	CaO	MgO	Na_2O	TiO_2
含　量	45 ~ 56	15 ~ 21	9 ~ 17	4.5 ~ 13.5	2 ~ 11	2.5 ~ 5	0.4 ~ 1.5

玄武岩的助熔氧化物含量较多,可作水泥生料的铝硅酸盐组分,以强化熟料的煅烧过程。此时制得的熟料含有大量的铁铝酸钙,使水泥煅烧及水泥有一系列的特点。其煅烧时间短,煅烧温度可降低 70 ~ 100℃,节约燃料约 10%,窑的台班产量可提高 10% ~ 12%;其水泥抗硫酸盐侵蚀性好,水化放热量低,抗折强度较高。

玄武岩的可塑性和易磨性都较差,因此生产中要强化粉磨过程,同时使入磨粒度减小,并使它成为片状(瓜子片的粒度),以抵消由于易磨性差带来的影响。海南屯昌水泥厂应用这个道理,黏土换成玄武岩瓜子片后,$\phi 2.2$m $\times$ 7m 磨机的产量提高了 23%。对立窑而言,还应加强成球工艺控制,确保料球质量。

3.5.5　其他原料的应用

1. 珍珠岩

珍珠岩是一种主要以玻璃态存在的火成非晶类物质,属富含 SiO_2 的酸性岩石,亦是一种天然玻璃,其化学成分因产地不同而有差异,一般含 SiO_2 和 Al_2O_3 大于 80%。它可用作黏土质原料配料。

2.赤泥

赤泥是烧结法从矾土中提取氧化铝时所排出的赤色废渣,其化学成分与水泥熟料的化学成分比较,Al_2O_3 和 Fe_2O_3 含量高,CaO 含量低,所以赤泥与石灰质原料搭配配合便可配制成生料。赤泥中 Na_2O 含量较高,对熟料煅烧和质量有一定影响,故应采取必要措施。因氧化铝厂排出的赤泥浆含有大量的游离水,同时还有化合水等,可作为湿法生产的黏土质原料,但其成分还随矾土化学成分的不同而异,而且波动大,生产中应及时调整配料并保证生料的均化。

3.电石渣

电石渣是化工厂乙炔发生车间消解石灰排出的含水约 85% ~ 90% 的废渣。其主要成分是 $Ca(OH)_2$,可替代部分石灰质原料。电石渣由 80% 以上的 10 ~ 50μm 的颗粒组成,不必磨细,但流动性差,在正常流动时水分高达 50% 以上。因此,即使使用湿法回转窑生产也会影响窑的产量和煤耗,但可考虑采用料浆的脱水处理。

此外,碳酸法制糖厂的糖滤泥、氯碱法制碱厂的碱渣及造纸厂的白泥,其主要成分都是 $CaCO_3$,均可用作石灰质原料,但应注意其中的杂质影响。小氮肥厂石灰碳化煤、球灰渣、金矿尾砂、增钙渣等可代替部分黏土配料。

石灰质原料低品位化,Si 质、Al 质原料岩矿化,Fe 质原料废渣化的模式是水泥原料结构的一个新的技术方向。但必须注意大多数工业废渣和低品位原料成分波动大这一特点,使用前应取具有代表性的样品进行研究,并适当调整一些工艺来适应原料的变化,以确保整体效果。

思 考 题

1. 如果拟采用预分解窑生产硅酸盐水泥,试列举有关原料的名称。若采用立窑生产,用于制备生料的原、燃材料一般有哪些?

2. 在选择石灰石原料时,应注意哪些问题?

3. 黏土质原料的质量要求有哪些?若某厂使用的黏土质原料的硅率为 2.0 ~ 2.7,怎样提高含硅量?

4. 综合利用低品位原料有何重大意义?

5. 哪些工业废渣可以用作水泥生产的原料?试举一例说明其使用时应注意什么问题?

第4章 水泥生产质量控制图表

水泥生产流程质量控制图表,是将生产过程中的质量控制情况集中在一张平面图上,清晰地予以表示,即为生产流程控制图。生产过程的各控制点按生产流程顺序列成一张表格,便成为控制表。生产流程控制图表,要根据各厂的工艺流程的特点而定。通过生产流程质量控制图表,可以清楚地知道水泥厂的生产流程质量控制情况。

4.1 质量控制点、控制项目、控制指标的确定

我们把从矿山到水泥出厂各主要环节设置的控制点,称为质量控制点。控制点的确定,要做到能及时、准确地反映生产的真实质量情况,并能够体现"事先控制,把关堵口"的原则。

如果是为了检验某工序的产品质量是否满足要求,质量控制点应确定在该工序的终止地点或设备的出口处,即工艺流程转换衔接、并能及时和准确地反映产品状况和质量的关键部位。如果是为了提供某工艺过程的操作依据,则应在物料进入设备前取样。每一控制点上的控制项目及控制指标,应根据国家标准、水泥企业质量管理规程等明文规定的控制管理文件来考虑。但这些文件仅规定了控制产品质量的最低限度,而在实际生产中,工厂为了严格控制各工序的产品质量,还必须制定切合本厂实际、有利于质量控制的项目及相应的控制指标。因此,工厂在生产中应根据水泥品种、等级的变化调整和制定相应的控制项目及控制指标,使产品质量更加稳定。

4.2 取样方法

取样方法的选择,应使所取样品具有实际生产的代表性和取样的可能性。取样方法有连续取样、瞬时取样法两种。如要检验某一阶段内产品的质量,则可在一段时间内取平均样(即连续取样法),如每天的生料、水泥、出窑熟料等。如要控制某工序的操作稳定性,应取瞬时样,如出磨生料 $CaCO_3$ 滴定值、出窑熟料的 f-CaO 含量以及原燃材料的取样等。

4.3 取样次数与检验次数

取样次数与检验次数与质量控制的准确性关系极大。因此,应根据实际生产中的技术要求和质量波动情况来确定。

控制项目对产品质量影响很大时,应增加检验次数。如 $CaCO_3$ 滴定值对熟料的煅烧和质

量都有很大影响,因此检验次数较多,一般一小时一次,也有的水泥厂半小时一次。如原、燃材料成分波动较大时,取样与检验次数相应要增加,反之则可减少。

4.4　检验方法

检验方法的选择应遵循简单、迅速、准确的原则。但在实际生产的检验工作中,化学分析方法很难全部满足上述要求,只有采用自动仪器分析方法才能很好地达到要求。如钙铁煤分析仪、X射线荧光分析仪等。

4.5　生产流程质量控制图表

水泥生产流程质量控制图,是将生产流程控制点的情况集中在一张平面图上。生产流程控制表是将各控制点的控制项目、取样地点、取样方法、检验项目、控制指标、合格率要求等按控制点的顺序列成一张表。图表结合在一起,就能清晰地表示生产流程的质量控制情况。

预分解窑生产工艺的生产流程质量控制图表见图2-3、表4-1。

湿法回转窑生产工艺的生产流程质量控制图表见图2-2、表4-2。

立窑生产工艺的生产流程质量控制图表见图2-1、表4-3。

表4-1　预分解窑生产流程质量控制表

物料名称		取样地点	检测次数	取样方法	检测项目	技 术 指 标	合格率	备 注
石灰石	1	矿山或堆场	每批一次	平均样	全分析	CaO≥49%,MgO<3.0%	100%	储存量>15d
	2	破碎机出口	每日一次	瞬时样	粒度	粒度≤25mm	90%	
黏 土	3	黏土堆场	每批一次	平均样	全分析,水分	符合配料要求,水分<15%	100%	储存量>10d
	4	烘干机出口	2h一次	瞬时样	水分	水分<1.5%	90%	
铁 粉	5	铁粉堆场	每批一次	平均样	全分析	$Fe_2O_3>45\%$		储存量>10d
煤	6	煤堆场	每批一次	平均样	工业分析煤灰全分析水分	$A_{ad}<25\%$,$V_{ad}=22\%\sim32\%$ $Q_{net,ad}=22\,000kJ/kg$ 水分<10%		储存量>20d
矿 渣	7	矿渣堆场	每批一次	平均样	全分析	质量系数≥1.2		储存量>20d
	8	烘干机出口	1h一次	瞬时样	水分	水分<1.5%	90%	
石 膏	9	石膏堆场	每批一次	平均样	全分析	$SO_3>30\%$		储存量>20d
	10	破碎机出口	每日一次	瞬时样	粒度	粒度≤30mm	90%	
出磨生料	11	选粉机出口	1h一次	瞬时样	细度	目标值±2.0%(0.080mm筛)	90%	储存量>7d
			1h一次	瞬时样	全分析(X荧光分析仪)	三个率值,四个化学成分	70%	
入旋风筒生料	12	均化库底	1h一次	瞬时样	细度	目标值±2.0%(0.080mm筛)	90%	
			1h一次	瞬时样	全分析(X荧光分析仪)	三个率值,四个化学成分	80%	
入窑生料	13	旋风筒出口	4h一次	瞬时样	分解率	分解率>90%		

物料名称		取样地点	检测次数	取样方法	检测项目	技 术 指 标	合格率	备 注
煤 粉	14	入煤粉仓前	4h 一次	瞬时样	细度水分	目标值 ±2.0%(0.080mm 筛)水分 <1.0%	90%	4h 用量
熟 料	15	冷却机出口	1h 一次	平均样	容积密度	容积密度 >1 300g/L	90%	储存量 >5d
			2h 一次	平均样	f-CaO	f-CaO <1.0%	100%	
			每天合并一个综合样		全套物检全分析	强度 ≥48MPa,安定性一次合格率三个率值	100%	
出磨水泥	16	选粉机出口	1h 一次	瞬时样	细 度	≤目标值(0.080mm 筛)	90%	
			1h 一次	瞬时样	比表面积	≤目标值	90%	
			4h 一次	平均样	矿渣掺量	目标值 ±2.0%	90%	
			2h 一次	瞬时样	SO_3	目标值 ±0.3%	70%	
			每日一次	平均样	全套物检	达到国家标准	100%	
散装水泥	17	散装库出口	每编号一次	连续取样	全套物检烧失量,f-CaO,SO_3,MgO	达到国家标准符合要求	100%	
包装水泥	18	包装机下	每班一次	连续 20 包	袋 重	20 包 >1 000kg,单包 ≥50kg	100%	包装标志齐全
成品水泥	19	成品库	每编号一次	平均样	全套物检	达到国家标准	100%	编号吨位符合规定
				取 20 包	均匀性试验袋重	变异系数 C_V ≤3.0%20 包 >1 000kg,单包 ≥50kg	100%	

表 4-2 湿法回转窑生产流程质量控制表

物料名称		取样地点	检测次数	取样方法	检测项目	技 术 指 标	合格率	备 注
石灰石	1	矿山或堆场	每批一次	平均样	全分析	CaO ≥49%,MgO <3.0%	100%	储存量 >15d
	2	破碎机出口	每日一次	瞬时样	粒度	粒度 ≤25mm	90%	
黏 土	3	黏土堆场	每批一次	平均样	全分析,水分	符合配料要求,水分 <15%	100%	储存量 >10d
铁 粉	4	铁粉堆场	每批一次	平均样	全分析	Fe_2O_3 >45%		储存量 >10d
煤	5	煤堆场	每批一次	平均样	工业分析煤灰全分析水分	A_{ad} <25%,V_{ad} =20%~28%$Q_{net,ad}$ >22 000kJ/kg水分 <8.0%		储存量 >20d
矿 渣	6	矿渣堆场	每批一次	平均样	全分析	质量系数 ≥1.2		储存量 >20d
	7	烘干机出口	1h 一次	瞬时样	水分	水分 <1.5%	90%	
石 膏	8	石膏堆场	每批一次	平均样	全分析	SO_3 >30%		储存量 >20d
	9	破碎机出口	每日一次	瞬时样	粒度	粒度 ≤30mm	90%	
料 浆	10	生料磨出口	1h 一次	瞬时样	细度,水分	目标值 ±2.0%(0.080mm 筛),水分 <35%	100%	储存量 >7d
					$T_{CaCO_3}$$Fe_2O_3$	目标值 ±0.5%目标值 ±0.2%	60%80%	
	11	均化库顶	满库一次	瞬时样	细度,水分			
			半、满库一次	瞬时样	T_{CaCO_3},Fe_2O_3			

48

物料名称		取样地点	检测次数	取样方法	检测项目	技 术 指 标	合格率	备 注
入窑料浆	12	回浆管	2h一次	瞬时样	细度,水分	目标值 ± 2.0%(0.080mm筛),水分 < 35%	100%	
					T_{CaCO_3},Fe_2O_3	目标值 ± 0.5%目标值 ± 0.2%	80%	
煤 粉	13	入煤粉仓前	4h一次	瞬时样	细度水分	细度(0.080mm筛) < 10%水分 < 1.0%	90%	4h用量
熟 料	14	冷却机出口	1h一次	平均样	堆积密度	堆积密度 > 1 300g/L	90%	储存量 > 5d
			2h一次	平均样	f-CaO	f-CaO < 1.0%	100%	
			每天合并一个综合样		全套物检全分析	强度≥48MPa,安定性一次合格率三个率值	100%	
出磨水泥	15	选粉机出口	1h一次	瞬时样	细度	目标值 ± 1%(0.080mm筛)	90%	
			1h一次	瞬时样	比表面积	目标值 ± 10m²/kg	90%	
			4h一次	平均样	矿渣掺量	目标值 ± 2.0%	85%	
			2h一次	瞬时样	SO_3	目标值 ± 0.3%	70%	
			每日一次	平均样	全套物检	达到国家标准	100%	
散装水泥	16	散装库出口	每编号一次	连续取样	全套物检烧失量,f-CaO,SO_3,MgO	达到国家标准符合要求	100%	
包装水泥	17	包装机下	每班一次	连接20包	袋重	20包 > 1 000kg单包≥50kg	100%	包装标志齐全
成品水泥	18	成 品 库	每编号一次	平均样	全套物检	达到国家标准	100%	编号、吨位符合规定
				取20包	均匀性试验袋重	变异系数 C_V≤3.0%20包 > 1 000kg单包≥50kg	100%	

表4-3 立窑生产流程质量控制表

物料名称		取样地点	检测次数	取样方法	检测项目	技 术 指 标	合格率	备 注
石灰石	1	矿山或堆场	每批一次	平均样	全分析	CaO≥49%,MgO < 3.0%	100%	储存量 > 15d
	2	破碎机出口	每日一次	瞬时样	粒度	粒度≤25mm	90%	
黏 土	3	黏土堆场	每批一次	平均样	全分析,水分	符合配料要求,水分 < 15%	100%	储存量 > 10d
	4	烘干机出口	2h一次	瞬时样	水分	水分 < 2.0%	80%	
铁 粉	5	铁粉堆场	每批一次	平均样	全分析	Fe_2O_3 > 40%		储存量 > 10d
煤	6	煤堆场	每批一次	平均样	工业分析煤灰全分析水分	A_{ad} < 25%,V_{ad} = 10%$Q_{net,ad}$≥22 000kJ/kg水分 < 10%		储存量 > 20d
矿 渣	7	矿渣堆场	每批一次	平均样	全分析	质量系数≥1.2		储存量 > 20d
	8	烘干机出口	1h一次	瞬时样	水分	水分 < 2.0%	90%	
石 膏	9	石膏堆场	每批一次	平均样	全分析	SO_3 > 30%		储存量 > 20d
	10	破碎机出口	每日一次	瞬时样	粒度	粒度≤30mm	90%	

物料名称	取样地点	检测次数	取样方法	检测项目	技 术 指 标	合格率	备 注
出磨生料 11	选粉机出口	1h 一次	瞬时样	细度	细度(0.080mm 筛)<10%	100%	储存量>7d
		1h 一次	瞬时样	T_{CaCO_3} Fe_2O_3	≤目标值 ≤目标值	60% 80%	
		4h 一次	瞬时样	含煤量	目标值±0.5%	80%	
		每日一次	平均样	全分析	三个率值		
入窑生料 12	均化库底	1h 一次	瞬时样	T_{CaCO_3},Fe_2O_3	目标值±0.5%目标值±0.2%	80%	
		1h 一次	瞬时样	含煤量	目标值±0.5%	80%	
生料球 13	成球盘	每班一次	平均样	水分,粒度	水分12%~14%, 粒度5~12mm	90%	
熟料 14	卸料口	1h 一次	瞬时样	f-CaO	f-CaO<3.0%	80%	储存量>5d
		每天合并一个综合样		全套物检 全分析	强度≥48MPa,安定性一次合格率 三个率值	80%	
出磨水泥 15	选粉机出口	1h 一次	瞬时样	细度	≤目标值(0.080mm 筛)	90%	
		1h 一次	瞬时样	比表面积	≤目标值	90%	
		4h 一次	平均样	矿渣掺量	目标值±2.0%	90%	
		2h 一次	瞬时样	SO_3	目标值±0.3%	70%	
		每日一次	平均样	全套物检	达到国家标准	90%	
散装水泥 16	散装库出口	每编号一次	连续取样	全套物检烧失量,f-CaO,SO_3,MgO	达到国家标准符合要求	100%	
包装水泥 17	包装机下	每班一次	连接20包	袋重	20包>1 000kg 单包>50kg	100%	包装、标志齐全
成品水泥 18	成品库	每编号一次	平均样	全套物检	达到国家标准	100%	编号、吨位符合规定
			取20包	均匀性试验袋重	变异系数 C_V≤3.0% 20包>1 000kg,单包≥50kg	100%	

思 考 题

1. 简述硅酸盐水泥生产工艺过程及原料。

2. 比较各种水泥生产方法有何特点？并简述水泥生产方法的发展趋势。

3. 试用框图(文字和箭头、线段)形式分别表示立窑、预分解窑的基本生产工艺流程。

4. 简述水泥生产的主要工序。

5. 怎样理解"预分解窑生产线是我国水泥工业发展的基本方向"这一句话？

第5章　硅酸盐水泥生产原料、燃料的质量控制

水泥生产用原料的质量控制是制备成分合适、均匀稳定生料的必要条件。控制好燃料的质量,才能保证熟料的煅烧及质量。所以,水泥原料、燃料的质量控制是保证制备优质生料,煅烧合格熟料的基本条件。

5.1　石灰石控制指标及检测方法

石灰石原料在生料中的配比约占 80%,所以石灰石的质量控制显得尤为重要。石灰石的质量控制包括矿山的质量管理,外购石灰石的质量控制和进厂石灰石的质量控制。

5.1.1　石灰石矿山的质量管理

(1)石灰石矿山应编制矿山开采网。根据石灰石质量变化规律,在矿山开采的掌子面上,根据实际开采的使用情况,定期按一定的间距,纵向、横向布置测定点,测定石灰石的主要化学成分。如果矿山质量稳定,可 1~2 年测一次,测点的距离也可适当放大,如果矿山构造复杂,成分波动大,应半年甚至一季度测一次。通过全面判定矿山网,工厂就可以全面掌握石灰石矿山质量的变化规律,预测开采和进厂石灰石的质量情况,更主动地充分合理利用矿山资源。

(2)要实行计划开采。根据所掌握的矿山质量变化规律,编制出季度、年度开采计划,按计划开采。对低品位的石灰石矿床也应考虑搭配使用,以充分利用矿山资源,降低生产成本,提高经济效益。

(3)做好矿山的剥离及开采准备工作。为加强矿山管理,要制定本厂矿山的管理规程,遵循"采剥并举、剥离先行"的原则。应控制石灰石矿山的表层土夹层杂质掺入石灰石的数量,如果它们掺入不均匀,将直接影响配料成分的准确性;因雨季的土质黏性较大,会影响运输、破碎、粉磨等工序的正常进行。因此,要及时地做好矿山剥离和开采准备工作,除掉表层土质和清除夹层杂质,对于维护生产的正常进行和保证生料质量很重要。新建矿山和新采区,应提前做好剥离和开采准备工作。

(4)做好不同质量石灰石的搭配。应及时掌握石灰石矿各开采区的质量情况,爆破前在钻孔中取样,爆破后在石灰石料堆上取样、检验。确定适当的搭配比例和调整采矿计划,还可以在矿车上取样,每车取几点,多个点合成一个平均样,用这种方法可了解进厂石灰石的质量情况。

5.1.2　外购石灰石原料的质量控制

外购石灰石的企业在签订供货合同前,化验室应先了解该矿山的质量情况,同时按不同的外观特征取样检验,制成不同质量品位的矿石标本。化验室根据本厂生产水泥熟料的配料要求,判定出石灰石的质量指标,并由厂长批准后,交供销部门组织订货,在签订供货合同时,应

同时制定质量指标及验收规则,以保证进厂石灰石的质量。

5.1.3 进厂石灰石的质量控制

进厂石灰石的质量控制可分两种情况:

(1)外购大块石灰石进厂后,要按指定地点分批分堆存放,检验后搭配使用。

(2)有矿山的企业,石灰石在矿山破碎后进厂,或进厂后直接进破碎机破碎并存入石灰石库,如果进厂石灰石的成分波动大,应考虑石灰石的预均化。

为保证生产连续正常的进行并有利于质量控制,石灰石应有一定的储存量。外购石灰石的企业,一般应有10d以上的储量,有矿山的企业至少应有5d以上的储量。

进厂石灰石一批进行一次CaO测定或全分析:

石灰石质量控制指标如下:

$CaO \geqslant 48\%$;

$MgO \leqslant 3.0\%$;

燧石或石英$\leqslant 4.0\%$;

$R_2O(Na_2O + K_2O) \leqslant 0.6\% \sim 1.0\%$;

$SO_3 \leqslant 1.0\%$;

粒度$\leqslant 25mm$。

进厂石灰石质量控制原始记录见表5-1。

表5-1 进厂石灰石质量控制原始记录

进厂时间	班 次	进厂车数	取样地点	$CaCO_3$	$\leqslant 25mm$	检验人

5.1.4 石灰石控制指标检测方法

石灰石控制指标见表3-2,检测方法略。

5.2 黏土质原料的控制指标及检测方法

黏土质原料在生料中配比约占15%~20%,其质量波动相对较大,所以控制黏土的质量也很重要。黏土质原料的质量控制包括进厂前的质量控制和进厂黏土的质量控制。

5.2.1 黏土质原料进厂前的质量控制

黏土的形成较为复杂,成分稳定性相对较差,因此,对黏土质原料矿床也应采取分层取样,测定黏土质原料的化学成分,全面制定矿山网。按不同品位,分区分层开采。表层土和杂质也应先剥离,后开采。有黏土矿山的企业,最好在黏土质原料进厂前先搭配开采和装运。无黏土矿山的企业,进厂后要按指定地点分批堆放,检验后搭配使用。

5.2.2 进厂黏土质原料的质量控制

为保证生产的连续进行和有利于进行质量控制,黏土应有10d以上的储量。

进厂的黏土质原料应按时取样,每批进行一次全分析,进厂黏土质原料主要控制其硅率(n)和铝率(P),n 值最好在 $2.7\sim3.1$,P 值最好在 $1.5\sim3.0$ 的范围。

5.2.3 黏土质原料控制指标及检测方法

黏土质原料控制指标见表 3-6。检测方法略。

5.3 铁质校正原料、萤石和石膏的控制指标及检测方法

5.3.1 铁质校正原料的质量控制

配制生料铁质原料一般用量不多,进厂后应分批存放,每批进行一次全分析,先检验后使用,分批使用。

要求 $Fe_2O_3 \geqslant 40\%$。

铁质校正原料一般应有 20d 以上的储量。

5.3.2 萤石的质量控制

1. 萤石的质量控制指标

萤石在水泥生产中往往作为矿化剂使用。矿化剂是一种可以改善生料易烧性、提高熟料质量、降低能耗的外加剂。矿化剂的种类很多,如萤石、氯化钠、氟硅酸钠、石膏、磷石膏、铜矿渣、铅矿渣、钛矿渣等。其中萤石是水泥工业使用最久、最普遍、效果最好的一种。采用萤石作矿化剂时其掺入量要适当,而且要准确和均匀。矿化剂也可以两种或两种以上同时使用,通常将其称为复合矿化剂。较常用的复合矿化剂是萤石-石膏。

一般萤石中 CaF_2 的含量在 $60\%\sim90\%$ 范围内。用作矿化剂的萤石最好是 CaF_2 的含量 $\geqslant 60\%$,以减少某些有害成分的带入,影响水泥的质量。

萤石进厂后要分批堆放,每批检验一次,通常只检验萤石中 CaF_2 的含量,也可以作萤石的全分析,一般根据萤石中 CaF_2 的含量计算萤石的掺量。

萤石应有 20d 的储量。入磨萤石的粒度最好小于 20mm。

2. 控制指标及检测方法

萤石控制指标和检测方法略。

5.3.3 石膏的质量控制

1. 石膏的质量控制指标

石膏在水泥工业中既可以作为缓凝剂,调节水泥的凝结时间,也可以作为矿化剂,提高熟料质量和产量。在矿渣水泥中,它还是矿渣的活性激发剂,可以增加矿渣水泥的强度,改善矿渣水泥的某些性能。

GB/T 5483—1996《石膏和硬石膏》标准中对石膏和硬石膏矿产品按矿物组成分为三类:

G 类:称为石膏产品,该产品以二水硫酸钙($CaSO_4 \cdot 2H_2O$)的质量百分数表示其品位。

A 类:称为硬石膏产品,该产品以无水硫酸钙($CaSO_4$)与二水硫酸钙($CaSO_4 \cdot 2H_2O$)的质量百分数之和表示其品位,且 $\dfrac{CaSO_4}{CaSO_4 + CaSO_4 \cdot 2H_2O} \geqslant 0.80$(质量比)。

M 类:称为混合石膏产品,该产品以无水硫酸钙($CaSO_4$)与二水硫酸钙($CaSO_4 \cdot 2H_2O$)的质量百分数之和表示其品位,且 $\dfrac{CaSO_4}{CaSO_4 + CaSO_4 \cdot 2H_2O} < 0.80$(质量比)。

依据 GB/T 5483—1996《石膏和硬石膏》标准,对石膏和硬石膏的质量控制要求是:

(1)附着水:产品的附着水含量不得超过 4%(m/m);

(2)块度尺寸:产品的块度不大于 400mm。如有特殊要求,由供需双方商定;

(3)分级:各类产品按其品位分级,并应符合表 5-2 的要求。

表 5-2 水泥原料、燃料的质量控制   单位:%

产品名称	石膏(G)	硬 石 膏(A)	混合石膏(M)
级 别	$CaSO_4 \cdot H_2O$	$CaSO_4 + CaSO_4 \cdot 2H_2O$ $CaSO_4/CaSO_4 + CaSO_4 \cdot 2H_2O$ $\geqslant 0.80$(质量比)	$CaSO_4 + CaSO_4 \cdot 2H_2O$ $CaSO_4/CaSO_4 + CaSO_4 \cdot 2H_2O$ $\geqslant 0.80$(质量比)
特 级	$\geqslant 95$	—	$\geqslant 95$
一 级		$\geqslant 85$	
二 级		$\geqslant 75$	
三 级		$\geqslant 65$	
四 级		$\geqslant 55$	

石膏进厂一批取样化验一次,基本分析成分是附着水、结晶水和三氧化硫,其他项目由供需双方商定。

供方应在发货 7d 之内向需方提供产品基本分析检验单。

入磨石膏的粒度≤30mm。

石膏应有 20d 以上的储存期。

进厂石膏质量控制原始记录见表 5-3。

表 5-3 进厂石膏的质量日台账

进厂日期	进 厂 量	H_2O	SO_3	品 位	产 地

2. 石膏的检测方法

石膏各控制指标和检测方法略。

5.4 燃料的控制指标及检测方法

水泥生产需要消耗大量的燃料。我国水泥工业大部分采用煤煅烧水泥熟料。常用的有烟煤、无烟煤和焦炭。但除了供给熟料烧成所需要的热量外,由于煤燃烧后产生的灰分绝大部分落入熟料中,从而影响水泥熟料的性质,所以,煤又是水泥生产中的一种"原料"。因此,对于水泥企业用煤,进行质量控制是非常重要的。

5.4.1 无烟煤

立窑煅烧熟料时,由于燃煤挥发分的分解温度比其燃点低,在煅烧过程中,燃料还没有进入高温带,挥发分就在高温缺氧的预热带逸出并被废气带走,造成热量的浪费。所以立窑煅烧熟料应尽可能采用挥发分低的煤,最好挥发分不超过10%,故需用无烟煤。

如果采用白生料或半黑生料法的外加煤,一般要求粒度不得大于5mm,其中3mm以下应占90%以上,且煤的水分不宜太高。为了控制好煤的质量,入窑煤的粒度和水分宜每班测1次。立窑用煤的质量控制指标见表3-11。

5.4.2 烟煤

煤燃烧时,挥发分低的煤不易着火,火焰短,高温集中;挥发分高的煤着火快,火焰长。为使回转窑火焰长些,煅烧均匀些,一般要求煤的挥发分在22%~32%之间。因此,回转窑煅烧熟料,最好使用发热量、挥发分适中的烟煤。

回转窑用煤如果水分高,会影响煤的着火与燃烧,由于水分蒸发会耗热降低温度,因此需要在更高的二次空气温度下才能着火。但少量水分的存在能促进碳氢的化合,并且在着火后,能提高火焰的辐射能力,因此,煤粉不宜过分干燥,一般控制水分在1.0%~1.5%为宜。

回转窑用煤,需将煤磨成煤粉再入窑。细度太粗,则燃烧不完全,会增加煤耗;煤粉细,燃烧快,但过细会降低磨机产量,增加磨机电耗。一般控制0.080mm方孔筛筛余为8%~15%。

回转窑用煤质量控制指标要求见表3-11。

5.4.3 煤的质量管理

燃煤的质量稳定性相对较差,因此最好定点供应。进厂燃煤应按产地分批分堆存放。每批进厂煤应进行煤的工业分析及灰分的全分析,有条件的可进行元素分析。进厂煤要分批搭配使用,以稳定煤的灰分、挥发分和热值。煤的来源复杂及使用劣质煤的企业,应进行预均化。煤的堆放要预防自燃。煤要做到先进先用,防止热量损失。

煤的储量应在10d以上。

进厂原煤质量原始记录见表5-4和表5-5。

表5-4 进厂原煤质量原始记录

进厂日期	取样时间	班 次	产 地	进厂车数	取样地点	水 分	灰 分	值班人

表 5-5　进厂煤质量日台账

进厂日期	水　分	灰分(A_{ad})	挥发分(V_{ad})	灰分(A_d)	挥发分(V_{adf})	车　数

5.4.4　煤质量的检测方法

煤质量的评价可用元素分析,也可用工业分析的结果,水泥企业一般用煤的工业分析方法。工业分析主要包括煤的水分、灰分、挥发分、发热量的测定及固定碳的计算(也可利用煤的工业分析结果计算煤的发热量)。现介绍煤的工业分析方法,主要参照 GB/T 212—1991。

1. 水分的测定

根据水在煤中存在的形态,分为游离水和化合水。游离水是以物理吸附的方式存在于煤中的;化合水是以化合方式同煤中的矿物质结合的水,也叫结晶水。化合水需在 200℃以上才能分解放出。煤的工业分析测定的水分是游离水,不包括结晶水。企业通常只测定全水分、应用煤水分和分析样水分。全水分是指进厂煤的水分;应用煤水分是指在生产过程中使用的煤的水分;分析样水分是指进行煤的工业分析时所测定的空气干燥基煤样的水分。

(1)全水分的测定

①取进厂煤,粒度破碎至 13mm 以下,用已知质量的浅盘称取煤样 500g(准确到 1g),并将其摊平。

②将装有煤样的浅盘放入预先鼓风并加热到 105～110℃的干燥箱中,在不断鼓风的条件下,烟煤干燥 2～2.5h,无烟煤干燥 3～3.5h,褐煤在(145±5)℃条件下干燥 1.5h,然后取出浅盘,趁热称重。

进行反复烘干,每次 30min,直到连续两次煤样的减少不超过 1g 为止。

③全水分(M_t)的质量百分数按下式计算

$$M_t = \frac{m - m_1}{m} \times 100\% \tag{5-1}$$

式中　M_t——质量百分数,%;

　　　m——干燥前试样的质量,g;

　　　m_1——干燥后试样的质量,g。

(2)应用煤水分的测定

①取生产过程中使用的煤,粒度破碎至 6mm 以下,用已知质量的浅盘称取煤样 50g(准确到 0.1g),并将其摊平。

②将装有煤样的浅盘放入预先鼓风并加热到 105～110℃的干燥箱中,在不断鼓风的条件下,烟煤干燥 1～1.5h,无烟煤干燥 1.5～2h,褐煤在(145±5)℃条件下干燥 1h。取出浅盘,趁热称重。

③应用煤水分(M_{ar})的质量百分数按下式计算

$$M_{ar} = \frac{m - m_1}{m} \times 100\%$$ (5-2)

式中　M_{ar}——质量百分数,%;

　　　m——干燥前试样的质量,g;

　　　m_1——干燥后试样的质量,g。

(3)空气干燥基煤样水分的测定

①取粒度 0.2mm 以下的空气干燥煤样(回转窑取入窑煤粉,立窑可采用测定应用煤水分留取的平均煤样,并破碎至 0.2mm 以下),用预先干燥至恒量的称量瓶,称取煤样(1±0.1)g(准确到 0.002g),摊平在称量瓶中。

②将装有煤样的称量瓶放入预先鼓风并加热到 105～110℃ 的干燥箱中,在不断鼓风的条件下,烟煤干燥 1h,无烟煤干燥 1～1.5h,褐煤在(145±5)℃ 条件下干燥 1h。

③从干燥箱中取出称量瓶,立即盖上盖子,放入干燥器中冷却至室温(约 20min)后称量。反复烘干,每次 30min,直到连续两次煤样的减量不超过 0.001g 为止。

④空气干燥基煤样水分(M_{ad})的质量百分数按下式计算

$$M_{ad} = \frac{m - m_1}{m} \times 100\%$$ (5-3)

式中　M_{ad}——质量百分数,%;

　　　m——干燥前试样的质量,g;

　　　m_1——干燥后试样的质量,g。

2. 灰分的测定

(1)检测原理

称取一定量的空气干燥基煤样,放入马弗炉中,以一定的速度加热到(815±10)℃,灰化并灼烧至质量恒定。以残留物的质量占煤样质量的百分数作为灰分产率。

(2)检测步骤

①用预先灼烧至恒量的灰皿,称取粒度 0.2mm 以下的空气干燥煤样(1±0.1)g(准确到 0.000 2g),摊平在灰皿中。

②将灰皿放入温度不超过 100℃ 的马弗炉中,关上炉门并使炉门留有 15mm 左右的缝隙。在不少于 30min 的时间内将炉温升至约 500℃,并在此温度下保持 30min。继续升温到(815±10)℃,并在此温度下灼烧 1h。

③从炉中取出灰皿,在空气中冷却 5min 左右,放入干燥器中冷却至室温(约 20min)后称量。反复干燥,每次 20min,直到连续两次煤样的减量不超过 0.001g 为止。

④空气干燥基灰分(A_{ad})的质量百分数按下式计算

$$A_{ad} = \frac{m_1}{m} \times 100\%$$ (5-4)

式中　A_{ad}——质量百分数,%;

　　　m——煤试样的质量,g;

　　　m_1——灼烧后残渣的质量,g。

3. 挥发分的测定

(1)检测原理

称取一定量的空气干燥基煤样,放在带盖的瓷坩埚中,在(900±10)℃的温度下,隔绝加热7min,以减少的煤样的质量占煤样质量的百分数,减去该煤样的水分含量(M_{ad})作为挥发分产率。

(2)检测步骤

①用预先在900℃灼烧至恒量的带盖瓷坩埚,称取粒度0.2mm以下的空气干燥煤样(1±0.01)g(准确到0.000 2g),然后轻轻振动坩埚,使煤样摊平在坩埚中,盖上盖,放在坩埚架上。

②将马弗炉预先加热至920℃左右。迅速将放有坩埚的架子送入恒温区,关上炉门,准确加热7min。如炉温下降,必须在3min内将炉温恢复至(900±10)℃,否则此实验做废。加热时间包括恢复时间在内。

③从炉中取出坩埚,在空气中冷却5min左右,移入干燥器中冷却至室温(约20min)后称量。

④空气干燥基煤样挥发分(V_{ad})的质量百分数按下式计算

$$V_{ad} = \frac{m - m_1}{m} \times 100\% - M_{ad} \tag{5-5}$$

式中　M_{ad}——空气干燥基煤样水分,%;

　　　m——煤试样的质量,g;

　　　m_1——煤样加热后的质量,g。

4. 固定碳的计算

$$FC_{ad} = 100\% - (M_{ad} + A_{ad} + V_{ad}) \tag{5-6}$$

式中　FC_{ad}——空气干燥基煤样的固定碳含量,%;

　　　M_{ad}——空气干燥基煤样水分含量,%;

　　　A_{ad}——空气干燥基煤样灰分含量,%;

　　　V_{ad}——空气干燥基煤样挥发分含量,%。

5. 煤发热量的计算

(1)烟煤低位发热量计算公式

$$Q_{net,ad} = 35\ 860 - 73.7V_{ad} - 395.7A_{ad} - 702.0M_{ad} + 173.6CRC(\text{J/g}) \tag{5-7}$$

式中　$Q_{net,ad}$——空气干燥基低位发热量,J/g;

　　　M_{ad}——空气干燥基煤样水分含量,%;

　　　A_{ad}——空气干燥基煤样灰分含量,%;

　　　V_{ad}——空气干燥基煤样挥发分含量,%;

　　　CRC——焦渣特征。

(2)无烟煤低位发热量计算公式

$$Q_{net,ad} = 34\ 814 - 24.7V_{ad} - 382.2A_{ad} - 563.0M_{ad}(\text{J/g}) \tag{5-8}$$

(3)褐煤低位发热量计算公式

$$Q_{net,ad} = 31\ 729 - 70.5V_{ad} - 321.6A_{ad} - 338.4M_{ad}(J/g) \qquad (5-9)$$

思 考 题

1.如果拟采用预分解窑生产硅酸盐水泥,试列出有关原料的名称。

2.在选择石灰石原料时,应注意哪些问题?

3.黏土质原料的质量要求有哪些? 若某厂使用的黏土质原料的硅率为 2.0~2.7,怎样提高含硅量?

第6章 混合材的质量控制

混合材也是水泥工业的重要原材料之一。水泥中使用混合材可以增加水泥产量,节约能源,降低成本,改善和调节水泥的某些性能,综合利用工业废渣,减少环境污染,但混合材的掺入也会影响水泥的一些性能,如早期强度下降等。因此,混合材的质量控制是非常重要的。

6.1 混合材的分类

混合材按其性质可以分为两大类:活性混合材和非活性混合材。

凡是天然的或人工制成的矿物质材料,加水后本身不硬化,但与石灰加水调和成胶泥状态,不仅能在空气中硬化,并能继续在水中硬化,这类材料称为活性混合材或水硬性混合材。

生产通用水泥时,国家标准规定的活性混合材主要有以下三类:

(1)粒化高炉矿渣、粒化高炉铬铁渣、粒化高炉铁矿渣;

(2)粉煤灰;

(3)火山灰质混合材。

非活性混合材,是指活性指标不符合以上技术标准要求的粉煤灰、火山灰质混合材料和粒化高炉矿渣等,石灰石和砂岩也属非活性混合材。

6.2 混合材的质量控制指标及检测方法

6.2.1 粒化高炉矿渣的质量控制

GB/T 203—1994《用于水泥中的粒化高炉矿渣》的主要内容如下:

1. 定义

凡在高炉冶炼生铁时,所得以硅酸盐和硅铝酸盐为主要成分的熔融物,经淬冷成粒后,即为粒化高炉矿渣(以下简称矿渣)。

2. 质量要求

矿渣的质量要求和化学成分应符合表6-1的要求。

表 6-1 矿渣的质量和化学成分

等 级 或 技 术 指 标	合 格 品	优 等 品
质量系数不小于	1.20	1.60
二氧化钛含量不大于(%)	10.0	2.0

等 级 或 技 术 指 标	合 格 品	优 等 品
氧化亚锰含量不大于(%)	4.0	2.0
	15.0	
氟化物(以 F 计)含量不大于(%)	2.0	2.0
硫化物(以 S 计)含量不大于(%)	3.0	2.0

矿渣质量控制要求还包括:矿渣在未经烘干前,其储存期限自淬冷成粒时算起,不宜超过3个月。矿渣应按不同的等级分别储存和运输。在储存和运输时不得与其他材料混装,车皮或车厢必须清洁干净,以免混入杂质。

矿渣的储存期应在 10d 以上。

6.2.2 火山灰质混合材料的质量控制

《用于水泥中的火山灰质混合材料》GB/T 2847—1996 的主要内容如下:

1. 定义

凡天然的或人工制成的以氧化硅、氧化铝为主要成分的矿物质材料,本身磨细加水拌和后不硬化,但与气硬性石灰混合后,不但能在空气中硬化,而且能在水中继续硬化者,称为火山质混合材料。

2. 分类

火山灰质混合材料按其成因分为天然和人工两类。

天然火山灰质混合材料主要包括:火山灰、凝灰岩、沸石岩、浮石、硅藻土和硅藻石等。人工火山灰质混合材料主要包括:煤矸石、烧页岩、烧黏土、煤渣、硅质渣等。

3. 质量要求

火山灰质混合材的主要质量控制指标见表 6-2。

表 6-2 火山灰的质量指标

序 号	名 称	指 标
1	烧失量不大于(%)	10
2	三氧化硫不大于(%)	3
3	火山灰性	合格
4	28d 抗压强度比不小于(%)	62

水泥厂每月应对质量要求中的烧失量和三氧化硫进行检验,每季度应对火山灰性和胶砂强度比进行检验。

仅有烧失量和三氧化硫符合上表要求的火山灰质混合材为非活性混合材,不符合烧失量和三氧化硫要求的火山灰质混合材不能作为水泥混合材或工程混凝土的掺合料使用。

火山灰质混合材在运输、储存时,不得与其他材料混杂。

火山灰质混合材应有 10d 以上的储量。

6.2.3 粉煤灰的质量控制

《用于水泥和混凝土中的粉煤灰》GB/T 2847—1996 的主要内容如下:

1. 定义

从煤粉炉烟道气体中收集的粉末称为粉煤灰。

2. 质量要求

粉煤灰的主要质量指标见表6-3。

表6-3 粉煤灰的质量指标

序　号	指　　　　标	级	别
		1级	2级
1	烧失量(%)≤	5	8
2	含水量(%)≤	1	1
3	三氧化硫(%)≤	3	3
4	28d抗压强度比(%)≥	75	62

粉煤灰作为活性混合材必须按表6-3的要求进行检验。作为生产控制,要求烧失量、三氧化硫和含水量每月检验一次,28d抗压强度比每季度检验一次。

凡质量要求达不到最低级别要求的粉煤灰为不合格品。

28d抗压强度比指标低于62%的粉煤灰,可作为水泥生产的非活性混合材料。

粉煤灰应有10d以上的储量。

6.2.4 粒化高炉矿渣粉

《用于水泥和混凝土中的粒化高炉矿渣粉》GB/T 18046—2000的主要内容如下:

1. 定义

粒化高炉矿渣粉(简称矿渣粉)应符合GB/T 203标准规定的经干燥、粉磨(或添加少量石膏一起粉磨)达到相当细度且符合相应活性指数的粉体。矿渣粉磨时允许加入助磨剂,加入量不得大于矿渣粉质量的1%。

2. 质量要求

矿渣粉的质量要求应符合表6-4的要求。

表6-4 矿渣粉的质量要求

项　　　目		级	别	
		S105	S95	S75
表观密度不小于(kg/m³)			2.8	
比表面积不小于(m³/kg)			350	
活性指数不小于(%)	7d	95	75	55
	28d	105	95	75
流动度比不小于(%)		85	90	95
含水量不大于(%)			1.0	
三氧化硫不大于(%)			4.0	
氯离子不大于(%)			0.02	
烧失量不大于(%)			3.0	

思 考 题

1. 什么叫活性混合材?
2. 什么叫非活性混合材?
3. 用于生产通用水泥的粒化高炉矿渣、粉煤灰、火山灰质混合材的质量要求是怎样的?

第7章 硅酸盐水泥的率值、配料及配料计算

7.1 熟料的率值

硅酸盐水泥熟料中各氧化物并不是以单独状态存在,而是由两种或两种以上的氧化物合成的多矿物集合体。因此在水泥生产中不仅要控制各氧化物的含量,还应控制各氧化物之间的比例即率值。这样便能表示出水泥的性质及对煅烧的影响。率值就是用来表示水泥熟料中氧化物之间相对含量的系数,因此在生产中,用率值作为生产控制的一种指标。

7.1.1 水硬率(HM)

水硬率是表示水泥熟料中氧化钙与酸性氧化物(SiO_2、Al_2O_3、Fe_2O_3)之和的质量百分数的比值,以 HM 或 m 表示。其计算式如下:

$$HM = \frac{CaO}{SiO_2 + Al_2O_3 + Fe_2O_3} \tag{7-1}$$

式中 CaO、SiO_2、Al_2O_3、Fe_2O_3 代表熟料中该氧化物的质量百分数。通常水硬率波动在 $1.8 \sim 2.4$(平均 2.0)之间。

1868 年,德国学者米夏埃利斯在分析品种优良的水泥时首先提出了水硬率,因而用它来评价水泥质量的好坏。

因水硬率表示熟料中碱性氧化物与酸性氧化物之间的比例,可能会出现水硬率相同而各氧化物的含量却完全不同的情况。因此水硬率的计算虽然简单,但只控制同样的水硬率并不能保证熟料中有同样的矿物组成,从而对熟料的质量和煅烧产生不利的影响。只有同时控制各酸性氧化物之间的比例,即控制硅率和铝率以补充上述不足。

7.1.2 硅酸率(或称硅率)和铝率(或称铁率)

硅率是表示熟料中氧化硅含量与氧化铝、氧化铁之和的质量比。也表示了熟料中硅酸盐矿物与熔剂矿物的比例。以 SM 或 n 表示,其计算式如下:

$$SM = \frac{SiO_2}{Al_2O_3 + Fe_2O_3} \tag{7-2}$$

铝率,又称铁率或铝氧率,是表示熟料中氧化铝和氧化铁含量的质量比,也表示熟料熔剂矿物中铝酸三钙与铁铝酸四钙的比例。以 IM 或 P 表示。其计算式如下:

$$IM = \frac{Al_2O_3}{Fe_2O_3} \tag{7-3}$$

式(7-2)、式(7-3)中 SiO_2、Al_2O_3、Fe_2O_3 分别为各该氧化物的质量百分数。通常硅酸盐水泥熟料的硅率在 $1.7 \sim 2.7$ 之间,铝率在 $0.9 \sim 1.7$ 之间。有的品种(如白色硅酸盐水泥熟料)的硅

率可高达 4.0 左右,而抗硫酸盐水泥或低热水泥的铝率可低至 0.7。

7.1.3 石灰饱和率(LSF)和石灰饱和系数(KH)

有些国家用 HM、SM、IM 三个率值控制熟料成分,结果也还满意。但不少学者认为水硬率的意义不够明确,因而在 20 世纪初,各国学者提出用石灰最大限量作为原料配料的依据。所谓石灰最大限量是假定熟料中主要酸性氧化物理论上反应生成熟料矿物所需要的石灰最高含量。由于当时对所形成的熟料矿物了解的并不完全,加上考虑煅烧时的条件,各学者提出的石灰最大限量的计算式也不一致。现选择常见的两种公式(LSF、KH)来加以说明。

斯波恩认为,酸性氧化物形成碱性最高的熟料矿物为硅酸三钙、铝酸二钙(假设)和铁酸二钙,提出了石灰的极限含量。在各矿物中,每 1% 酸性氧化物所需石灰量分别为:

每 1% SiO_2 形成 C_3S:

$$CaO = \frac{3 \times CaO \text{ 相对分子质量}}{SiO_2 \text{ 相对分子质量}} = \frac{3 \times 56.08}{60.09} = 2.8$$

每 1% Al_2O_3 形成 C_2A:

$$CaO = \frac{2 \times CaO \text{ 相对分子质量}}{Al_2O_3 \text{ 相对分子质量}} = \frac{2 \times 56.08}{101.96} = 1.1$$

每 1% Fe_2O_3 形成 C_2F:

$$CaO = \frac{2 \times CaO \text{ 相对分子质量}}{Fe_2O_3 \text{ 相对分子质量}} = \frac{2 \times 56.08}{159.70} = 0.7$$

每 1% 酸性氧化物所需石灰量乘以相应氧化物百分含量,便可得石灰极限含量计算式:

$$CaO = 2.8SiO_2 + 1.1Al_2O_3 + 0.7Fe_2O_3 \tag{7-4}$$

F.M 李和 T.W 派克根据对 $CaO\text{-}Al_2O_3\text{-}SiO_2\text{-}Fe_2O_3$ 四元相图的研究,提出在硅酸盐水泥熟料中,虽可形成硅酸三钙、铝酸二钙和铁铝酸四钙,但不应直接按这些矿物成分确定它的石灰最大允许含量。由于熟料在实际冷却过程中不可能达到平衡冷却,这就可能析出游离氧化钙,因此,有必要控制石灰含量于较低的数值。据此,他们提出了修正的石灰饱和率(LSF)。

$$LSF = \frac{CaO}{2.8SiO_2 + 1.18Al_2O_3 + 0.65Fe_2O_3} \tag{7-5}$$

硅酸盐水泥熟料的 LSF 波动在 0.66 ~ 1.02 之间,一般在 0.85 ~ 0.95 之间。

由于 MgO 和 C_3S 形成固溶体而取代一部分 CaO,斯波恩对李和派克的 LSF 进行如下修正:

当 $MgO \leqslant 2.0$ 时

$$LSF = \frac{CaO + 0.75MgO}{2.8SiO_2 + 1.18Al_2O_3 + 0.65Fe_2O_3} \tag{7-6}$$

当 $MgO > 2.0$ 时

$$LSF = \frac{CaO + 1.50}{2.8SiO_2 + 1.18Al_2O_3 + 0.65Fe_2O_3} \tag{7-7}$$

古特曼与杰耳认为酸性氧化物形成碱性最高的矿物为 C_3S、C_3A、C_4AF,从而提出了他们的石灰理论极限含量。为了便于计算,将 C_4AF 改写成 "C_3A" 和 "CF",另 "C_3A" 和 C_3A 相加。在 "C_3A" + C_3A 与 "CF" 中,每 1% 酸性氧化物所需石灰量分别为:

每 1% Al_2O_3 形成 C_3A：

$$CaO = \frac{3 \times CaO \text{ 相对分子质量}}{Al_2O_3 \text{ 相对分子质量}} = \frac{3 \times 56.08}{101.96} = 1.65$$

每 1% Fe_2O_3 形成"CF"：

$$CaO = \frac{CaO \text{ 相对分子质量}}{Fe_2O_3 \text{ 相对分子质量}} = \frac{56.08}{159.70} = 0.35$$

每 1% 酸性氧化物所需石灰量乘以相应氧化物百分含量，便可得石灰极限含量计算式：

$$CaO = 2.8SiO_2 + 1.65Al_2O_3 + 0.35Fe_2O_3 \tag{7-8}$$

苏联学者金德和容克根据上述石灰理论极限含量提出石灰饱和系数（KH）。他们认为，在实际生产中硅酸盐水泥的四个主要矿物中，氧化铝和氧化铁始终为氧化钙所饱和，唯独 SiO_2 可能不完全被 CaO 饱和生成 C_3S，而存在部分 C_2S，否则，熟料就会出现游离氧化钙。因此，应将 KH 放在 SiO_2 之前，即：

$$CaO = KH \cdot 2.8SiO_2 + 1.65Al_2O_3 + 0.35Fe_2O_3 \tag{7-9}$$

将式(7-9)改写为：

$$KH = \frac{CaO - 1.65Al_2O_3 - 0.35Fe_2O_3}{2.8SiO_2} \tag{7-10}$$

由此可知，石灰饱和系数 KH 值为熟料中全部氧化硅生成 C_3S 和 C_2S 所需的 CaO 含量与全部 SiO_2 生成 C_3S 所需 CaO 最大含量的比值，也即表示熟料中 SiO_2 被 CaO 饱和形成 C_3S 的程度。

以上石灰饱和系数的定义基于以下的认识：即在硅酸盐水泥生产的条件下，酸性氧化物（Al_2O_3、Fe_2O_3）等总是被 CaO 所饱和，由于 CaO 的含量不足，唯有 SiO_2 可能不完全被 CaO 饱和成 C_3S。

如果熟料中 $IM = 0.64$ 时，熟料中的 Al_2O_3 和 Fe_2O_3 一起与 CaO 化合成 C_4AF，Al_2O_3 和 Fe_2O_3 没有剩余，不能再生成 C_3S 或 C_2F。当 IM 大于 0.64 时，配料中的 Fe_2O_3 和部分 Al_2O_3 与 CaO 化合成 C_4AF 外，尚有 Al_2O_3 剩余，这部分剩余的 Al_2O_3 与 CaO 化合成 C_3A。当 IM 小于 0.64 时，配料中的 Al_2O_3 除和部分 Fe_2O_3 与 CaO 化合成 C_4AF 外，尚有 Fe_2O_3 剩余，这部分剩余的 Fe_2O_3 与 CaO 化合成 C_2F。

所以式(7-10)适用于 $IM \geqslant 0.64$ 的熟料。若 $IM < 0.64$，则熟料中矿物组成为 C_3S、C_2S、C_4AF 和 C_2F。同理，将 C_4AF 改写成"C_2A"和"C_2F"，令"C_2A"和 C_2F 相加。根据矿物 C_3S、C_2S、"C_2A"、（"C_2F" + C_2F），可得：

$$KH = \frac{CaO - 1.1Al_2O_3 - 0.7Fe_2O_3}{2.8SiO_2} \tag{7-11}$$

在已生产的熟料中还有游离氧化钙、游离 SiO_2 与 SO_3，故应将式(7-10)与式(7-11)改写为：

$$KH = \frac{CaO - CaO_{游} - (1.65Al_2O_3 + 0.35Fe_2O_3 + 0.7SO_3)}{2.8(SiO_2 - SiO_{2游})} \tag{7-12}$$

$$KH = \frac{CaO - CaO_{游} - (1.1Al_2O_3 + 0.7Fe_2O_3 + 0.7SO_3)}{2.8(SiO_2 - SiO_{2游})} \tag{7-13}$$

当石灰饱和系数等于 1.0 时,此时形成的矿物组成为 C_3S、C_3A 和 C_4AF,而无 C_2S;当石灰饱和系数等于 0.667 时,此时形成的矿物组成为 C_3A、C_2S 和 C_4AF,而无 C_3S。

为使熟料顺利形成,不出现过量游离石灰,通常 KH 值控制在 0.82 ~ 0.96 之间。在计算生料的 KH 值时,由于很难预料熟料中游离氧化钙和游离氧化硅的含量,同时也不可能预计 SO_3 的含量,并且对于普通硅酸盐水泥而言,其配料 IM 总是大于 0.64,故在水泥生产中一般使用式(7-10)。

我国目前采用的是石灰饱和系数(KH)、硅率(SM)和铝率(IM)等三个率值。但世界上大部分国家(欧美)不采用石灰饱和系数而采用石灰饱和率(LSF)来控制生产。

7.1.4 石灰饱和系数、硅率和铝率在生产中的应用

从石灰饱和系数定义可知:当熟料中的 SiO_2 全部被 CaO 饱和时,$KH = 1$,熟料中的硅酸盐矿物全部为 C_3S;如果 $KH = 2/3 = 0.667$ 时,则说明 SiO_2 未被 CaO 饱和而只生成 C_2S。所以实际上 KH 介于 0.667 ~ 1.00 之间。KH 实际是表示熟料中 C_3S 与 C_2S 的比值,KH 值愈大,C_3S 含量愈多,熟料质量(强度)愈好,故提高 KH 值有利于提高水泥质量。但 KH 值高,熟料煅烧过程困难,保温时间长,否则会出现游离氧化钙,同时窑的产量低,热耗高,窑衬工作条件恶化。因此在生产中确定 KH 值时,应当全面考虑(如生料质量、燃料质量、煅烧温度和时间等),选择适当的数值,以达到易煅烧、游离氧化钙低、熟料质量好的目的。

硅率实际上是表示熟料中硅酸盐矿物($C_3S + C_2S$)与熔剂矿物($C_3A + C_4AF$)百分含量之比,SM 值的大小反映了($C_3S + C_2S$)与($C_3A + C_4AF$)之间相对含量的关系,相应的又反映熟料质量与熟料易烧程度(液相量)。当 SM 值大时,硅酸盐矿物含量多,熔剂矿物含量少,熟料质量高,但烧成困难。反之,则熔剂矿物含量相对增多,生成较多液相,使煅烧较易进行。但液相太多反而造成操作上的困难,熟料易结大块,甚至结圈(回转窑)、炼窑(立窑)。

当 CaO 含量一定时,SM 值大,($C_3S + C_2S$)含量适中,C_2S 含量增加,反之则 C_3S 增多。

铁率表示熔剂矿物中 C_3A 与 C_4AF 相对含量的比例关系,IM 值的大小,一方面关系到熟料水化速度的快慢,同时又关系到熟料液相的黏度,从而影响到熟料煅烧的难易。当 IM 值增大,液相黏度增大时,不利于 C_3S 形成,操作也较困难,而适当降低 IM 值会使熟料易烧一些。但 Fe_2O_3 超过一定数量,使 IM 值过低时也会造成煅烧困难,因为这种物料出现液相后,随着温度增高,液相量会迅速增加,黏度也较小,易使熟料"烧流"结大块。

为了使熟料顺利形成,又要保证熟料质量,保持组成稳定,应该同时控制三个率值,并要互相配合适当。应根据各工厂的原燃料和设备等具体条件而定,不能单独强调其中的一个率值。

7.2 熟料矿物组成的计算

7.2.1 硅酸盐水泥熟料组成的计算

熟料矿物组成可用岩相分析、X 射线分析和红外光谱等分析测定,也可根据化学成分算出。

岩相分析法是用显微镜测出单位面积中各种矿物所占的百分率,然后根据各种矿物的密度计算出各种矿物的含量。这种方法测定的结果可靠,符合实际情况,但当矿物晶体较小时,可能因重叠而产生误差。

X 射线分析则基于熟料中各矿物的特征峰强度与单矿物特征峰强度之比以求得其含量。这种方法误差较小,但含量太低时则不易测准。红外光谱分析误差也较小。近来已开始用电子探针、X 射线光谱分析仪等对熟料矿物进行定量分析。

用化学成分计算熟料矿物的方法较多,现选两种方法加以说明。

1. 硅酸盐碱度法

所谓碱度,即一个摩尔 SiO_2 所能结合的 CaO 摩尔数,用 N 表示。很显然,硅酸三钙的碱度应为 3,硅酸二钙的碱度应为 2,而水泥熟料的碱度应为 $3KH$。

公式推导如下:

根据碱度的概念可得:

$$N = \frac{CaO \text{ 摩尔数}}{SiO_2 \text{ 摩尔数}}$$

与 SiO_2 结合生成硅酸盐矿物的 CaO 量 $= CaO - (1.65A + 0.35F)$。

则

$$CaO \text{ 摩尔数} = \frac{C - (1.65A + 0.35F)}{56.08}$$

$$SiO_2 \text{ 摩尔数} = \frac{SiO_2}{60.09}$$

解得:

$$N = \frac{C - (1.65A + 0.35F)/56.08}{SiO_2/60.09} = \frac{C - (1.65A + 0.35F)}{2.80SiO_2} \times \frac{60.09 \times 2.80}{56.08} = 3KH \qquad (7\text{-}14)$$

式中　C——CaO;

　　　A——Al_2O_3;

　　　F——Fe_2O_3。

以上推导是假设熔剂矿物组成为 C_3A 和 C_4AF。

从碱度概念知:对于普通硅酸盐水泥来说,由于矿物组成既有 C_3S 又有 C_2S,当 C_3S 较多时,N 接近于 3,当 C_2S 较多时,N 接近于 2,实际上熟料的 N 在 2～3 之间,以下的计算可具体说明。

(1)SiO_2 总量的 10% 生成 C_3S,90% 生成 C_2S,则熟料的碱度为:

$$N = \frac{10 \times 3 + 90 \times 2}{100} = 2.1$$

(2)SiO_2 总量的 30% 生成 C_3S,70% 生成 C_2S,则熟料的碱度为:

$$N = \frac{30 \times 3 + 70 \times 2}{100} = 2.3$$

按此式计算可求出 SiO_2 总量的 50% 生成 C_3S,50% 生成 C_2S 时熟料的碱度 $N = 2.5$;SiO_2 总量的 70% 生成 C_3S,30% 生成 C_2S,则熟料的碱度 $N = 2.7$;SiO_2 总量的 90% 生成 C_3S,10% 生成 C_2S,则熟料的碱度 $N = 2.9$。

从以上计算可看出熟料的碱度和生成 C_3S 或 C_2S 的 SiO_2 百分数有一定关系,归纳如下表

7-1 所示:

表 7-1 碱度计算值

生成 C_3S 的 SiO_2(%)	10	30	50	70	90
生成 C_2S 的 SiO_2(%)	90	70	50	30	10
熟料的碱度 N	2.1	2.3	2.5	2.7	2.9

从上表可以看出:

生成 C_3S 所需 SiO_2 等于 $\quad\quad (N-2)=(3KH-2)$

生成 C_2S 所需 SiO_2 等于 $\quad (3-N)=(3-3KH)=3(1-KH)$

由于 C_3S 与 SiO_2 的质量比为:

$$\frac{C_3S}{SiO_2}=\frac{228.33}{60.09}=3.8$$

即 $1\%SiO_2$ 可生成 $3.80\%C_3S$,故当已知熟料中 SiO_2 含量和 KH 值时,即可求出 C_3S 如下:

$$C_3S\%=3.80(3KH-2)SiO_2$$

由于 C_2S 与 SiO_2 的质量比为:

$$\frac{C_2S}{SiO_2}=\frac{172.25}{60.09}=2.87$$

即 $1\%SiO_2$ 可生成 $2.87\%C_2S$,故当已知熟料中 SiO_2 含量和 KH 值时,即可求出 C_2S 如下:

$$C_2S\%=2.87\times3(1-KH)SiO_2=8.61(1-KH)SiO_2$$

熔剂矿物的计算公式如下:

当 $IM\geqslant0.64$ 时

$$C_3A\%=2.65(Al_2O_3-0.64Fe_2O_3)$$

$$C_4AF\%=3.04Fe_2O_3$$

当 $IM\leqslant0.64$ 时

$$C_4AF\%=4.77Fe_2O_3$$

$$C_2F\%=1.70(Fe_2O_3-1.57Al_2O_3)$$

硫酸钙百分含量用下式计算:

$$CaSO_4\%=1.70SO_3$$

式中系数为:

$$3.04 \text{ 为}:\quad \frac{C_4AF}{F}=\frac{486}{159.70}=3.04$$

$$2.65 \text{ 为}:\quad \frac{C_3A}{A}=\frac{270}{101.96}=2.65$$

$$0.64 \text{ 为}:\quad \frac{A}{F}=\frac{101.96}{159.70}=0.64$$

4.77 为：$\dfrac{C_4AF}{A} = \dfrac{486}{101.96} = 4.77$

1.70 为：$\dfrac{C_2F}{F} = \dfrac{271.86}{159.70} = 1.70$

1.57 为：$\dfrac{F}{A} = \dfrac{159.70}{101.96} = 1.57$

1.70 为：$\dfrac{CaSO_4}{SO_3} = \dfrac{136.15}{80.07} = 1.70$

2. 代数法

也称鲍格法。若以 C_3S、C_2S、C_3A、C_4AF、$CaSO_4$ 及 C、S、A、F、SO_3 分别代表熟料中硅酸三钙、硅酸二钙、铝酸三钙、铁铝酸四钙、硫酸钙及 CaO、SiO_2、Al_2O_3、Fe_2O_3 和三氧化硫的百分含量，则四种矿物及 $CaSO_4$ 的化学组成百分数可计算见表 7-2。

表 7-2　四种矿物及 $CaSO_4$ 的化学组成　　　　　　　　　　单位：%

氧 化 物	矿　　　物				
	C_3S	C_2S	C_3A	C_4AF	$CaSO_4$
CaO	73.69	65.12	62.27	46.16	41.19
SiO_2	26.31	34.88	—	—	—
Al_2O_3	—	—	37.73	20.98	—
Fe_2O_3	—	—	—	32.86	—
SO_3	—	—	—	—	58.81

按上表数值可列出下列方程式：

$$C = 0.736\ 9C_3S + 0.651\ 2C_2S + 0.622\ 7C_3A + 0.461\ 6C_4AF + 0.411\ 9CaSO_4$$

$$S = 0.263\ 1C_3S + 0.348\ 8C_2S$$

$$A = 0.377\ 3C_3A + 0.209\ 8C_4AF$$

$$F = 0.328\ 6C_4AF$$

$$SO_3 = 0.588\ 1CaSO_4$$

解上列联立方程式得各矿物百分含量计算式。

当 $IM \geqslant 0.64$ 时：

$$C_3S = 4.07C - 7.60S - 6.72A - 1.43F - 2.86SO_3$$

$$C_2S = 8.60S + 5.07A + 1.07F + 2.15SO_3 - 3.07C = 2.87S - 0.754C_3S$$

$$C_3A = 2.65A - 1.69F$$

$$C_4AF = 3.04F$$

$$CaSO_4 = 1.70SO_3$$

当 $IM < 0.64$ 时：

$$C_3S = 4.07C - 7.60S - 4.47A - 2.86F - 2.86SO_3$$

$$C_2S = 8.60S + 3.38A + 2.15F + 2.15SO_3 - 3.07C = 2.87S - 0.754C_3S$$

$$C_2F = 1.70(F - 1.57A)$$

$$C_4AF = 4.77F$$

$$CaSO_4 = 1.70SO_3$$

上述从化学成分计算熟料矿物组成的计算式,系假定在完全平衡条件下,且形成的矿物为纯的矿物而不是固溶体。

7.2.2 水泥熟料化学组成、矿物组成与率值的关系

1. 由矿物组成计算率值

率值不仅表示熟料中各氧化物之间的关系,同时也表示熟料矿物之间的关系。

石灰饱和系数 KH 值与矿物组成之间的关系可用数学式表示如下:

$$KH = \frac{C_3S + 0.883\ 8C_2S}{C_3S + 1.325\ 6C_2S}$$

可见,石灰饱和系数 KH 值随着 C_3S/C_2S 比值的增加而增加。

硅率表示硅酸盐矿物与熔剂矿物的比例。当铝率大于 0.64 时,硅率与矿物组成数学式如下:

$$SM = \frac{C_3S + 1.325C_2S}{1.434C_3A + 2.046C_4AF}$$

从上面关系式,可以看出 SM 改变,熟料中硅酸盐矿物和熔剂矿物的含量也随之改变,硅率愈大,熟料中 C_3S 和 C_2S 总量愈多,而 C_3A 和 C_4AF 总量愈少。但 SM 值不能单独决定 C_3S 或 C_2S 的含量。

铝率表示熔剂矿物中 C_3A 与 C_4AF 的比例。当铝率大于 0.64 时,铝率和矿物组成关系的数学式是:

$$IM = \frac{1.15C_3A}{C_4AF} + 0.64$$

从上式可见,C_3A/C_4AF 比的增减,铝率的高低,在一定程度上反映了水泥煅烧过程中高温液相的黏度。铝率高,熟料中 C_3A 多,相应 C_4AF 就较少,则液相黏度大,物料难烧;铝率过低,虽然液相黏度较小,液相中质点易于扩散,对 C_3S 形成有利,但烧结范围变窄,窑内易结大块,不利于窑的操作。

2. 由熟料率值计算化学成分

$$Fe_2O_3 = \frac{\sum}{(2.80KH + 1)(IM + 1)SM + 2.65IM} = 1.35$$

$$Al_2O_3 = IM \cdot Fe_2O_3$$

$$SiO_2 = SM(Al_2O_3 + Fe_2O_3)$$

$$CaO = \sum - (SiO_2 + Al_2O_3 + Fe_2O_3)$$

式中,$\sum = Fe_2O_3 + Al_2O_3 + SiO_2 + CaO$

3. 由熟料率值计算矿物组成

已知熟料矿物组成计算式如下:

$$C_3S = 3.80(3KH - 2)SiO_2$$

$$C_2S = 8.61(1 - KH)SiO_2$$

$$C_3A = 2.65Al_2O_3 - 1.69Fe_2O_3$$

$$C_4AF = 3.04Fe_2O_3$$

用率值计算化学成分的计算式代入上列式子中得：

$$C_4AF = 3.04F$$

$$C_3A = (2.65P - 1.69)F$$

$$C_2S = 8.61n(P+1)(1 - KH)F$$

$$C_3S = 3.80n(P+1)(3KH - 2)F$$

式中，$F = \dfrac{\sum}{(2.80KH + 1)(P+1)n + 2.65P + 1.35}$

$\sum = Fe_2O_3 + Al_2O_3 + SiO_2 + CaO$

7.2.3 熟料矿物组成计算值与实测值的差异

熟料矿物组成所得计算式，是在假定完全平衡条件下，而且形成的矿物为纯的 C_3S、C_2S、C_3A 和 C_4AF 四种矿物假设下所得。实际上熟料矿物组成的成分比较复杂，C_3S 矿物的化学成分就更复杂，若生成固溶体 $C_{54}S_{16}MA$，则计算 C_3S 的公式中 SiO_2 之前的系数就不是 3.80 而是 4.30，这使硅酸三钙矿物的含量要提高 11% 之多；又如铁铝酸盐矿物并非固定的 C_4AF，而可能是 C_6A_2F 或 C_8A_3F，其结果将使实际的矿物组成中 C_3S 含量增加，含铁矿物含量增加而铝酸三钙含量减少，甚至不生成铝酸三钙。

熟料矿物大都是以固溶体形式存在，这也是造成实际矿物与计算矿物组成产生偏差的原因之一。各种少量氧化物，如碱、氧化钛、氧化磷、硫等的存在也会影响矿物的生成和数量。

在工业条件下，一般冷却速度较快，因而这部分液相可能全部或部分形成玻璃体或独立结晶。这样不仅使熟料矿物组成不同，同时其含量也有差异。如液相急冷，则熟料的矿物组成为 C_3S、C_2S 和玻璃体，并且 C_3S 含量相应增加而 C_2S 含量相对减少。所以，冷却条件对矿物组成和数量的影响很大。

实验方法的不同，实验人员操作水平的不同都会影响计算结果而产生差异。

由此可知，要用计算方法求得熟料的准确矿物组成是困难的。虽然可以采用各种校正方法，但不能一一校正，且计算烦琐。生产实践证明，虽然由化学成分计算矿物组成有一定误差，但并非无意义。用它来粗略估计水泥性能具有一定准确性；另一方面，当欲设计某种矿物组成的熟料时，它是计算生料组成的唯一可能的方法，因此，这种方法在水泥工业中，仍然得到广泛应用。

7.3 配料方案的设计

配料是水泥生产过程中的一道重要工序，通常指确定及调整各种原料的配合比(立窑还包括无烟煤)。各种原料和燃料的配合比根据水泥品种、原料的物理化学性质与具体生产条件通过配料计算而确定，最终得到煅烧水泥熟料所需要的适当成分的生料。

配料方案,即熟料的矿物组成或熟料的三率值。配料方案的选择和设计,实质上就是选择合理的熟料的矿物组成,也就是对熟料的三率值 KH、n、P 的确定。

配料方案的设计,要考虑原料、燃料的质量,水泥的品种及具体的生产工艺流程,以保证优质、高产、低消耗地生产水泥熟料。合理的配料方案既是工厂设计的依据,又是正常生产的保证。

7.3.1 确定配料方案的依据

1. 原料的质量

原料的质量对熟料组成的选择有较大的影响,如石灰石品位低,黏土氧化硅含量不高,就无法提高 KH 和 n 值。如石灰石中含燧石多,黏土中含砂多,生料易烧性就差,熟料难烧,就要适当降低 KH 以适应原料的实际情况。生料易烧性好,可以选择高 KH、高 n 的配料方案。

熟料率值的选择应与原料化学组成相适应,要综合考虑原料中四种主要氧化物的相对含量,尽量减少校正原料的品种以简化工艺流程,便于生产控制。如果采用三种原料配料,即使熟料率值略偏离原设计要求,但能保证水泥质量和工厂生产,就不必考虑更换某种原料或掺加另外一种校正原料来进行四组分配料。

2. 燃料的质量

煅烧熟料所需的煅烧温度和保温时间,取决于燃料的质量,煤燃烧后的灰分几乎全部掺入熟料中,直接影响熟料的成分和性质,因此,煤质好,灰分小,可适当提高熟料的 KH 值。当煤质量较差,灰分高,发热量低时,一般烧成温度低,因而熟料的 KH 值不宜选择过高。此外,除立窑采用全黑生料外,煤灰掺入熟料中是不均匀的,生产中常造成一部分熟料的 KH 偏低,而另一部分又相对偏高,结果造成熟料的矿物形成不均,岩相结构不良。煤粉愈粗,灰分愈高,其影响愈大。故当煤质变化较大时,除了考虑适当提高煤粉细度外,还应考虑进行燃煤的预均化。

3. 生料的质量

熟料的率值,特别是 KH 值应与生料的均匀性及细度相适应。在同样的原料和生产条件下,生料成分均匀性差的水泥厂,在配料时应考虑将 KH 值控制的稍低些,否则熟料中的游离氧化钙会增加,熟料质量会变差。反之,如果进行原料预均化,生料均化较好的工厂,在同样的原料与生产条件下,则 KH 值可适当提高。

若生料粒度粗,或是原料中晶质二氧化硅含量高,石灰质原料中方镁石结晶较大时,由于生料的反应能力差,化学反应难以完全进行或分解、扩散,化合相对缓慢,KH 值也应适当低一些。

4. 水泥品种

不同的水泥品种所要求的熟料的矿物组成也不相同,因而熟料的率值就不同。如生产特殊用途的硅酸盐水泥,应根据其特殊技术要求,选择合适的矿物组成和熟料。例如生产快硬硅酸盐水泥,需要较高的早期强度,则应适当提高熟料中的硅酸三钙和铝酸三钙的含量,因此,应适当提高 KH 值和 P 值;如果提高铝酸三钙的含量有困难,可适当提高硅酸三钙的含量。前者易烧性下降,为易于烧成,可适当降低 n 以增加液相量;后者由于 KH 值较高,对易烧性不利,但液相黏度并非增大,熟料并不一定过分难烧,因而,硅酸率 n 不一定过分降低。

生产水工硅酸盐水泥时,为避免水化热过高,应适当降低水泥熟料中的硅酸三钙和铝酸三钙的含量。但是水泥强度、抗冻性等会因为硅酸三钙过分减少而显著减低。因此,首先应降低熟料中的硅酸三钙,同时适当降低铝酸三钙的含量。

通用水泥的主要区别主要在于混合材料和产量不同,因此可使其熟料组成在一定范围内波动,因此可采用多种配料方案进行生产。

5. 生产工艺

由于生产窑型和生产方法的不同,即使是生产同一种水泥,所选的率值也应有所不同。对于湿法窑、新型干法窑,由于生料均匀性较好,生料预烧性好,烧成带物料反应较一致,因此,KH 值可适当高一些。

预分解窑的生料预烧性好,分解率高,热工制度稳定,窑内气流温度高,为了有利于挂窑皮和防止结皮、堵塞、结大块,目前趋向于低液相量的配料方案。我国大型预分解窑大多数采用高硅率、高铝率、中饱和比的配料方案,即所谓"二高一中"的配料方案。例如宁国水泥厂的配料方案中 $KH = 0.87 \sim 0.89$,$n = 2.3 \sim 2.5$,$P = 1.4 \sim 1.6$;而冀东水泥厂的配料方案曾是 $KH = 0.87 \sim 0.88$,$n = 2.5$,$P = 1.6$。

立窑通风、煅烧都不均匀,因此,不掺矿化剂熟料的 KH 值应适当低一些。目前国内大多数立窑都采用复合矿化剂,由于液相出现温度低且黏度下降,烧成范围变窄,一般采用高 KH 的配料方案。但是高 KH 的选择必须与提高生料的细度及均匀性,改善立窑操作,稳定窑内热工制度等工艺措施相配合。一般范围是:$KH = 0.94 \pm 0.02$,$n = 1.8 \pm 0.2$,$P = 1.3 \pm 0.2$ 左右。

6. 矿化剂

矿化剂的作用是促进熟料的煅烧。因此在同一条件下,掺矿化剂时,KH 值可适当高些;不掺矿化剂时,KH 值可适当低一些。

7.3.2 熟料率值的选择

熟料的三个率值(KH、n、P)是相互影响、相互制约的,不能片面强调某一率值而忽略其他率值。原则上三个率值不能同时偏高或偏低。

1. KH 值的选择

生产工艺先进,入窑生料均匀稳定,看火工操作水平高,燃料稳定或使用了矿化剂,KH 值可选择高一些;反之,KH 值应适当减小。适当提高 KH 值,熟料中 C_3S 含量也可适当增加,但 KH 值过高,往往使 f-CaO 含量偏高,造成安定性不良,熟料质量反而下降。最佳的 KH 值可根据生产经验,综合考虑熟料的煅烧难易程度和熟料质量等因素后确定。

2. 选择与 KH 值相适应的 n 值

为使熟料有较高的强度,选择 n 值时,既要保持一定数量的硅酸盐矿物,又必须与 KH 值相适应。一般应避免以下几种现象:

(1)KH 值高,n 值也偏高。熟料中硅酸盐矿物含量高,熔剂矿物含量必然少,生料易烧性差,易造成熟料中 f-CaO 含量偏高,熟料质量差。

(2)KH 值低,n 值也偏高。熟料中 C_3S 含量低,C_2S 含量高,熟料强度不高,易造成熟料的"粉化"。

(3)KH 值低,n 值也偏低。熟料中硅酸盐矿物含量少,熔剂矿物含量高,熟料强度低。烧成时由于液相量太多,易产生结皮、结大块、物料不易烧透、f-CaO 含量高的现象。

3. P 值的选择

在选择 P 值时,也要与 KH 值相适应。一般情况下,当提高 KH 值时,要相应地降低 P

值,即提高 C_4AF 的含量,有利于 C_3S 的形成。可分为以下两种方案:

(1)高铝配料方案。熟料中 C_3A 含量高,熟料早期强度高。C_3A 含量高,会使液相黏度增加,不利于 C_3S 的形成。一般只适于预分解窑煅烧。但液相黏度的增加,可使立窑底火结实稳定,不易破裂,不易产生风洞、龇火等现象,有利于底火稳定。对于煤的热值较高、风机的风压较大、操作水平较高的机立窑厂,可采用高铝配料方案。

(2)高铁配料方案。熟料中 C_4AF 含量较高,可降低液相出现的温度和液相黏度,有利于 C_3S 的形成,提高熟料强度。但其烧成范围窄,易结大块。对立窑而言,底火较脆弱。对于煤质较差,KH 值又较高时,宜采用高铁配料方案。

4.矿化剂

配料时是否采用矿化剂,对铝质的选择影响很大。使用矿化剂,KH 值可略取高一些。目前水泥厂使用较多的是萤石-石膏复合矿化剂。各厂应根据原、燃材料的特点,确定适宜的氟硫比。一般认为,CaF_2/SO_3 比应控制在 $0.4 \sim 0.6$ 之间较合适。

7.4 配料计算

熟料组成确定后,即可依据所用原料进行配料计算,求出符合要求熟料组成的原料配合比。

7.4.1 配料计算公式

配料计算的依据是物料平衡。任何化学反应的物料平衡是:反应物的量等于生成物的量。随着温度的升高,生料煅烧成熟料经历着生料干燥蒸发物理水;黏土矿物分解放出结晶水;有机物质的分解、挥发;碳酸盐分解放出二氧化碳;液相出现使熟料烧成等过程。因为有水分、二氧化碳以及某些物质逸出,所以,计算时必须采用统一基准。

蒸发物理水以后,生料处于干燥状态,以干燥状态质量表示的计算单位,称为干燥基准。干燥基准用于计算干燥原料的配合比和干燥原料的化学成分。

如果不考虑生产损失,则干燥原料的质量等于生料的质量,即:

$$干石灰石 + 干黏土 + 干铁粉 = 干生料$$

去掉烧失量(结晶水、二氧化碳与挥发物质等)以后,生料处于灼烧状态,以灼烧状态质量所表示的计算单位,称为灼烧基准。灼烧基准用于计算灼烧原料的配合比和熟料的化学成分。

如果不考虑生产损失,在采用基本上无灰分掺入的气体或液体燃料时,则灼烧原料、灼烧生料与熟料三者的质量相等,即:

$$灼烧石灰石 + 灼烧黏土 + 灼烧铁粉 = 灼烧生料 = 灼烧熟料$$

如果不考虑生产损失,在采用有灰分掺入的燃煤时,则灼烧生料与掺入熟料的煤灰之和应等于熟料的质量,即:

$$灼烧生料 + 煤灰(掺入熟料的) = 熟料$$

在实际生产中,由于总有生产损失,且飞灰的化学成分不可能等于生料成分,煤灰的掺入量也不相同。因此,在生产中应以生熟料成分的差别进行统计分析,对配料方案进行校正。

熟料中煤灰掺入量可按下式近似计算:

$$G_A = qA^Y S / Q_{DW}^Y \times 100 = PA^Y S / 100 \qquad (7\text{-}15)$$

式中　G_A——熟料中煤灰掺入量,%;

　　　q——单位熟料热耗,kJ/kg 熟料;

　　Q_{DW}^Y——煤的应用基低位热值,kJ/kg 煤;

　　　A^Y——煤应用基灰分含量,%;

　　　S——煤灰沉落率,%;

　　　P——煤耗,kg/kg。

煤灰沉落率因窑型而异,如表 7-3 所示。

表 7-3　不同窑型的煤灰沉落率　　　　　　　单位:%

窑　　　型	无 电 收 尘	有 电 收 尘
湿法长窑($L/D = 30 \sim 50$)有链条	100	100
湿法短窑($L/D < 30$)有链条	80	100
湿法短窑带料浆蒸发机	70	100
干法短窑带立筒、旋风预热器	90	100
预分解窑	90	100
立波尔窑	80	100
立　窑	100	100

注:电收尘窑灰布入窑者,按无电收尘器者计算。

　　配料计算的方法有多种,有尝试误差法、递减试凑法、代数法、图解法、最小二乘法、矿物组成法等。用得比较多的是尝试误差法和递减试凑法。随着科学技术的发展,电子计算机的应用已逐渐普及,有的计算方法由于计算复杂,不够精确而被淘汰。现主要介绍比较广泛应用的尝试误差法。

　　尝试误差法计算方法很多,但原理都相同。其中一种方法是:先按假定的原料配合比计算熟料组成,若计算不符合要求,则要求调整原料配合比,再行计算,重复至符合要求为止。另一种方法是从熟料化学成分中依次递减假定配合比的原料成分,试凑至符合要求为止(又称递减试凑法)。

7.4.2　计算实例

　　例:已知原料、燃料的有关分析数据如表 7-4、表 7-5 所示,假定用预分解窑以三种原料配合进行生产,要求熟料的三个率值为:$KH = 0.89$、$SM = 2.1$、$IM = 1.3$,单位熟料热耗为 3 350kJ/kg 熟料,试计算配合比。

表 7-4　原料与煤灰的化学成分　　　　　　　单位:%

名　称	烧失量	SiO_2	Al_2O_3	Fe_2O_3	CaO	MgO	总　和
石灰石	42.66	2.42	0.31	0.19	53.13	0.57	99.28
黏　土	5.27	70.25	14.72	5.48	1.41	0.92	98.05
铁　粉	—	34.42	11.53	48.27	3.53	0.09	97.84
煤　灰	—	53.52	35.34	4.46	4.79	1.19	99.30

表 7-5 煤的工业分析

挥 发 物	固 定 碳	灰 分	热 值	水 分
22.42%	49.02%	28.56%	20 930kJ/kg	0.6%

表 7-4 中分析数据之和不等于 100%，这是由于某些物质没有分析测定，或者某些元素或低价氧化物经灼烧氧化后增加重量所致，为此，小于 100% 时，要加上其他一项补足 100%；大于 100% 时，可以不必重新换算。

试以第一种方法计算原料配合比。

解：

1. 确定熟料组成

根据题意，已知熟料率值为：$KH = 0.89$、$SM = 2.1$、$IM = 1.3$。

2. 计算煤灰掺入量

因为 $G_A = qA^Y S / Q_{DW}^Y \times 100 = PA^Y S / 100$

所以 $G_A = 3\ 350 \times 28.56 \times 100 / 20\ 930 \times 100 = 4.57\%$

3. 计算干燥原料配合比

设干燥原料配合比为：石灰石 81%、黏土 15%、铁粉 4%，以此计算生料的化学成分。如下表 7-6。

表 7-6 假定配合比的生料化学成分　　　　　　单位：%

名　称	配 合 比	烧 失 量	SiO_2	Al_2O_3	Fe_2O_3	CaO
石 灰 石	81.0	35.45	1.96	0.25	0.15	43.03
黏　土	15.0	0.79	10.54	2.1	0.82	0.21
铁　粉	4.0	—	1.38	0.46	1.93	0.14
生　料	100.0	35.34	13.88	3.92	2.90	43.33
灼烧生料		—	21.47	4.52	4.48	67.09

煤灰掺入量 $G_A = 4.57\%$，则灼烧生料配合比为 100% − 4.57% = 95.43%。按此计算熟料的化学成分。见下表 7-7。

表 7-7 计算后的熟料化学成分　　　　　　单位：%

名　　称	配 合 比	SiO_2	Al_2O_3	Fe_2O_3	CaO
灼烧生料	95.43	20.48	4.31	4.28	64.02
煤　灰	4.57	2.45	1.62	0.20	0.22
熟　料	100.00	22.93	5.93	4.48	64.24

由此计算熟料率值：

$$KH = \frac{C_c - 1.65A_c - 0.35F_c}{2.8S_c} = 0.824$$

$$SM = \frac{S_c}{A_c + F_c} = \frac{22.93}{5.93 + 4.48} = 2.20$$

$$IM = \frac{A_c}{F_c} = \frac{5.93}{4.48} = 1.32$$

上式计算结果中，KH 过低，SM 过高，IM 较接近。为此，应增加石灰石配比，减少黏土配比，铁粉可略增加。根据经验统计，每增减 1% 石灰石（相应减增 1% 黏土），约增减 KH 值 0.05，据此，调整原料配合比为：石灰石 82.20%、黏土 13.7%、铁粉 4.1%，重新计算结果见表 7-8。

表 7-8　调整后的生、熟料的化学成分　　　　　　　　　　单位：%

名　　称	配 合 比	烧 失 量	SiO₂	Al₂O₃	Fe₂O₃	CaO
石 灰 石	82.20	35.07	1.99	0.26	0.16	43.67
黏　　土	13.70	0.72	9.62	2.02	0.75	0.10
铁　　粉	4.10	—	1.41	0.47	1.98	0.15
生　　料	100.00	35.79	13.02	2.75	2.89	44.01
灼烧生料		—	20.28	4.28	4.50	68.54
灼烧生料	95.43	—	19.35	4.08	4.20	65.41
煤　　灰	4.57	—	2.45	1.62	0.20	0.22
熟　　料	100.00	—	21.80	5.70	4.49	65.65

则：

$$KH = \frac{C_c - 1.65A_c - 0.35F_c}{2.8S_c} = 0.895$$

$$SM = \frac{S_c}{A_c + F_c} = \frac{21.80}{5.70 + 4.49} = 2.14$$

$$IM = \frac{A_c}{F_c} = \frac{5.70}{4.49} = 1.27$$

所得结果 KH、SM 均略高，而铝率略为偏低，但已十分接近要求值。如要降低 KH 与 SM，则应减少石灰石与黏土，这样，就势必再增加铁粉，从而使铝率更低。因此，可按此配料进行生产。考虑到生产波动，熟料率值控制指标可定为：$KH = 0.89 \pm 0.02$；$SM = 2.1 \pm 0.1$；$IM = 1.3 \pm 0.1$。按上述计算结果，干燥原料配合比为：石灰石 82.2%；黏土 13.7%；铁粉 4.1%。

4. 计算湿原料的配合比

设原料操作水分：石灰石为 1.0%；黏土 0.8%；铁粉 4.1%。则湿原料质量配合比为：

$$湿石灰石 = \frac{82.2}{100 - 1} \times 100 = 83.03$$

$$湿黏土 = \frac{13.7}{100 - 0.8} \times 100 = 13.81$$

$$湿铁粉 = \frac{4.1}{100 - 4.1} \times 100 = 4.65$$

将上述质量换算为百分比：

$$湿石灰石 = \frac{83.03}{83.03 + 13.81 + 4.65} \times 100\% = 81.80\%$$

$$湿黏土 = \frac{13.81}{83.03 + 13.81 + 4.65} \times 100\% = 13.61\%$$

$$湿铁粉 = \frac{4.65}{83.03 + 13.81 + 4.65} \times 100\% = 4.59\%$$

思 考 题

1. 简要说明石灰饱和系数 KH，硅率 SM，铝率 IM 的物理意义。

2. KH 和 LSF 在概念上有何不同？KH 为什么不能大于 1 而 LSF 可以大于 1？

3. 已知某厂熟料的化学成分为：

SiO_2	AL_2O_3	Fe_2O_3	CaO	MgO
21.98%	6.12%	4.31%	65.80%	1.02%

计算其矿物组成（$IM > 0.64$）。

4. 已知某厂的熟料矿物组成为：

C_3S	C_2S	C_3A	C_4AF	f-CaO
53.30%	21.15%	9.10%	13.69%	1.20%

计算熟料的化学成分和三个率值（$IM > 0.64$）。

5. 硅酸盐水泥熟料中，如果氧化钙含量高时对熟料烧成和水泥性质有何影响？二氧化硅含量高又如何？

第8章 水泥生产过程中的均化链

8.1 物料的均化

通过采用一定的工艺措施达到降低物料的化学成分的波动振幅,使物料的化学成分均匀一致的过程叫均化。水泥生产过程中各主要环节的均化,是保证熟料质量、产量及降低能耗和各种消耗的基本措施和前提条件,也是稳定出厂水泥质量的重要途径。

应该指出,水泥生产的整个过程就是一个不断均化的过程,每经过一个过程都会使原料或半成品进一步得到均化。就生料制备而言,原料矿山的搭配开采与搭配使用、原料的预均化、原料配合及粉磨过程中的均化、生料的均化这四个环节相互组成一条与生料制备系统并存的生料均化系统——生料均化链。在这条均化链中,最重要的环节,也就是均化效果最好的是第二和第四两个环节,这两个环节担负着生料均化链全部工作量的 80% 左右,当然第一和第三两个环节也不能忽视,表 8-1 列出了各个环节的主要功能。

表 8-1 生料均化链中各环节的均化效果

环 节 名 称	完成均化工作量的任务(%)
原料矿山的搭配开采与搭配使用	10 ~ 20
原料的预均化	30 ~ 40
原料配合及粉磨过程均化	0 ~ 10
生料均化	~ 40

8.1.1 均化与预均化的基本概念

原料经过破碎后,有一个储存、再存取的过程。如果在这个过程中采用不同的存取方法,使储入时成分波动大的原料,至取出时成为成分比较均匀的原料,这个过程称为预均化。

粉磨后的生料在储存过程中利用多库搭配、机械倒库和气力搅拌等方法,使生料成分趋于一致,这就是生料的均化。

8.1.2 均化效果的评价

物料的成分是否均匀,可以由下列参数进行评价。

1. 标准偏差

标准偏差是数理统计学中的一个数学概念,又称标准离差或标准差、方差根。它应用于水泥工业时,可简要地理解为:

(1)标准偏差是一项表示物料成分(如 $CaCO_3$、SiO_2 含量等)均匀性的指标,其值越小,成分越均匀。

(2)成分波动于标准偏差范围内的物料,在总量中大约占 70%,还有近 30% 物料的成分波动比标准偏差要大。

标准偏差可由下式求得：

$$S = \sqrt{\frac{1}{n-1}\sum_{i=1}^{n}(x_i - \bar{x})^2}$$ (8-1)

式中　S——标准偏差，% ；

　　　n——试样总数或测量次数，一般 n 值不应少于 20~30 个；

　　　x_i——物料中某成分的各次测量值，x_1 ~ x_n；

　　　$\bar{x}$——各次测量的平均值，即：

$$\bar{x} = \frac{1}{n}\sum_{i=1}^{n}x_i$$

2. 变异系数

变异系数为标准偏差（S）与各次测量值算术平均值（$\bar{x}$）的比值，通常用符号 C_V 来表示。它表示物料成分的相对波动情况，变异系数越小，成分的均匀性越好。所以也把变异系数称为波动范围。

变异系数可由下式计算：

$$C_V = \frac{S}{\bar{x}} \times 100\%$$ (8-2)

式中　C_V——变异系数。

3. 均化效果

均化效果亦称均化倍数或均化系数，通常它指的是均化前物料的标准偏差与均化后物料的标准偏差之比值，即：

$$H = S_{进}/S_{出}$$ (8-3)

式中　H——均化效果；

　　　$S_{进}$——进入均化设施之前物料的标准偏差；

　　　$S_{出}$——出均化设施时物料的标准偏差。

H 值越大，表示均化效果越好。

目前，国内不少水泥厂采用计算合格率的方法来评价物料的均匀性。合格率的含义是指若干个样品在规定质量标准上下限之内的百分率，称为该一定范围内的合格率。这种计算方法虽然可以反映物料成分的均匀性，但它并不能反映全部样品的波动幅度及其成分的分布特性，下面的例子可以说明这一点。

假设有两组石灰石样品，其 $CaCO_3$ 含量介于 90% ~ 94% 的合格率均为 60%，每组 10 个样品的 $CaCO_3$ 含量如下：

| 第一组（%） | 99.5 | 93.8 | 94.0 | 90.2 | 93.5 | 86.2 | 94.0 | 90.3 | 98.9 | 85.4 |
| 第二组（%） | 94.1 | 93.9 | 92.5 | 93.5 | 90.2 | 94.8 | 90.5 | 89.5 | 91.5 | 89.9 |

第一组和第二组的样品，其 $CaCO_3$ 平均含量分别为 92.58% 和 92.03%，两者比较接近，而且合格率也都为 60%，两者的均匀性似乎差别不大，但实际上这两组样品的波动幅度相差很

大。第一组中有两个样品的波动幅度都在平均值的±7%之内,即使是合格的样品,但其成分不是偏近上限就是偏近下限。而第二组样品的成分波动就小的多。计算第一组和第二组样品的标准偏差分别为4.68%和1.96%。显然用合格率来衡量物料成分均匀性的方法是有较大的缺陷的。

应该明确的是,在某些情况下,预均化前物料成分波动不按正态分布规律分布,由计算所得的标准偏差 $S_进$ 往往比实际偏大;然而根据许多统计资料表明,均化后的物料成分波动基本上接近正态分布,因此,计算得出的出料标准偏差 $S_出$ 却接近真实值,也就是说这样求得的均化效果 H 会偏大。所以,在一定条件下,直接用均化后的出料标准偏差 $S_出$ 来表示均化作用的好坏,比单纯采用均化效果表示要切合实际,并且工艺生产的要求也不在于追求表面的"倍数",而是要控制其出料的标准偏差值,保证其成分的均匀性。

8.2 原、燃料的预均化

8.2.1 原、燃料预均化的基本原理

原、燃料在储存、取用过程中,通过采用特殊的堆、取料方式及设施,使原料或燃料的化学成分波动范围缩小,为入窑前生料或燃料煤的成分趋于均匀一致而做的必要准备过程,通常称作原、燃料的预均化。简言之,所谓的原、燃料的预均化就是原料或燃料在粉磨之前所进行的均化。

如果预均化的物料是石灰质原料、黏土质原料等原料,便称之为原料的预均化;如果预均化的对象是原煤(进厂的煤),则称为燃料的预均化或煤的均化。

原、燃料预均化的基本原理,可简单地概括为"平铺直取"。亦即经破碎后的原料或原煤在堆放时,尽可能多地以最多的相互平行、上下重叠的同厚度的料层构成料堆。而在取料时,按垂直于料层的界面对所有料层切取一定厚度的物料,循序渐进,依此切取,直到整个料堆的物料被取尽止。这样取出的物料中包含了所有各料层的物料,即同一时间内取出了不同时间所堆放的不均匀物料。也就是说,在取料的同时完成了取料的混合均化,堆放的料层越多,其混合均匀性就越好,出料成分就越均匀,这就是所谓的"平铺直取",也就是预均化的基本技术原理。

8.2.2 原、燃料预均化的必要性

进厂原、燃料的均匀性是相对的,并不是绝对的。原、燃材料的化学成分、灰分及热值常常在一定的范围内波动,有时波动还是比较大的。如果不采用必要的均化措施,尤其是当原料的成分波动较大时势必影响原料的准确配合,从而不利于制备成分高度均一的生料;当煤质的灰分和热值波动较大时,必然影响到熟料煅烧时的热工制度的稳定。上述两方面的情况同时存在时,就无法保证熟料的质量及维持生产的正常和设备的长期安全运转。另一方面,某些品质略差的原、燃材料将受到限制而无法采用,不利于资源的综合利用。因此,当原、燃材料的成分波动较大时,应考虑采取预均化措施。

在水泥生产过程中,对原、燃材料进行预均化具有如下作用:

(1)消除进厂原、燃料成分的长周期波动,使原、燃料成分的波动周期变短,为准确配料和生料粉磨喂料提供良好的条件。

(2)显著降低原、燃料成分波动的振幅,减小其标准偏差,从而有利于提高生料成分的均匀性,稳定熟料煅烧时的热工制度。

(3)有利于扩大原、燃料资源,降低生产消耗,增强工厂对市场的适应能力。

采用原、燃料预均化后,可以充分利用那些低品位的原料、燃料,包括有害成分在规定极限边缘的原料、非均质原料,这是因为低品位的原、燃料可以与高品位的原、燃料搭配并预均化后可以达到规定的要求,有助于充分利用矿山资源,尽量利用夹层废石,延长现有矿山的使用年限,减少废石、弃土,以保护环境,最大限度地利用地方煤质资源。

8.2.3 原、燃料预均化的条件

原料是否采用预均化,取决于原料成分波动的情况。一般可用原料的变异系数 C_V 来判断。

当 $C_V < 5\%$ 时,原料的均匀性良好,不需要进行预均化。

当 $C_V = 5\% \sim 10\%$ 时,原料的成分有一定的波动。如果其他原料(包括燃料)的质量稳定,生料配料准确及生料均化设施的均化效果好,则不考虑原料的预均化。相反,其他原料(包括燃料)的质量不稳定,生料均化链中后两个环节的效果不好,矿石中的夹石、夹土多,此时,则应考虑该原料的预均化。

当 $C_V > 10\%$ 时,原料的均匀性很差,成分波动大,必须进行预均化。

校正原料一般不考虑单独进行预均化,黏土质原料既可以单独预均化,也可以与石灰石预先配合后一起进行预均化。

当进厂煤的灰分波动大于 $\pm 5\%$ 时,应考虑煤的预均化。当工厂使用的煤种较多,不仅煤的灰分和热值各异,而且灰分的化学成分各异,因此他们对熟料的成分及生产控制将造成一定的影响,严重时会对熟料产量、质量产生较大的影响,因此,应考虑进行煤的预均化。

8.2.4 预均化工艺及设施

1. 预均化堆场

预均化堆场是一种机械化、自动化程度较高的预均化设施。送入预均化堆场中的成分波动较大的原、燃料,通过堆料机连续以薄层叠堆,形成多层(200~500层)堆铺料层的、具有一定长度比的料堆;而取料机则按垂直于料堆的纵向实行对成分各异的料层同时切取,完成"平铺直取"过程,实现各层物料的混合,使其标准偏差缩小,从而达到均化的目的。在进料成分波动较大的情况下,其均化效果 H 可达 $7 \sim 10$。

预均化堆场的布置方式有矩形和圆形两种。

(1)矩形预均化堆场

如图 8-1 所示,矩形预均化堆场中一般设两个料堆,一个在堆料,另一个在取料,相互交替,每个料堆的储量通常可供工厂使用 $5 \sim 7d$。冀东、宁国、柳州等水泥厂采用的就是矩形预均化堆场。

(2)圆形预均化堆场

圆形预均化堆场的料堆为圆环状,如图 8-2 所示。

原料由胶带输送机送到堆场的中心上方,用回转悬臂胶带堆料机做往返回转堆料,一般用桥式刮板取料机或桥式圆盘取料机取料。在料堆的开口处,一端在连续堆料;另一端在连续取料。整个料堆一般可供工厂使用 $4 \sim 7d$。

圆形预均化堆场与矩形预均化堆场相比,在相同容量的条件下,占地面积少 $30\% \sim 40\%$,

投资低 20%～30%,由于圆形预均化堆场的取料只有一个方向运动(顺时针方向或逆时针方向),而矩形预均化堆场取料机是往复运动,所以圆形预均化堆场不存在矩形预均化堆场中处理料堆端部堆积料的困难,即无"端锥"问题;其操作方便,有利于自动控制。但圆形预均化堆场中的圆环形料堆的物料分布不如矩形堆场中长条形料堆对称而均匀;如果做预配料堆场并预均化时,圆形预均化堆场中总是在堆端堆料,所以难以及时调整;圆形堆场因受厂房直径的限制,堆存容量不及矩形堆场多,且扩建困难。

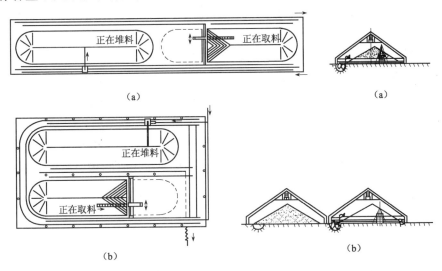

图 8-1 矩形预均化堆场工艺示意图
(a)两个纵向排列料堆;(b)两个平行排列料堆

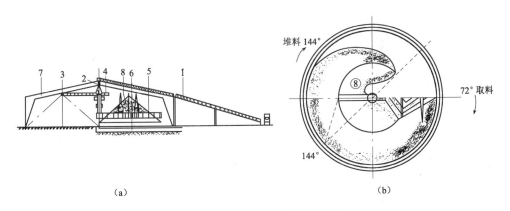

图 8-2 圆形预均化堆场
1—进料胶带机;2—固定溜子;3—堆料机;4—中心柱;5—取料机;6—接料胶带机;7—厂房;8—料堆

2. 预均化库

这种预均化方式是利用几个混凝土圆库或方库,库顶用卸料小车往复地对各库进料、卸料时采用几个库同时卸料或抓斗在方库上方往复取料。这种多库搭配改进型的预均化方式通常又称之为仓式预均化法。其均化效果 H 可达 2～3。

预均化库虽然实现了平铺布料,但没有完全实现断面切取的取料方式,因此,均化效果受到一定影响,故它不适应成分波动较大的物料预均化,而且对于黏性物料以及水分较大的物料也不宜采用。对于原、燃料成分波动不是太大的水泥厂,此种方法还是适用的。鲁南水泥厂 $2\times2\,000t/d$ 和新疆水泥厂 $2\,000t/d$ 熟料生产线的石灰石预均化分别采用了 $5\phi15m$ 和 $3\phi15m$ 多点下料仓式预均化法。江西水泥厂 $2\,000t/d$ 生产线的石灰石预均化则是利用原有设施联合储库改建,实现了卸料小车堆料、抓斗取料的仓式预均化法。

某立窑水泥厂采用连续布料、多库同时出料的预均化库,如图8-3所示。

3.断面切取式预均化库

该类型预均化库又称为 DLK 工业库,它是在汲取仓式预均化库和预均化堆场长处的基础上发展起来的。它既实现了平铺布料,又实现了断面切取取料,因此,均化效果较高,一般可达 $3\sim6$,出料 $CaCO_3$ 的标准偏差为 $1\%\sim1.5\%$。

如图8-4所示,该库为混凝土结构的矩形中空六面体,库内用隔墙将库一分为二,一侧布料,另一侧出料,交替进行装卸作业。库顶布置一条 S 形胶带输送机,往返将物料向库内一侧平铺并形成多层人字形料堆;库底设有若干个卸料斗并配置振动给料机(卸料器),当库内一侧在进料,另一侧通过库底卸料设备依次启动(如图中从右向左),利用物料的自然滑移卸出物料,实现料堆横断面上的切取,从而达到预均化的目的,预均化后的物料由库底部的胶带输送机运出。

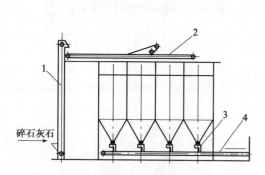

图8-3 连续布料多库同时出料

1—斗式提升机;2—皮带布料机;
3—喂料机;4—皮带运输机

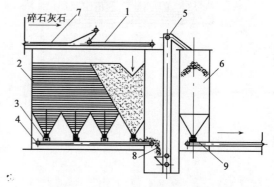

图8-4 DLK 结构与过程示意图

1—S形胶带输送机;2—均化库;3—卸料器;4—胶带输送机;
5—提升机;6—配料库;7—DLK 进库取样点;
8—DLK 出料取样点;9—配料库出料取样点

4.其他简易预均化库

(1)简易端面取料式预均化堆场

在堆场中间的上方,沿轴向方向布置一架空的胶带输送机走廊,在走廊的下方设一隔墙,将堆场分成两侧,用 S 形卸料小车分别向两侧布料,形成人字形料堆。出料则采用铲斗车对料堆端面垂直切取并运出堆场外。作业时,两侧料堆交替进行堆、取料作业,其设施投资省,可利用旧建筑物进行改造,均化效果可达 $2\sim3$ 左右,且适用于含湿量大、易堵的物料,可靠性较好。对于规模较小的厂也可以用于石灰石的预均化。其工艺示意图如图8-5所示。

(2)单库进料、多库同时出料

单库进料、多库同时出料的预均化方式通常称之为"多库搭配预均化",它可普遍应用于老厂改造中,只要有两座以上的库群,通过改变卸料操作方法即可实现。图8-6所示为某厂利用旧库改造成碎石灰石预均化库的流程示意图。

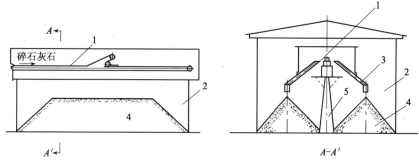

图 8-5 简易预均化堆场流程示意图

1—布料皮带机；2—预均化堆棚；3—布料溜子；4—料堆；5—隔墙

这种预均化库的均化效果优于普通储库的单进单出的均化效果,如果控制得好,其均化效果可达 2.0~2.5,它适合于石灰石的预均化。对立窑水泥厂无烟煤有堆棚储存的条件下,如能保证圆库顺利卸料时也可采用此法。

(3)倒库预均化

破碎后的物料逐个送入圆库,各库同时卸料,然后再送入储存库储存。俗称"三倒一"、"四倒一"。图 8-7 为"四倒一"预均化库工艺示意图。

由于在预均化库后增设储存库,使预均化库的卸

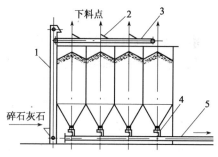

图 8-6 单库进料、多库同时出料

1—斗式提升机；2—料管；3—皮带输送机；
4—喂料机；5—皮带输送机

料流量加大,同时可实现较长时间的间隔卸料,对提高漏斗式预均化效果创造了较好的条件。经多库搭配、倒库均化后的均化效果可达 2~3。

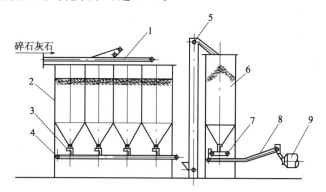

图 8-7 石灰石"四倒一"预均化圆库

1—库顶布料皮带机；2—预均化库；3—指状阀门；4—皮带输送机；
5—斗式提升机；6—石灰石出库；7—电子皮带秤；8—皮带输送机；9—生料磨

在工厂生产中,究竟选择何种预均化设施,应综合考虑原燃料成分的波动情况、工厂规模、占地面积、粉尘治理、经济效益等因素。从工厂规模和经济效益来看,如果不考虑预配料,1 500t/d 熟料以下规模的水泥厂可以将占地面积少、均化电耗低、易于除尘、操作管理方便的预均化库作为首选方案;如果考虑预配料,700~1 500t/d 熟料规模的水泥厂预均化堆场和预均化库,两种方案均可采用;无论采用预配料与否,700t/d 熟料以下规模的水泥厂优选方案是

采用断面切取式预均化库,而 1 500t/d 熟料以上规模的水泥厂原燃料预均化优选方案是采用预均化堆场。

8.3 生料的均化

8.3.1 生料均化的概念及其必要性

粉磨后的生料通过合理搭配或气力搅拌等方式,使其成分趋于均匀一致的过程称为生料的均化。

如前所述,矿山搭配开采、原料预均化、生料磨配料与控制生料均化四个环节构成生料均化链。生料的均化是这条均化链中的最后一道环节,它担负着均化总量 40% 的任务。生料均化的主要功能就是消除出磨生料所带来的成分波动,使生料满足入窑要求,保证入窑生料成分的高度均齐,从而稳定窑的正常热工制度,保证窑系统的长期安全运转,提高熟料的生产质量。

8.3.2 生料浆的均化

湿法生产中出磨的生料为生料浆,生料浆储存在料浆库中并在其中调配均化。调配好的料放入料浆池或料浆库中储存,需继续搅拌均匀,然后入窑。料浆库内的空气搅拌是间歇进行的,可利用空气分配器对几个库轮流导入压缩空气进行搅拌。

生料浆成分的调配工作是根据生料浆中碳酸钙含量(碳酸钙滴定值)来进行调配。其调配方法是吹气搅拌料浆并使之均匀后,首先测定两个生料库中生料浆碳酸钙的含量,然后计算两库搭配比例,最后按比例同时将两库的料浆放入同一料浆池或料浆库中均化、储存,以供窑用。

例:实测得 1 号料浆库 $T_{CaCO_3} = 78.10$,2 号库 $T_{CaCO_3} = 76.90$。要求入窑生料料浆 $T_{CaCO_3} = 77.90$,计算两种浆库搭配的比例。

解:设 x_1 为 1 号料浆库的调配量,则 $1 - x_1$ 为 2 号料浆库的调配量。并设定 1 号料浆库、2 号料浆库及要求入窑料浆的碳酸钙滴定值分别为 T_1、T_2 及 T,则:

$$T = T_1 x_1 + T_2 (1 - x_1)$$

代入有关数据可得

$$x_1 = \frac{77.90 - 76.90}{78.10 - 76.90} = 0.833,即 83.3\%$$

$$1 - x_1 = 1 - 0.833 = 0.167,即 16.7\%$$

就是说,1 号料浆库与 2 号料浆库按 83.3% 与 16.7% 的比例搭配,便可使入窑料浆 T_{CaCO_3} 符合要求。如果两料浆库的料浆含水量、堆积密度和库径相同,则可直接利用测量料浆库放出料浆后的料面高度来计算、控制配比。对上例而言,1 号库放出料浆 0.833m,2 号库放出料浆 0.167m,混合后即可得到要求的入窑合格的生料浆。

8.3.3 生料粉的均化

干法生产中出磨生料粉(简称生料)的均化可采用气力均化和机械均化两种基本方式。气力均化效果好,但投资高;机械均化是一种简单易行的均化措施,其投资省,操作简便,但均化效果差,仅适用于小型水泥厂。

通常,气力均化分间歇式均化和连续式均化两种,机械均化分机械均化库、多库搭配和机械倒库几种。

1. 间歇式均化系统

间歇式均化系统包括生料搅拌库和储存库。出磨生料先入搅拌库,在搅拌库内生料被压缩空气搅拌均化,经检验达到生料质量控制指标后,送入(倒入)储存库储存以供入窑煅烧用。由于搅拌库按进料、搅拌、卸料间歇式操作,故称之为间歇式均化库。

(1)均化原理及特点

间歇式均化库的均化原理是压缩空气经库底充气装置的透气层进入库内的料层,使库内料粉松动并呈流态化。若库底充气装置各区按一定规律改变进气压力或进气量,会使已呈流化状态的粉料也按同样的规律产生上下翻滚和激烈搅拌,从而使全库生料得到充分混合,最终达到成分均匀的目的。

间歇式均化库按进料—充气搅拌—卸料逐步单独进行,其特点是调配操作比较灵活,便于调整均化后的生料粉,其均化效果高,可达 $H = 10 \sim 15$,甚至更高;基建投资高,动力消耗多,维修量大。它主要适应于中小型生产规模的水泥厂以及生料均化链中前三个环节中功能较差、原燃料成分波动较大的水泥厂。

(2)充气装置与充气方式

间歇式均化库一般为圆柱形钢筋混凝土结构,库底层铺设一层净高为 150～200mm 的充气装置(也叫充气箱)。充气装置有扇形、环形、条形等几种形式(见图 8-8),图中断面线部分是正在强充气的区域,过一定时间后,充气作业就轮到另外的区域内进行。国内使用的充气装置多为扇形和条形,各充气区域都有各自的进气管道。充气装置的透气层有陶瓷多孔板、水泥多孔板、尼龙布等,其剖面示意图如图 8-9 所示。

图 8-8 搅拌库底充气装置的形式

充气的方式有强气充气法和强弱充气法两种。强气充气法是先在全区域同时低压充气 10～15min,使库内生料膨胀,然后在充气区通入足够的压缩空气,其余区不充气,每隔 10～15min 轮换一次,如此重复,直到库内生料均匀性符合要求为止。强弱充气法是先在全区域同时充入强气 15min 左右使物料流态化,然后改为一区充强气(约占总空气量的 75%),其余区充弱气(约占 25%),每隔 10～20min 依次轮换,循环一周或两周。

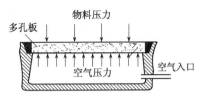

图 8-9 充气装置示意图

(3)均化工艺控制及应注意的问题

①确保足够的充气量、充气压力

应设置专用的压缩空气站,确保气源充足与稳定,应根据配料、出磨生料质量波动情况、空气搅拌库工艺参数,逐步总结摸索最佳充气量、充气压力和充气时间。做到经常检查各阀门的

87

启动关闭是否灵活严密,一旦出现问题应及时维修,防止因漏气或控制失灵造成充气制度紊乱,使充气按设计程序、要求进行,提高生料均化效果。

②努力提高出磨生料的合格率

通常情况下,只要出磨生料成分的平均值在工艺控制范围内,经过一次或多次有效空气搅拌后,整库生料可以符合要求。但是,出磨生料合格率低,入库生料平均成分偏离工艺控制范围时,则不仅浪费电能而且无法达到控制要求。此外,为了节约均化过程中的电耗,防止因生料在库内长时间搅拌而产生离析现象,应尽最大可能加强原料品质控制使品位稳定,同时,加强预均化,选择合理的粉磨流程及配料控制系统,降低入库生料成分的波动频率及波幅,缩短搅拌时间。

③做好搅拌前入库生料的调配工作

空气搅拌仅仅是起到均化库内生料成分的作用,要使均化后的生料符合要求,其首要条件就是库内生料成分的平均值在控制范围内。如入库生料平均成分偏离控制范围,应进行生料的调配工作。

④入搅拌库生料水分在 1.0% 以下

生料水分越高,生料粉的流动性就越差,并易将间歇式工作的底部多孔板堵塞,从而影响充气,甚至无法进行生料搅拌。因此,生产中应尽可能降低入磨生料水分,使出磨生料即入库生料水分在 1.0% 以下,最大入库生料水分也不宜超过 1.5%,否则均化效果明显下降。

⑤搅拌库中生料料高不宜超过库直筒高度的 75%

应预留 1/6~1/5 库筒高度的空间作为搅拌时粉料膨胀及气化生料翻滚所需要的空间,即搅拌库中生料有效装载量为库容的 75% 左右。如果系统设计不甚合理,有效装载量还要减少,否则充气搅拌时生料将会从库顶溢出。

⑥充气搅拌时间不宜过长

一般而言,充分搅拌可以使均化效果得到保证。但是,并非充气搅拌时间越长,库内生料成分就越均匀。因为生料充分流态化后,随着时间的延长,生料颗粒按其大小、形状、体积密度或质量密度差异而发生离析的现象将逐渐明显,其均化效果将是适得其反,破坏均化进程。充气均化效果最佳的时间为 1~1.5h,不宜超过 2h。

2. 连续式生料均化库系统

连续式生料均化库系统的均化工艺特点是生料均化作业连续化。即出磨生料不断进入均化库的同时,库内进行均化作业,库底或库侧可以卸出符合要求的生料。它既可以只设一个库,也可以由几个库并联或串联而成;既可以使用空气压缩机也可以由罗茨鼓风机供气。

连续式均化库库底可设置不同类型的充气装置,库结构也各异,但均化原理都是气力连续均化为主的综合均化作用。其系统的均化与卸料合二为一,库容利用率高,甚至可以采用单库方案;其工艺流程简单,占地面积小,单位基建投资省;易实现自动化控制;单位气耗和电耗比较低;均化效果一般为 5~12,较间歇式均化库为低,原则上不允许在库内进行生料成分调整,要求入库生料成分的绝对波动值不能过大。它主要适用于均化链中的前三个环节控制较严、效果较好的工厂,或者是大中型的现代干法水泥生产工厂使用。

(1)均化库的类型及特征

①串联式均化系统

串联式均化系统一般由两个连续空气搅拌库和 1~2 个生料储存库组成,亦称连续式均化库系统。搅拌库库顶连续进料,库底连续充气,生料粉自库上部溢流孔流入后一库继续均化,最后经输送设备送入储存库或直接入窑使用,如图 8-10 所示。系统也可以采用双层库布置方式,即将连续空气搅拌库放在生料储存库上面,搅拌均匀的生料依靠重力直接卸入储存库,如图 8-11 所示。

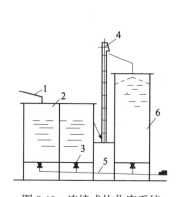

图 8-10　连续式均化库系统

1—入库生料输送设备;2—均化库;3—下料阀门;
4—提升机;5—出库生料输送设备;6—生料储库

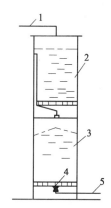

图 8-11　双层连续均化库

1—入库生料输送设备;2—均化库;3—储存库;
4—下料阀;5—出库生料输送设备

串联式均化系统操作管理比较简单,均化效率高,均化效果 H 可达 10～12;但投资高,电耗大,因此没有得到广泛推广应用。

②混合室连续式均化库

混合室连续均化库是在库底中心设置一个混合室,库顶连续进料,库底连续出料。混合室连续均化库的类型较多,但库顶结构大致相同。由于库的直径较大,生料一般先送至库顶生料分配器,再经放射状布置的空气输送斜槽由 6～8 点的均布式入库,使入库生料基本上形成水平料层。库顶还设有收尘器、仓满指示器等装置。具有代表性的有以下两种:

a. 锥形混合室均化库

这种均化库在库底中心建有一锥形混合室,在混合室底部一般配置四等分扇形充气装置,剩余的空气经排气通道与库顶空间相通,如图 8-12 所示。

锥形混合室均化库库底环形区域有一定斜度,分 8～12 个充气区。当轮流向某一充气区送入低压空气时,使该区生料呈流态化,并向中心流动,经混合室周围的进料孔流入混合室中,同时使库内的生料呈旋涡状塌落,在生料的下移过程中产生的重力使其混合均化。进混合室的生料受到强烈搅拌后产生气力均化。

这种均化库的均化效果 H 一般为 5～9,单库运行时为 5,二库并联时可达 9;其电耗较低,生料均化电耗(不含气力提升、收尘)为 0.25～0.4kW·h/t。我国冀东水泥厂一线即采用这种库。若两个并联,库规格 $2\phi18m \times 47m$,生料均化电耗 0.2gkW·h/t,均化效果 $H = 9$。

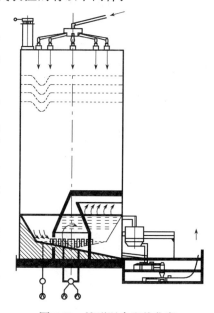

图 8-12　锥形混合室均化库

b. 圆柱形混合室均化库

将锥形混合室改成直径较大的圆柱形混合室后,其混合室容积增大一倍以上,充气搅拌更加强化,显著地提高了混合室内气力均化效果,增加了对生料成分大幅度波动和波动时间较长的适应能力,均化效果可提高到10以上,同时生料均化电耗较锥形混合室均化库有所增加。其均化库示意图如图8-13所示。

混合室连续式均化库已在我国自行设计的2 000t/d熟料生产线得到应用,如江西、鲁南、耀县、双阳等水泥厂的ϕ15m或ϕ18m生料均化库均属此类。但该类库大库内再套一混合室,土建结构较复杂,施工较困难,混合室内的设施发生故障时无法及时处理,且随着使用时间的延长,其均化功能随之下降的趋势较为明显。

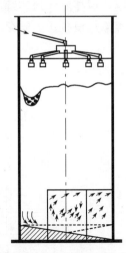

图 8-13　圆柱形混合室均化库

③多股流式库(MF 库)

多股流式库是德国伯力鸣斯公司研制成功的均化库。该库顶部结构与混合室均化库相同,底部结构如图8-14所示。库底中心下部设有一个不大的中心室,中心室与库壁之间的环形库底分成10~16个充气区,每个区设2~3条装有充气箱的卸料槽,槽面沿径向铺有若干块盖板,形成4~5个卸料孔。当库底分区向两个对角线轮流充气卸料时,在卸料口上方出现许多小的漏斗形凹陷,产生重力混合。随着充气区的变换和漏斗卸料速度的不同,还产生径向混合。生料从库底进入中心室后,中心室底部连续充气使生料进一步混合均化。

MF 库单独使用时,均化效果 H 为7左右,双库并联操作时 H 可达10甚至更高。由于该库主要是采用卸料时的重力混合均化,所以中心室很小,均化电耗低,单库工作时生料均化电耗约0.15~0.3kW·h/t。宁国水泥厂日产4 000t熟料的生产线便配套了 MF 库,其流程图如图8-15所示,所用设备的规格、性能及均化库的主要技术经济指标详见表8-2、表8-3。

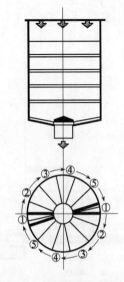

图 8-14　多股流式库(MF 库)

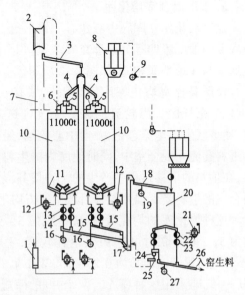

图 8-15　宁国水泥厂生料均化库流程图
(注:序号与表 8-2 中序号一致)

90

表 8-2　宁国水泥厂生料均化库设备规格、性能

序　号	设备名称	规格、性能	数　量
1	气力提升泵	$\phi2m$,提升高度 64.6m,能力 350t/h	1 台
2	膨胀仓	能力 350t/h	1 个
3	斜　槽	宽度 508mm,斜度 8°,长度 3m,350t/h	1 台
4	斜　槽	宽度 508mm,斜度 8°,长度 12.5m,350t/h	2 台
5	生料分配器	$\phi1.6m$	2 台
6	小斜槽	宽度 254mm,斜度 8°,长度 5.5m,60t/h	12 台
7	鼓风机	风量 80m³/min,5 500Pa,电机 18.5kW	1 台
8	袋收尘器	脉冲式,过滤面积 240m³,550m³/min	1 台
9	收尘排风机	风量 550m³/min,3 300Pa,电机 55kW	1 台
10	均化库	内径 18m,总高 53.5m,有效高度 45m	2 座
11	充气箱	有效宽度 204mm	约 306 个
12	罗茨鼓风机	风量 15m³/min,风压 0.8kg/m²,电机 37kW	2 台
13	回转滑阀	$\phi329mm$,气动,300t/h	4 个
14	喂料滑阀	$\phi489mm$,气动,300t/h	4 个
15	斜　槽	宽度 508mm,斜度 8°,长度 7.2m	2 台
16	鼓风机	21m³/min,5 500Pa,电机 3.7kW	2 台
17	提升机	能力 300t/h,输送高度 33.1m,电机 45kW	1 台
18	斜　槽	宽度 508mm,斜度 8°,长度 7.2m	1 台
19	鼓风机	9m³/min,5 500Pa,电机 2.2kW	1 台
20	喂料仓	钢结构,容量 34m³	1 个
21	罗茨风机	风压 3 000Pa,电机 7.5kW	1 台
22	回转滑阀	$\phi329mm$,气动,300t/h	2 个
23	流量控制阀	$\phi489mm$,气动,300t/h	2 个
24	生料称量喂料机	流量 60~300t/h,精确度 1%	1 台
25	螺旋输送机	$\phi300mm$,能力 10t/h	1 台
26	斜　槽	宽度 508mm,斜度 8°,长度 7.5m	1 台
27	鼓风机	9m³/min,5 500Pa,电机 2.2kW	1 台

表 8-3　宁国水泥厂生料均化库主要技术经济指标

序　号	项　　　目	单　位	数　值
1	库内径	m	18
2	库总高度	m	53.5
3	库有效直径	m	47
4	库底向中心倾斜度	度	10
5	搅拌室直径	m	4.6
6	搅拌室有效高度	m	2.3

序　号	项　　　　目	单　位	数　值
7	库最大有效储存量	t	2×11 000
8	库供窑用最大储存期	d	3.4
9	搅拌室的容积	m³	38.2
10	库均化所需空气量	m³/min	2×15
11	库系统装机容量	kW	500
	其中:气力提升	kW	375
	均化和卸料	kW	74
	出库生料至提升机	kW	7.4
	库顶加料	kW	18.5
	库底收尘	kW	55
12	库系统单位生料电耗	kW·t/h	1.46
13	生料均化电耗(不包括气力提升、收尘)	kW·t/h	0.29
14	设计保证均化效率(连续48h计算)出库生料 $CaCO_3$ 标准偏差	%	≤±0.20
15	均化效率 H_t		≥8

④控制流均化库(CF库)

如图8-16所示,这是丹麦史密斯公司开发的控制流均化库(简称CF库)。进料方式采用库顶中心单点进料,库底分成大小相等的7个正六边形卸料区,每个区由6个独立的三角形充气区组成,因而库底共有42个三角充气区。每个卸料区中心有一个卸料口,卸料口上部设有减压锥,卸料口下部有卸料阀和空气输送斜槽将卸出的生料送至库底外部中央的一个小混合室内,该混合室由负荷传感器支承,以此控制卸料并保持一定的料位。库底三角形充气区由微机控制轮流充气,使42个平行的漏斗料柱在不同流量的条件下卸料,使每个漏斗料柱在进行各料层纵向重力混合的同时,实现库内各料柱的最佳径向混合。出库时一般保持三个卸料区同时出料,进入库下混合室后再次搅拌混合,实现气力均化。这种均化库设备投资较高,均化效果亦可达10~16,甚至更高,生料均化电耗0.2~0.5kW·h/t左右。柳州水泥厂、珠江水泥厂所用的即是CF库,其中柳州水泥厂的CF库为 $\phi 22.4m×45m$,有效容量1 600t,单位生料气耗7~12m²/t,生料均化电耗0.26kW·h/t,均化效果 $H=10$。

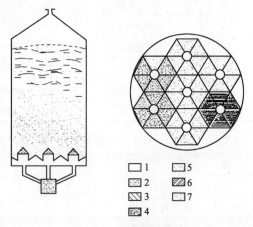

□ 1	□ 5
▨ 2	▨ 6
▨ 3	□ 7
▩ 4	

图8-16　控制流均化库

⑤IBAU中心锥体均化库

IBAU中心锥体均化库是由德国Ibau公司开发的新型生料均化库。其结构及工作原理如图8-17所示。

该库底中心建有一个用混凝土构成的大圆锥,大圆锥内部设有搅拌仓。在库壁与大圆锥间的底部圆环区域,分割成6~8个扇形充气区,每区设一个卸料口。各区轮流吹气、卸料,形成一个接一个的漏斗形料流,生料在库内轴向和径向混合,而各区卸出的料通过空气斜槽汇集于搅拌仓再度气力均化。这种均化库的特点是生料均化电耗 0.1 ~ 0.3kW·h/t,单库均化效果 H 可达 7 ~ 8。我国云浮水泥厂从法国引进的均化库属这种类型,实际生料均化电耗 0.1 ~ 0.12kW·h/t,均化效果 $H = 8$。

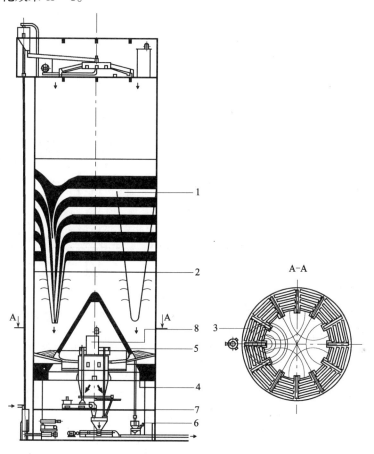

图 8-17　IBAU 中心室均化库
1—物料层;2—漏斗形料流;3—充气区域;4—阀门;
5—流量控制阀;6—旋转空气压缩机;7—搅拌仓;8—收尘器

(2)影响均化效果的常见因素

①充气系统发生故障

充气管路及充气箱发生漏气,将导致充气无力,均化效果下降;透气性材料发生堵塞现象,将使充气系统失效。

②供气压力不稳

供气压力不稳将使库内某些区域压力不足,充气分布不均,影响均化效果。

③入库生料水分

生料含水量高,生料颗粒间的黏附力增强,流动性变差,此时从库底向库内充气时,积极活动区变小,惰性活动区和死料区变大,使生料的重力混合作用变差,均化效果明显下降。

④加料或卸料系统故障

由于铁块、碎片或钢球等杂物混入生料,以致堵塞加料系统或卸料系统,引起均化库操作不正常。

为提高均化效果,生产中应注意做好原料预均化和配料工作,缩小出磨生料 $CaCO_3$ 的标准偏差;严格控制入库生料水分在 1% 以下,最好低于 0.5%;加强充气管道和充气箱的防漏检查,从而确保连续式生料均化库的均化效果。

3.生料的机械均化

(1)剪切流生料机械均化库

这种均化库的特点是不采用充气均化,而是利用生料自身重力垂直切割料层以达到均化的目的,其工艺流程、库构造如图 8-18 所示。库顶采用多点进料,做到水平铺料。库底均布 8 个条形卸料槽,槽内装置不等距、不等径的螺旋卸料器。卸料时轮流开启对角两台卸料器,间隔 30min 依次转换 45°,使生料在自身重力下呈条形下落进入卸料槽,以得到充分的重力混合,在卸料槽内又得到径向混合。

这种均化库具有投资省、电耗低、工艺简单、操作简便、运转可靠、运行成本低等优点,均化效果 H 可达 3~6,适应于小型水泥厂使用。

(2)多库搭配均化法

出磨生料通过输送设备均匀地进入若干个生料库,卸料时这若干个料库同时下料搭配混合的方法,称作多库搭配均化法。

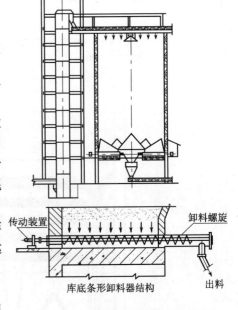

图 8-18 剪切流生料机械均化库

多库搭配时,出磨生料进入各库后一层层地进行自然堆积,并以纵断面为正人字形的方式分布;卸料时生料自下而上的中心部位缓缓流出,逐步由正人字形变成倒人字形的漏斗流形状,生料在漏斗流动过程中达到库内生料一定程度的均化;若干个料库搭配,可使生料成分趋于均匀后入窑。但是,这种均化法效果较差,由于进料、出料不均匀或管理不当还会使均化效果下降。如控制得较好,均化效果 H 可达原来的 2~3 倍。

多库搭配时要求至少有 4 个以上的生料库,并将其编成两组,交替进料与出料。进料时应尽可能均匀分配出磨生料入各库,至少同时入两个库;库底出料应均匀可调,并使库内生料堆积到一定高度后方可放料,以防生料库仅起到通道作用。

该种均化法在某些立窑水泥厂有着广泛的应用,亦可作为利用原有料库改造成简易均化设施的方案之一,但不适用于新建时采用。

(3)机械倒库均化法

机械倒库是将两个或两个以上库的生料用机械设备同时卸出合并后输送至另一库中,生料在搭配、进料、卸料的过程中混合、均化。此过程可以通过多次倒库反复进行,即卸出合并的料经输送设备再次送入各生料库,然后各料库同时卸料合并入另一库储存备用或入窑。

机械倒库均化工艺流程布置图如图 8-19 所示。

机械倒库均化应至少有 3 个库。某小型立窑厂利用原有库群(共 8 个)组成机械倒库,其中 1 号、2 号、3 号库装出磨生料,4~8 号库装由 1~8 号卸出的混合料,并由 4~8 号库同时再次卸料混合后供窑煅烧用。

94

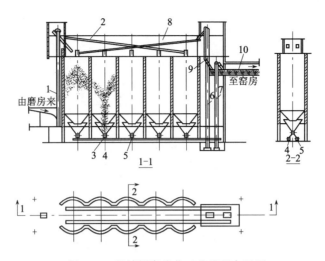

图 8-19　机械倒库均化工艺流程布置图

1—入库斗式提升机;2—入库空气斜槽;3—出库回转下料器;4—倒库螺旋输送机;5—入窑螺旋输送机;
6—倒库提升机;7—入窑提升机;8—倒库空气斜槽;9—倒库提升机入窑溜子;10—入窑螺旋输送机

机械倒库工艺均化效果 H 一般为 2～3。它工艺布置复杂,动力消耗大。但由于其简单可靠,投资省甚至可以利用旧库群,故在小型立窑厂仍被采用,如管理得好,可以达到一定的均化效果。值得注意的是,机械倒库也属漏斗形流动,最好进料时不卸料,卸料时不进料。此外,倒库的输送设备能力要选大一些,一般要考虑的能力为立窑的小时生料用量的 4～5 倍。

思 考 题

1. 原料的开采工艺过程有哪些? 常用的运输方式是什么?

2. 原料为何要进行破碎、烘干?

3. 原、燃材料储存的目的是什么? 其最低物料储存量有何要求?

4. 什么叫原、燃料的预均化?

5. 为什么要进行原燃料的预均化? 是否进行预均化的判断标准是什么?

6. 什么叫均化效果? 影响均化效果的因素有哪些?

7. 试分别确定 4 000t/d 熟料生产线,3m、10m 机立窑生产线的原燃料预均化的首选方案,并说明理由。

第9章 生料的质量控制

生料的质量控制,是水泥生产过程中一个非常重要的环节。生料质量的好坏,对熟料质量和煅烧操作有直接的影响。要想获得成分合适、质量稳定的生料,必须加强生料制备过程的质量控制,确保配料方案的实现。

9.1 生料制备过程中的质量要求

生料制备过程是将原料按比例配合,经过一系列加工之后,制成具有一定细度、适当化学成分、均匀的生料,以满足煅烧的要求。

生料制备过程的质量控制项目有:入磨物料的配比、粒度、水分等。

9.1.1 入磨物料的配比

入磨物料配比的准确与否,对出磨生料的质量、磨机产量及磨机电耗都有较大影响。保证喂料的准确与均匀,是保证生料成分均匀稳定的重要环节。

9.1.2 入磨物料粒度

入磨物料的粒度,是影响磨机产量和能耗的重要因素。适当降低入磨物料粒度可提高磨机产量,降低粉磨电耗。一般入磨物料粒度应控制在 25~30mm 左右。随着粉磨设备的大型化和生产技术的发展,具体入磨物料的粒度应视各企业生产情况而定,以获得最佳经济效益。

9.1.3 入磨物料水分控制指标及检测方法

1. 入磨物料水分控制指标

普通干法球磨机,入磨物料水分对磨机产量有较大影响,如果入磨物料平均水分达 4.0%,会使磨机产量下降 20%,严重时会堵塞隔仓板,使粉磨难以进行。入磨物料过于干燥,会增加烘干电耗,磨内还会产生静电效应,降低粉磨效率。一般入磨物料的平均水分控制在 1.0%~2.0% 为宜;烘干兼粉磨的生料磨系统,入磨物料平均水分一般应控制小于 6.0%。

入磨物料的水分控制指标为:

黏土水分≤2.0%,合格率≥80%;

煤水分≤4.0%,合格率≥80%。

2. 物料水分的检测方法

大厂物料一般都含有一定的水分,物料水分的测定主要是测定物料附着水分的百分含量。物料水分对其化学分析结果及配料的准确性影响较大,在实际生产中,必须加强检测和控制。水泥厂通常对矿渣、黏土、煤、生料球、石膏、铁粉等物料的水分进行控制,水分的检测方法如下。

（1）用干燥箱测定水分

用 1/10 的天平准确称取 50g 试样，倒入小盘内。放于 105～110℃的恒温控制干燥箱中烘干 1h，取出冷却后称量。

物料中水分的百分含量按下式计算：

$$水分 = \frac{m - m_1}{m} \times 100\% \tag{9-1}$$

式中 m——烘干前试样质量，g；

m_1——烘干后试样质量，g。

（2）用红外线干燥测定水分

用精度 1/10 的天平称取 50g 试样，置于已知质量的小盘内，放在 250W 红外线灯下 3cm 处烘干 10min 左右（湿物料需 20～30min）。取下冷却后称量，计算公式同上。

用红外线烘干水分时，严防冷物触灯，以免引起灯泡爆裂。

（3）检测注意事项

①石膏附着水分测定时其烘干温度应为 55～60℃。不得使用红外线灯。

②生料球烘干前应先轻轻捣碎到粒度小于 1cm，然后再按上述方法测定。

③大块样品应先破碎到 2cm 以下再测定。

9.2　出磨生料控制项目及检测方法

出磨生料的化学成分、均匀性、细度、含煤量等是否满足工艺要求，是保证熟料质量和维持正常煅烧操作的前提。生料的化学成分是通过化学分析来测量的。但由于全分析所需时间较长，分析结果反馈较慢，不便于及时指导生产，因此，在生产中往往采用一些简单、快速的检验方法来控制生料的质量。

出磨生料的控制项目主要有：碳酸钙滴定值（或氧化钙）、氧化铁、细度、生料中含煤量、生料中复合矿化剂掺量等。

9.2.1　碳酸钙滴定值（或氧化钙）

1. 碳酸钙滴定值控制指标

控制 $CaCO_3$ 或 CaO 含量的主要目的是为了控制生料的石灰饱和系数。通过生料 T_{CaCO_3}（或 CaO）含量的测定，基本上可以判断生料中石灰石与其他原料的比例。

T_{CaCO_3} 测定法所测定的，实际上是 $CaCO_3$ 和 $MgCO_3$ 的含量及其他少量耗酸物质。此法测定的结果比全分析方法换算出的滴定值偏低，但该方法简单、快速，能及时指导生产，可满足生产控制的需要，因而在生产中应用广泛。尤其是石灰石中 $MgCO_3$ 较稳定时，生料的 T_{CaCO_3} 与生料 KH 相关性较好，控制生料的 T_{CaCO_3}，基本上就可以达到稳定生料的目的。

但如果石灰石中 $MgCO_3$ 的含量波动较大，生料 T_{CaCO_3} 与生料 KH 相关性就较差，用 T_{CaCO_3} 控制生料成分已不能适应生产的要求，此时应改用测定生料中 CaO 的方法，才能达到控制生产的目的。

生料 T_{CaCO_3}(或 CaO)的控制指标,可通过配料计算或按生料配料计算的要求配制小样进行滴定来确定。如果把两者结合起来考虑来确定控制指标则更好、更切合实际。

一般控制指标为:

T_{CaCO_3}(目标值)±0.5%,合格率≥60%;

CaO(目标值)±0.5%,合格率≥60%;

粉磨 1h 取样测定一次。

2．生料碳酸钙滴定值的测定方法

(1)检测原理

生料试料中加入过量的、已知浓度的盐酸标准溶液,加热煮沸使碳酸盐完全分解。剩余的盐酸标准溶液,以酚酞为指示剂,用氢氧化钠标准溶液反滴定,根据氢氧化钠标准溶液的消耗量,计算碳酸盐的含量,以 T_{CaCO_3} 表示,即碳酸钙滴定值。化学反应式如下:

$$CaCO_3 + 2HCl \overline{\qquad\qquad} CaCl_2 + H_2O + CO_2\uparrow(加热情况下)$$

$$MgCO_3 + 2HCl \overline{\qquad\qquad} MgCl_2 + H_2O + CO_2\uparrow(加热情况下)$$

$$HCl(剩余) + NaOH \overline{\qquad\qquad} NaCl + H_2O$$

(2)检测步骤

准确称取约 0.5g 生料试样,置于 250mL 锥形瓶中,用少量水冲洗瓶壁使试料润湿。用滴定管准确加入 20.00mL,0.500 0mol/L HCl 标准滴定溶液,摇荡,使试料分散。置于电炉上加热至沸后,继续保持微沸 2min。取下,用少量水冲洗瓶壁,稀释。加 2～3 滴酚酞指示剂(10g/L),用 0.250 0mol/L NaOH 标准滴定溶液滴定至微红色,30s 内不褪色为终点。

碳酸钙滴定值按下式计算:

$$T_{CaCO_3} = \frac{(c_1V_1 - c_2V_2) \times 50.0}{m \times 1\ 000} \times 100\% \tag{9-2}$$

式中　c_1——HCl 标准滴定溶液的浓度,mol/L;

　　　V_1——加入 HCl 标准滴定溶液的体积,mL;

　　　c_2——NaOH 标准滴定溶液的浓度,mol/L;

　　　V_2——滴定时消耗 NaOH 标准滴定溶液的体积,mL;

　　　m——试料的质量,g;

50.0——1/2CaCO₃ 的摩尔质量,g/mol。

当 $c_1 = 0.500\ 0$mol/L、$V_1 = 20.00$mL、$c_2 = 0.250\ 0$mol/L 和 $m = 0.500\ 0$g 固定不变时,计算公式简化为:

$$T_{CaCO_3} = \frac{(0.500\ 0 \times 20 - 0.250\ 0 \times V_2) \times 50.0}{0.500\ 0 \times 1\ 000} \times 100\% = 100\% - 2.5\% V_2 \tag{9-3}$$

(3)检测注意事项

①加盐酸时应随时摇荡,以防试料粘结瓶底,分解不完全。

②加热温度不宜过高,防止 HCl 标准滴定溶液挥发。加热时间不能少于 1min,否则试料分解不完全,使结果偏低。

③试料若为黑生料,应在明亮处滴定,接近终点时滴定速度应慢些。

④盛装 NaOH 标准滴定溶液的试剂瓶,应使用聚乙烯塑料瓶,且用装有碱石灰干燥管的橡胶塞密封,以防 NaOH 溶液吸收空气中二氧化碳导致浓度发生较大变化。

⑤生料 T_{CaCO_3} 实测值比以生料全分析所得 CaO、MgO 值按 $T_{CaCO_3} = 1.785CaO + 2.48MgO$ 计算值偏低。其原因是:生料中的石灰石、黏土和煤等或多或少会引入一些非碳酸盐矿物,还有作为矿化剂的萤石带入的 CaF_2,在测 T_{CaCO_3} 时,均不能被稀盐酸分解。而全分析测定 CaO 和 MgO 时,采用强碱高温熔样制备试验溶液,全部矿物均能完全分解,在溶液中以 Ca^{2+}、Mg^{2+} 离子形式存在,当用 EDTA 配位滴定时均可被测出。所以 T_{CaCO_3} 实测值比全分析理论计算值偏低,如有必要,可以结合本厂实际情况,通过配制小样试验确定差值,加以校正。

⑥实际上生料碳酸钙滴定值是 $CaCO_3$、$MgCO_3$ 及其他少量耗酸物质含量的总和,当用 $MgCO_3$ 含量较稳定的石灰石进行配料时,生料碳酸钙滴定值与石灰饱和系数(KH)之间有较好的相关性。

⑦当进厂石灰石中 $MgCO_3$ 含量波动大,或其他原料中 $MgCO_3$ 含量波动大时,本法不适用于生产控制,此时应改为测定生料中 CaO 来进行控制。

3.生料中氧化钙的快速测定

(1)检测原理

用盐酸分解试样,试样分解后,用三乙醇胺掩蔽铁、铝等干扰离子,在 pH 值大于 13 的强碱性溶液中,以 CMP 为指示剂,用 EDTA 标准滴定溶液滴定。其反应式如下:

滴定前: $Ca^{2+} + CMP = Ca - CMP$
               (红色)   (绿色荧光)

滴定反应: $Ca^{2+} + H_2Y^{2-} = CaY^{2-} + 2H^+$

终点时: $Ca - CMP + H_2Y^{2-}(过量) = CaY^{2-} + CMP + 2H^+$
           (绿色荧光)   (红色)

(2)检测步骤

准确称取 0.1g 试样,置于 300mL 烧杯中,加入约 20mL 蒸馏水,摇动烧杯使试样分散。盖上表面皿,慢慢加入 5mL 盐酸,加入 5mL 氟化钾溶液(20g/L)置于电炉上加热至沸,并保持微沸 2min。取下稍冷,加水稀释至约 200mL,加入 5mL 三乙醇胺及少许 CMP 指示剂,在搅拌下加入氢氧化钾溶液(200g/L)至出现绿色荧光后再过量 5～8mL。用 EDTA 指示溶液(0.02mol/L)滴定至绿色荧光消失并呈现红色。

氧化钙的百分含量按下式计算

$$CaO = \frac{T_{CaO} \times V}{m \times 1\,000} \times 100\%$$ (9-4)

式中 T_{CaO}——每毫升 EDTA 标准溶液相当于氧化钙的毫克数,mg/mL;

V——滴定时消耗 EDTA 标准溶液的体积,mL;

m——试料质量,g。

(3)检测注意事项

①本方法采用酸溶样,有一定的不溶物未被溶解,测定结果可能稍偏低,但仍然可满足生

产控制的要求。

②用盐酸直接分解试料,产生的部分硅酸对测定钙有影响,所以可加入氟化钾溶液(20g/L)消除干扰。氟化钾溶液(20g/L)加入量视硅酸含量而定,一般采用该方法测定生料中氧化钙,加入 3~5mL,氟化钾溶液(20g/L)。

③称样要准确,因为称取 0.1g 试料直接测定氧化钙含量,称样量少,氧化钙含量高,称样是否准确对测定结果的准确度影响较大。

④石灰石中氧化钙的快速测定也可采用本方法,测定石灰石中氧化钙时,可不加入氟化钾溶液(试样中硅含量少)。

⑤若要同时快速测定氧化钙和氧化镁含量,可称取 0.5g 试样,用盐酸分解后转移至250mL 容量瓶中,分取两份 25mL 溶液,分别用 EDTA 标准溶液滴定氧化钙和钙、镁含量,用差减法求得氧化镁的含量。

9.2.2 氧化铁

1. 氧化铁的控制指标

控制生料中 Fe_2O_3 含量的主要目的是为了及时调整铁质原料的加入量,稳定生料成分,达到控制熟料铝率的目的。水泥厂应力求做到铝率稳定,才能稳定窑的热工制度,有利于提高熟料的质量。

出磨生料 Fe_2O_3 的控制指标为:

目标值 ±0.5%;合格率≥80%;

粉磨 2h 取样测定一次。

2. 生料中氧化铁的快速测定

生产控制测定 Fe_2O_3 的方法,除仪器分析外,多数是采用 $K_2Cr_2O_7$ 氧化还原法。主要用铝片还原 $K_2Cr_2O_7$ 滴定法、三氯化钛还原 $K_2Cr_2O_7$ 滴定法。以前使用的 $SnCl_2$ 还原 $K_2Cr_2O_7$ 法,因使用 $HgCl_2$ 剧毒试剂,污染环境,损害人体健康,已逐渐被以上无汞测定法所取代。

(1)铝片还原重铬酸钾滴定法

①检测原理

生料试样用磷酸加热分解后,在盐酸溶液中,以铝片将 Fe^{3+} 离子还原为 Fe^{2+} 离子,以二苯胺磺酸钠为指示剂,用 $K_2Cr_2O_7$ 标准溶液滴定。根据 $K_2Cr_2O_7$ 溶液的浓度和滴定时消耗的体积,计算 Fe_2O_3 的含量。其反应式如下:

溶样反应: $Fe_2O_3 + 6H^+ = 2Fe^{3+} + 3H_2O$

还原反应: $3Fe^{3+} + Al = 3Fe^{2+} + Al^{3+}$

                      (黄色)   (无色)

滴定反应: $6Fe^{2+} + Cr_2O_7^{2-} + 14H^+ = 6Fe^{3+} + 2Cr^{3+} + 7H_2O$

②检测步骤

准确称取 0.5g 试样,置于 250mL 锥形瓶中,加入少许固体高锰酸钾(或 3~5mL 高锰酸钾溶液 10g/L,白生料 3~5 滴即可),用少许水冲洗瓶壁加入 5mL 磷酸,将锥形瓶置于电炉上加热,使试样分解至白烟出现,再继续加热 1~2min(中间应摇动数次,此时溶液应是绛紫色并呈油状)。取下稍冷,加入 20mL 盐酸,在摇动下加热至沸,以驱尽氯气,溶液呈黄色。加入 0.13~0.169 铝片(箔),不断摇动锥形瓶,待铝片(箔)全部溶解且溶液呈无色,取下,立即用水冲洗锥形瓶内壁,并稀释至 150mL,加入 5 滴二苯胺磺酸钠指示剂(2g/L),用重铬酸钾标准溶液 $\left[C\left(\frac{1}{6}K_2Cr_2O_7\right) = 0.030\ 00mol/L\right]$ 滴定至亮紫色为终点。

三氧化二铁的百分含量按下式计算:

$$Fe_2O_3 = \frac{c \times V \times 79.85}{m \times 1\ 000} \times 100\% \tag{9-5}$$

式中 c——重铬酸钾($1/6K_2Cr_2O_7$)标准溶液的浓度,mol/L;

　　　V——滴定时消耗重铬酸钾标准溶液的体积,mL;

　79.85——$1/2Fe_2O_3$ 的摩尔质量,mol/L;

　　　m——试料的质量,g。

③检测注意事项

分解试样时加入 $KMnO_4$ 除去黑生料中的煤炭和少量有机物,否则消耗 $K_2Cr_2O_7$ 标准滴定溶液,结果会偏高;$KMnO_4$ 的加入量以溶样后略有剩余为宜,不必加得太多。否则当加入盐酸溶液后会产生过多的氯气对人体有害,所以应在通风橱内操作。

其反应式:

$$2KMnO_4 + 16HCl = 2KCl + 2MnCl_2 + 5Cl_2\uparrow + 8H_2O$$

用磷酸分解试样,中间要不断摇动锥形瓶,加热至溶液无气泡,液面上有雾气,溶液呈油状。应控制电炉温度和溶样时间,温度过高,时间过长,会产生部分偏磷酸(HPO_3),包裹 Fe^{3+} 离子,致使测定结果偏低;反之加热时间短,温度低,氧化反应不完全,会干扰测定,试样分解也不完全。

用铝片(箔)还原 Fe^{3+} 离子后,应立即用水稀释至约 150mL,用 $K_2Cr_2O_7$ 溶液滴定。否则在加热的酸性介质中,Fe^{2+} 离子会被大气中的 O_2 重新氧化成 Fe^{3+} 离子,致使测定结果偏低,其离子反应式:

$$4Fe^{2+} + O_2 + 4H^+ = 4Fe^{3+} + 2H_2O$$

金属铝片(箔)的加入量应根据 Fe_2O_3 含量的多少而定,以试样由黄色变为无色为准。

加铝片(箔)时的温度不宜过高,以防止试液溅出影响结果。

金属铝片(箔)中含有微量铁,另外,二苯胺磺酸钠指示剂被氧化,由无色到紫色,也消耗少量 $K_2Cr_2O_7$。因此,每一批铝片(箔)都应做空白试验,要选用纯度较高的铝片(箔)。

注意做空白试验时溶液中必须有少量 Fe^{3+} 存在(其中不得有 Fe^{2+}),才能得到明显的终点。因为 Fe^{3+} 对 $K_2Cr_2O_7$ 氧化二苯胺磺酸钠指示剂有诱导作用,所以在做空白试验时,用 $K_2Cr_2O_7$ 标准溶液滴定前,应先加入少量 Fe^{2+} 后再加入二苯胺磺酸钠指示剂。用 $K_2Cr_2O_7$ 标准溶液滴定,计算 Fe_2O_3 百分含量时应扣除空白试验消耗的 $K_2Cr_2O_7$ 标准溶液的体积。

(2)三氯化钛还原重铬酸钾滴定法

①检测原理

试样用磷酸加热分解,在酸性介质中以钨酸钠为指示剂,滴加三氯化钛溶液将 Fe^{3+} 离子还原为 Fe^{2+};当 Fe^{3+} 定量还原为 Fe^{2+} 之后,稍过量的三氯化钛即将无色的钨酸钠还原为五价钨的氧化物沉淀(蓝色),俗称"钨蓝";稍过量的 Ti^{3+} 离子在 Cu^{2+} 离子的催化作用下可被空气氧化除去,以溶液的蓝色刚好褪去为标志。

最终以二苯胺磺酸钠为指示剂,用 $K_2Cr_2O_7$ 标准溶液滴定。反应式如下:

还原反应: $\qquad Fe^{3+} + Ti^{3+} + H_2O = Fe^{2+} + Ti^{2+} + 2H^+ + O^{2-}$

显色反应: $\qquad 2WO_4^{2-} + 2Ti^{3+} + 2H^+ = W_2O_5 \downarrow + 2TiO^{2+} + H_2O$
$\qquad\qquad\qquad$ (无色) $\qquad\qquad$ (蓝色)

滴定反应: $\qquad 6Fe^{2+} + Cr_2O_7^{2-} + 14H^+ = 6Fe^{3+} + 2Cr^{3+} + 7H_2O$

②检测步骤

准确称取 0.5g 试料,置于 250mL 锥形瓶中,加入少许固体高锰酸钾,用少许水冲洗瓶,加入 5mL 磷酸,将锥形瓶置于电炉上加热至有烟雾产生(中间应摇动数次)。取下稍冷,加入 20mL 盐酸,加热微沸,以驱尽氯气,溶液呈黄色。将溶液稀释至 60mL 左右,加入 5~6 滴钨酸钠溶液(250g/L),滴加三氯化钛溶液(1.5% V/V)至呈蓝色,用水稀释至约 150mL,滴加 1 滴硫酸铜溶液(5g/L)。摇动待蓝色褪去,加 5 滴二苯胺磺酸钠溶液(2g/L),用重铬酸钾标准溶液 $[(1/6K_2Cr_2O_7) = 0.030\,00mol/L]$ 滴定至紫色。

三氧化铁的百分含量按下式计算:

$$Fe_2O_3 = \frac{T_{Fe_2O_3} \times V}{m \times 1\,000} \times 100\% \tag{9-6}$$

式中　$T_{Fe_2O_3}$——重铬酸钾标准滴定溶液对三氧化二铁的滴定度,mg/mL;

$\qquad V$——滴定时消耗重铬酸钾标准滴定溶液的体积,mL;

$\qquad m$——试料的质量,g。

③检测注意事项

$$T_{Fe_2O_3} = C \times 79.85 = 0.030\,00 \times 79.85 = 2.395\,5mg/mL$$

过量 $TiCl_3$ 的存在,可防止 Fe^{2+} 离子被重新氧化,因而铁被还原后放置时间的长短对结果影响不大。

硫酸铜溶液加入 1 滴即可,不宜过多。Cu^{2+} 离子能起催化作用,如没有 Cu^{2+} 离子催化,溶液的蓝色(钨蓝)很难褪去。

三氯化钛溶液易被空气氧化,因此配好溶液后,应在其上部加一层液体石蜡,以隔绝空气进行保护。

若测定铁含量较高的试样,只用 $TiCl_3$ 少量还原,因溶液中引入较多的钛盐,在以水稀释试验溶液时,TiO_2 会发生水解而生成大量 $TiO(OH)_2$ 沉淀,影响终点观察。因此可采用氯化锡-三氯化钛联合还原法,即先滴加 $SnCl_2$ 溶液(50g/L)至浅黄色,再以钨酸钠为指示剂,滴加 $TiCl_3$ 溶液(1.5% V/V)至呈蓝色。

9.2.3　生料的细度

1. 生料细度控制指标

水泥熟料矿物的形成,主要通过固相反应来完成。在生料的物理性质、均化程度、煅烧温度和煅烧时间相同的前提下,固相反应的速度与生料的细度成正比关系。生料磨得越细,比表面积越大,因增加了煅烧时颗粒之间的接触面积,所以熟料越易煅烧,熟料中 f-CaO 含量越低。

从理论上讲,生料磨得越细,对煅烧越有利。但在实际生产中,生料磨得过细,会降低磨机产量,增加电耗。研究表明,生料细度超过一定限度(比表面积大于 $500m^2/kg$)后对熟料质量的提高并不明显。因此在实际生产中应结合熟料质量、磨机产量、电耗等方面进行综合比较,以确定合理的生料细度控制指标。

合理的生料细度应考虑两个方面:一定范围的平均细度及生料细度的均齐性,也就是应尽量避免粗颗粒。有关资料表明,当生料中 0.2mm 筛余大于 1.4% 时,熟料中的 f-CaO 含量明显增加。生料粉磨细度与熟料中 f-CaO 含量的关系见表 9-1、表 9-2。

表 9-1　生料 0.2mm 方孔筛筛余对熟料 f-CaO 的影响　　　　　　单位:%

0.2mm 方孔筛筛余	0.90	1.40	2.42	3.06
熟料中的 f-CaO	0.76	0.84	1.54	2.24

表 9-2　生料 0.080mm 方孔筛筛余对熟料 f-CaO 的影响　　　　　　单位:%

0.080mm 方孔筛筛余	13.6	13.2	12.5	11.6	10.7	10.4	9.3	5.1
熟料中的 f-CaO	2.15	1.48	1.08	1.04	0.94	0.74	0.67	0.44

在石灰石中燧石或 MgO 含量较高,黏土中含砂量较大,生料KH偏高时,可适当提高生料细度。

出磨生料细度一般控制指标为:

0.2mm 方孔筛筛余 < 1.5%;

0.080mm 方孔筛筛余 ≤ 目标值,合格率 ≥ 87.5%;

粉磨 1h 测定一次。

2. 生料细度的测定方法

对细度的表示方法有筛余百分数、比表面积和颗粒级配三种。目前,水泥企业大都采用筛余量来表示生料的细度。测定方法多采用水筛法。

9.2.4　生料中的含煤量

1. 生料中含煤量的控制指标

生料配煤是立窑生产特有的工艺环节。立窑生产用半黑生料或全黑生料生产工艺时,配煤的准确性不仅对熟料的煅烧和热耗有直接影响,而且还影响生料的成分。在实际生产中,通常只控制生料的 T_{CaCO_3},而 T_{CaCO_3} 仅能反映出石灰石原料与其他原料的比例,其中黏土和煤的比例却不能正确地反映出来。因此尽管 T_{CaCO_3} 符合要求,而煤和黏土的比例不合适,也会引起生料石灰饱和系数的波动。因此,生产中仅仅控制生料的 T_{CaCO_3} 仍不能保证生料成分的稳定,还应对生料的含煤量进行控制。

出磨生料含煤量的控制指标为:

目标值 ± 0.5%,合格率 ≥ 80%;

粉磨 4h 取样测定一次。

2. 全(半)黑生料中含煤量的测定

测定生料中含煤量的方法有烧失量法、湿法氧化法及钙铁煤分析仪等,现重点介绍常用的烧失量法及湿法氧化法。

(1)烧失量法

①检测原理

全(半)黑生料的烧失量,主要是由碳酸盐分解出来的二氧化碳及煤的可燃部分组成。因此,用全(半)黑生料的烧失量减去碳酸盐、黏土、铁粉等组分的烧失量(即为黑生料中煤的烧失)除以煤的烧失量,就可以得到全(半)黑生料中的含煤量。

②检测步骤

烧失量的测定

准确称取试样0.5g,放入已灼烧至恒量的瓷坩埚中,置于高温炉内(温度950~1 000℃)灼烧10~15min至恒量。取出坩埚稍冷却,放大冷却器内冷却至室温,称量。

烧失量按下式计算:

$$L = \frac{m_1 - m_2}{m} \times 100\% \tag{9-7}$$

式中　L——生料烧失量,%;

　　　m_1——灼烧前试样和坩埚质量,g;

　　　m_2——灼烧后试样和坩埚质量,g;

　　　m——试样质量,g。

生料中含煤量的计算:

$$含煤量 = \frac{L - T_{CaCO_3} \times 0.44 - K}{100 - A_{ad}} \times 100\% \tag{9-8}$$

式中　L——生料烧失量,%;

　　　T_{CaCO_3}——生料碳酸钙滴定值,%;

　　　0.44——碳酸钙对二氧化碳的换算系数;

　　　K——常数(一般取1~1.3);

　　　A_{ad}——煤的干基灰分,%。

③检测注意事项

如果生料不测定T_{CaCO_3}滴定值,而是测定钙、镁含量,则含煤量的计算公式为:

$$含煤量 = \frac{L - (1.785CaO + 2.48MgO) \times 0.44 - K}{100 - A_{ad}} \times 100\% \tag{9-9}$$

式中　CaO——生料中CaO的百分含量,%;

　　　MgO——生料中MgO的百分含量,%。

计算式中的K值不是固定不变的,当配料方案改变,原材料成分波动较大,尤其是石灰石中氧化镁波动较大时,应及时做小磨试验,修正K值。

(2)湿法氧化法

湿法氧化法是20世纪80年代初中国建材研究院研究的成果,经过近20年的应用和研究,逐步解决了该方法在实际应用中存在的问题,使操作更简化、结果更准确。由这一方法形成的仪器DTN-3型定碳仪,已在立窑水泥厂得到了广泛的应用。

①检测原理

生料试样先用磷酸分解其中的碳酸盐,并将生成的二氧化碳排除:

$$CaCO_3(MgCO_3) + 2H^+ = Ca^{2+}(Mg^{2+}) + CO_2\uparrow + H_2O$$

在排净二氧化碳的试样中,再以磷酸为介质,采用重铬酸钾加二氧化锰和硫酸为氧化剂,在加热条件下,将煤中的单质碳氧化为二氧化碳,即:

$$2K_2Cr_2O_7 + 3C + 8H_2SO_4 = 2Cr_2(SO_4)_3 + 2K_2SO_4 + 3CO_2\uparrow + 8H_2O$$

$$5MnO_2 + 3H_2SO_4 = 3MnSO_4 + 2HMnO_4 + 2H_2O$$

$$4KMnO_4 + 5C + 6H_2SO_4 = 4MnSO_4 + 2K_2SO_4 + 5CO_2\uparrow + 6H_2O$$

$$2H_2SO_4 + C = 2SO_2\uparrow + CO_2\uparrow + 2H_2O$$

生成的气体经过高锰酸钾溶液洗瓶和 MnO_2 洗瓶时,干扰气体被吸收除去。用乙二胺-乙醇溶液将 CO_2 吸收,以百里酚酞为指示剂,用氢氧化钾-乙醇溶液进行跟踪滴定,直至吸收溶液保持稳定的蓝色(与参比溶液颜色一致),根据氢氧化钾标准滴定溶液的消耗体积,计算生料中的碳量(或含煤量),反应式如下:

$$KOH + CO_2 = KHCO_3$$

②检测仪器

定碳仪主要由空气净化、试样反应、反应气体过滤及吸收滴定四个部分组成,见图9-1。

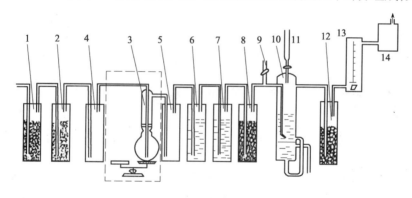

图 9-1　定碳仪装置(DTN-Ⅲ型)

1、2—钠石灰吸收瓶;3—电炉、反应瓶、冷凝管;4、5—空瓶;6、7—高锰酸钾洗气瓶;8—二氧化锰洗气瓶;

9—三通活塞;10—滴定池;11—滴定管(25mL碱式);12—干燥剂;13—流量计;14—抽气泵

a. 空气净化部分:主要作用是吸收空气中的二氧化碳,消除进入测量系统的空气中的二氧化碳。

b. 试样反应部分:此部分主要发生上述的化学反应。

c. 反应气体过滤和吸收滴定部分:作用是将煤在硫酸中加热氧化时产生的除待测的二氧化碳以外的干扰气体洗净过滤除去,对待测气体 CO_2 进行吸收滴定。

③检测步骤

将电炉低温预热,滴定池中预先加入30mL吸收液。

准确称取 $0.15\sim0.2g$ 生料试样,放入干燥的反应瓶中,加入4mL浓磷酸,在通风柜中加热至沸,微沸30s。接入排气管,启动排气泵,吹气5min,将碳酸盐分解产生的二氧化碳排净。

反应瓶中加入 0.5g 二氧化锰,0.3g 重铬酸钾,7mL 浓硫酸,接入冷凝管。启动抽气泵调节气体流量 150～160mL/min,抽气搅拌 1～1.5min,随时用氢氧化钾溶液跟踪滴定至终点蓝色(不计读数)。

读取滴定管起始点读数,调节电压 60～90V,使电炉丝外圈为暗红色,内圈为明显亮红色(以后也需要注意调节),并旋转至反应瓶不进行加热。在滴定池内加入约为需要量三分之二的氢氧化钾标准滴定溶液(约 8mL),开始计时。当吸收液慢慢褪色时要随时补充滴定溶液,并使吸收液总比终点颜色深一些,保持微沸 7min。

关闭电炉,将托盘转至反应瓶下,增大气体流量至 200mL/min,继续吸收 7min,并跟踪滴定至终点蓝色。

关闭抽气泵,取下反应瓶,旋转三通活塞与大气相通,读数。

黑生料中煤的掺入量按下式计算:

$$煤的掺入量 = \frac{T_煤 \times V}{m \times 1\ 000} \times 100\% \qquad (9\text{-}10)$$

式中　$T_煤$——用平均煤样标得的氢氧化钾标准溶液对煤的滴定度,mg/mL;

　　　V——滴定时所消耗的氢氧化钾标准滴定液的体积,mL;

　　　m——称取生料试样的质量,g。

试样中的含碳量可用下式计算:

$$含碳量 = \frac{T_c \times V}{m \times 1\ 000} \times 100\% \qquad (9\text{-}11)$$

式中　T_c——每毫升氢氧化钾标准相当于碳的毫克数,mg/mL;

　　　V——滴定时消耗氢氧化钾标准滴定液的体积,mL;

　　　m——称取生料试样的质量,g。

(3)检测注意事项

①称样量应根据生料中煤的掺入量进行折算,使称取的生料中含 20mg 左右的煤。

②反应瓶磨口不能漏气。反应瓶不能放在电炉上烤干,应在烘箱中烘干。

③冷凝管插入反应瓶后,其导气管应插进硫酸盐溶液中。

④每次测定完后,应先使三通活塞与大气相通,防止突然停泵产生负压使滴定池内导管发生倒流。

⑤每次测定前将滴定管内的氢氧化钾标准溶液装好,测量过程不应添加溶液。

9.2.5　生料中复合矿化剂掺量

生料中掺入适量的复合矿化剂可以改善生料的易烧性,提高熟料的质量、产量,降低电耗,因此在立窑水泥厂得到了广泛的应用。但复合矿化剂掺量不恰当或复合矿化剂中组分比例不适当,会导致水泥凝结时间不正常,强度下降,f-CaO 增加,安定性不良,热工制度不稳定等问题。因此,生产中应严格控制复合矿化剂的掺量。掺量必须均匀、准确,并增加相应的检验项目。

出磨生料质量控制原始记录见表 9-3。

表 9-3　出磨生料质量控制原始记录

时　　间	T_{CaCO_3}(%)				细度(0.08mm)		Fe₂O₃(%)			
	起值	终值	耗酸	结果	筛余	结果	起值	终值	耗酸	结果
班　　次			分析人:							

9.3　入窑生料的质量控制

9.3.1　出磨生料的调配均化

为保证入窑煅烧生料成分的均匀和稳定,除了对出磨生料进行控制外,还应在生料入窑煅烧之前进行调配和均化。

生料的均化方式有多库搭配、机械倒库和空气搅拌三种。中小型水泥厂多采用多库搭配和机械倒库方式。多库搭配和机械倒库的均化方式,在生料出磨时可向各库平均进料,生料入窑时,则各库同时出料,调配后入窑。生料的调配量可按下面的方法确定(以两库为例):

1 号库调配量:

$$x_1 = \frac{s - S_2}{S_1 - S_2} \qquad (9-12)$$

2 号库调配量:

$$x_2 = 1 - x_1 \qquad (9-13)$$

式中　s——生料的 T_{CaCO_3} 控制指标,%;

　　　x_1——1 号库需调配的生料量,%;

　　　x_2——2 号库需调配的生料量,%;

　　　S_1——实测 1 号库生料的 T_{CaCO_3},%;

　　　S_2——实测 2 号库生料的 T_{CaCO_3},%。

例:实测 1 号库生料的 T_{CaCO_3} 为 $S_1 = 80\%$,2 号库生料的 T_{CaCO_3} 为 $S_2 = 75\%$,要求生料的 T_{CaCO_3} 控制值为 $s = 77\%$,其调配量如下:

1 号库需调配的生料量为:

$$x_1 = \frac{s - S_2}{S_1 - S_2} = \frac{77 - 75}{80 - 75} = 0.4\%, \text{即} 40\%$$

2 号库需调配的生料量为:

$$x_2 = 1 - x_1 = 1 - 0.4 = 0.6, \text{即} 60\%$$

按上述比例进行搭配,基本能满足控制指标的要求。若无法实测生料库的 T_{CaCO_3},可用入库时的出磨 T_{CaCO_3} 的算术平均值代替。

空气搅拌仅起到均化生料的作用,要使均化后的生料成分符合控制要求,需进行入库生料的调配工作。具体做法是:将出磨生料送入生料库,装至搅拌量的 70% 左右(搅拌量为库容量的 70% 左右),可按下式进行配库计算:

$$m_1 T_{c1} + m_2 x = (m_1 + m_z) T_c$$

$$x = \frac{(m_1 + m_2) T_c - m_1 T_{c1}}{m_2} \tag{9-14}$$

式中 x——配库所需的 T_{CaCO_3},%;

m_1——已入库的生料的质量,kg;

m_2——准备继续入库生料的质量,kg;

T_c——生料 T_{CaCO_3} 控制指标,%。

湿法生产的料浆在空气搅拌库内均化后也可按上述方法进行调配。

入窑生料控制指标为:

T_{CaCO_3}(目标值)± 0.5%,合格率 ≥ 80%;

CaO(目标值)± 0.5%,合格率 ≥ 80%;

1h 取样测定一次。

9.3.2 生料的配煤

实现立窑优质生产、高产低消耗,准确而均匀的配煤是重要的环节。

1. 立窑生料配煤的意义

生料配煤是立窑生产特有的工艺环节,立窑配煤具有配料和配热的双重意义。从热工意义上讲,煅烧熟料所需的热量就是配入生料中的煤所提供的,因此,配煤就是配热。从配料意义上讲,煤燃烧后剩余的灰分几乎全部残留在熟料中,并且组合到熟料矿物里,成为熟料组分的一部分。这些灰分与其他配料组分一样,会影响熟料的化学成分、率值和矿物组成,特别是仅用高灰分的劣质煤时,影响更显著。因此,配煤实际上又有配料的意义。

2. 配煤对立窑煅烧和熟料质量的影响

配煤对立窑煅烧和熟料质量的影响,主要表现在生料的含煤量和熟料成分的波动上。优质煤发热量高、灰分低,故配煤误差主要影响生料的配热量。而劣质煤,因发热量低、灰分高,其配煤误差主要影响熟料成分。

煤配比的波动会导致立窑热工制度的紊乱。入窑生料配煤量不足,烧成温度低,会引起生烧、欠烧,造成黄球、黄粉,严重影响熟料质量。配煤量过大,会使窑温过高,窑内会出现结大块和严重粘边现象,大块料会使窑内通风不均匀;煤量过大还会因空气不足而产生化学不完全燃烧,形成强烈的还原气氛,使高价铁被还原成低价铁,致使大块熟料冷却慢并引起C_3S的分解,降低了熟料的质量。

配煤对熟料质量的影响还表现在煤的灰分给熟料成分带来的波动。根据我国立窑煅烧的质量情况调查,一般每kg熟料增加0.01kg煤灰,熟料的KH值和n值要降低0.05左右。而且煤的质量越差,对熟料成分的影响也越严重。

3.影响配煤准确性的因素及改进措施

立窑生料中含煤量的波动主要有两个原因:一个是磨头配煤不准,出磨生料均化效果不理想;另一个原因是二次配煤不能按要求的比例稳定配入。采用全黑生料配料时,含煤量的波动取决于磨头配料的准确性。白生料配料则主要取决于入窑前二次配煤的准确程度。

要提高配煤的准确性,可采取以下措施:

(1)改造不合理的配煤工艺。为确保入磨煤的准确性,入磨煤必须设置单独的喂料设备。二次配煤系统要保证煤料流量准确,生料系统应安装可靠的稳流装置,这样既能防止冲料,又可在生料不足的情况下能充满计量螺旋,达到稳定生料流量的目的。

(2)选择结构合理的中间仓或装置仓壁振动器,使仓内物料均匀下落,从而保证煤料配比的准确性。

(3)加强配煤系统的流量测定,并在生产控制中进行流量校对。对自动计量系统进行定期标定并定期检查。

(4)严格控制煤和生料的水分。

(5)加强对生料含煤量的测定和控制。

(6)入窑生料的配煤计量要准确。

采用全黑生料和半黑生料生产工艺的立窑厂的配煤质量控制指标为:

生料流量(目标值)±4.0%,合格率100%;

煤流量(目标值)±3.0%,合格率100%;

1h测定一次。

煤粒度<5mm,合格率100%,且≤3mm的煤粒度占90%以上。

9.3.3 生料成球质量控制

生料成球也是立窑生产中一个重要的工艺环节,料球的质量直接影响到熟料的产量、质量、粉尘和窑的煅烧操作。所以,要求料球有较大的孔隙率,较好的热稳定性,一定的强度、水分及合适的粒径等物理性质。

1.料球的强度

立窑生料从成球到煅烧的过程中,要经过输送并从一定高度落入窑内,要求料球能承受机械磨损、冲击;能承受物料间的相互挤压而不破碎和变形;湿球抗压强度应大于1 000g/cm²。

2.料球内部孔隙率

当料球内部有均匀分布的孔隙时,能消除料球加热过程中的体积膨胀,使料球保持原来的基本形状而不炸裂,具有较好的稳定性,又使高温气流顺利进入料球内部。如孔隙率太低,会使料球内部水分因受热变成的水蒸气难以逸出,水蒸气压力增大到一定值时,就会破壳而出,使料球炸裂。即使不炸裂的料球,由于料球内部空气量不足,还原气氛严重,也会影响熟料质量。

一般要求料球孔隙率不低于27%,在高温炉中测定时,炸裂温度一般要求大于350℃,

950℃高温下爆破率应小于10%。

3. 料球粒度

料球粒度完全相同时,其堆积时孔隙率最大。因此,适宜的料球粒度可使窑内通风阻力减小,有利于窑内通风均匀和煅烧。料球粒径过大,虽有利于通风,但料球内部不易烧透,会出现生烧料;料球过小,会使窑内孔隙减少,通风阻力增加,造成通风不良。故料球颗粒要均齐,粒度要合适,要求料球粒度为 5~12mm 的应占 90% 以上。

4. 料球水分

料球水分是影响料球质量的因素之一。加水过多,料球易成泥团、粘成大块,强度低,受压易变形,影响窑内通风,不易烧透,影响熟料质量;加水过少,料球太松散、细小,同样影响窑内通风与煅烧。因此,料球水分要均匀和合适。一般料球水分控制在 12%~14%。

思 考 题

1. 为何要控制生料 T_{CaCO_3}(或 CaO)含量及合格率?

2. 生料的细度及均齐性对熟料煅烧及质量有何影响?

3. 生料制备过程中对生料的质量控制主要包括哪些项目?

4. 立窑煅烧过程中对料球的质量要求是怎样的?

第 10 章　硅酸盐水泥熟料的质量控制

提高熟料质量是确保水泥质量的基础,熟料质量的优劣与均匀程度,直接决定水泥质量的好坏与可靠程度。因此,熟料的质量控制是水泥生产质量管理环节中极为重要的一环。水泥熟料的质量控制在不同生产工艺、煅烧设备条件下也不一样。回转窑生产,除常规化学全分析、物理检验和控制游离氧化钙外,一般还要控制烧成带的温度、窑尾废气温度及各点负压,同时还要控制熟料的堆积密度,有的厂还进行岩相结构的检验和控制;而立窑生产,熟料在出窑后均经破碎处理,除常规控制外,有时也控制其堆积密度。所以,控制项目的多少,应视生产工艺条件具体确定。一般熟料质量控制项目有:熟料化学成分(包括 *KH*、*SM*、*IM* 三个率值)、烧失量、游离氧化钙、游离氧化镁、安定性以及强度等物理性能。

10.1　熟料的控制指标及检测方法

10.1.1　熟料的化学成分

对熟料化学成分的控制,目的在于检验其矿物组成是否符合配料设计的要求,从而判断前道工序的工艺状况和熟料质量,并作为调整前道工序的依据。

水泥熟料中各氧化物之间的不同比例,决定着熟料中各种矿物组成的差异,以及由此影响到熟料本身的物理性能特点和其煅烧的难易程度,我国通常用石灰饱和系数(*KH* 值)、硅率 (*n*)和铝率(*P*)来表示熟料中各氧化物含量之间的关系。熟料的三个率值,应根据各厂原料成分,工艺条件,技术水平以及生产水泥的品种、标号、季节等因素来综合考虑,合理进行选择以保证熟料的质量。一般情况下,生产条件不发生变化。游离氧化钙相同时,熟料强度随 *KH* 值和 C_3S 含量增大而提高。当熟料化学成分一定时,其强度随游离氧化钙增加而降低,增大熟料中 *KH* 值,熟料中游离氧化钙也会随之上升。所以,对熟料 *KH* 值的控制是非常重要的,控制 *KH* 值应考虑以下几个方面的因素:

1. 采用矿化剂尤其是复合矿化剂时,*KH* 值可略高些。一般情况下,掺复合矿化剂的 *KH* 值比单掺时高 0.02 ~ 0.04,单掺比不掺矿化剂时可高 0.01 ~ 0.03。

2. 原料易烧性好,生料质量比较均匀且粗颗粒少时,KH 值控制指标可略高,反之应低一些。

3. 生料 *n* 低时,*KH* 值可高些,反之应低些。

4. 煅烧工艺稳定,操作人员素质好时,KH 值可略高,反之应降低。

5. 夏季生产时 *KH* 值可略高于冬季。

KH 值控制范围为目标值 ± 0.02;湿法回转窑及日产 2 000t 以上的预分解窑的 *KH* 值合格率应≥80%,其他窑型的 *KH* 值合格率≥70%;*KH* 的标准偏差按回转窑、立窑的不同分别控制在不大于 0.020 和不大于 0.030 之内。

熟料的 n 和 P 值也应合理、稳定,尽量减小波动。一般而言,n 和 P 值的控制范围为目标值 ±0.10,合格率 ≥85%。

率值合格率和饱和系数标准偏差各窑以日为单位(分班作分析,先以算术平均法求出率值日平均),按月统计,然后按窑月产量加权计算总平均值。

出窑熟料化学成分的测定,应进行连续取样,取样要具有代表性,每天测定一次。

10.1.2 游离氧化钙

1. 游离氧化钙含量

游离氧化钙是熟料中没有参加化学反应,而是以游离态存在的氧化钙。熟料在烧成时残留的死烧游离氧化钙水化很慢,要在水泥水化、硬化并形成一定强度后才开始水化,由于体积不均匀膨胀,会致使水泥石强度下降、开裂甚至崩溃,造成水泥安定性不良。所以控制熟料中 f-CaO 的含量是十分重要的。通过 f-CaO 的含量分析,可以对煅烧情况和熟料质量进行判断。

立窑水泥熟料中的游离氧化钙主要有下述三种形式:

①欠烧游离氧化钙。只存在于经受 1 100~1 200℃煅烧的生烧料球中,石灰石分解产生的游离氧化钙叫欠烧游离氧化钙。因其轻烧,结构疏松,遇水很快消解,对水泥石的安定性无大影响。

②一次游离氧化钙。已经受烧成温度煅烧,但未化合成熟料矿物,遇水消解缓慢,在硬化的水泥石中,水化成氢氧化钙,体积膨胀达 97.9%,严重影响水泥的安定性。正常熟料中形成一次游离氧化钙的主要原因是:生料配料不当,石灰饱和系数过高,熔剂矿物少,生料粒度太粗,或生料均匀性差。

③二次游离氧化钙。在还原气氛中,氧化铁被还原为氧化亚铁,如熟料冷却缓慢,则 Fe^{2+} 促使硅酸三钙分解为硅酸二钙和游离氧化钙。如果包裹在熟料矿物中,则水化十分缓慢。

综上所述,影响水泥安定性的主要成分是一次和二次游离氧化钙。为了保证水泥的质量,并判断生料配料和烧成工艺是否适宜,应及时测定熟料中游离氧化钙的含量。

从理论上讲,熟料中 f-CaO 越低越好。因为随着 f-CaO 含量的增加,熟料强度会明显下降,安定性合格率也会大幅度下降。所以,在确定 f-CaO 的控制指标时,企业应综合考虑本厂的生产工艺、原燃材料、设备、操作水平等因素,确定一个既经济又合理的指标。

熟料中 f-CaO 含量是水泥生产中较难控制而又对水泥质量影响很大的因素。在生产中造成 f-CaO 含量高有诸多原因:

(1)配料不当,KH 过高;

(2)煤与生料配比不均匀、不准确,煤质波动大或煤粒过粗;

(3)窑生料 T_{CaCO_3} 合格率太低或生料过粗,窑内煅烧不完全;

(4)热工制度不稳定,卸料太快或偏火漏生;

(5)料冷却慢,产生二次 f-CaO。

如熟料出窑时 f-CaO 含量过高,安定性不合格,可采取以下措施尽可能减小 f-CaO 对强度和安定性的影响:

(1)熟料出窑时喷洒少量水;

(2)加入少量的高活性混合材制备水泥;

(3)调整水泥的粉磨细度;

(4)适当延长熟料的堆放时间;

(5)和质量好的熟料搭配使用。

熟料中 f-CaO 的控制指标为：

旋窑 f-CaO≤1.5%，合格率≥85%，检测次数自定；

立窑 f-CaO≤2.5%，合格率≥85%，各窑每 4h 测定一次。

2. 熟料中游离氧化钙的测定

测定熟料中游离氧化钙的含量。一般采用丙三醇-乙醇法(甘油-酒精法)和乙二醇-乙醇快速法。

(1)丙三醇-乙醇法

①检测原理

以 Sr(NO)₂ 为催化剂，使水泥熟料中的游离氧化钙在微沸温度状态下与丙三醇生成弱碱性的丙三醇钙，使酚酞指示剂呈红色，反应式如下：

$$\begin{array}{l}CH_2-OH \\ | \\ CH-OH \end{array} + CaO \longrightarrow \begin{array}{l}CH_2-O \\ | \\ CH_2-OH \\ | \\ CH_2-O \end{array} CaO + H_2O$$

（丙三醇）　　　　（丙三醇钙）

用苯甲酸-无水乙醇标准滴定溶液滴定至溶液红色消失，根据苯甲酸-无水乙醇标准滴定溶液的消耗量计算游离氧化钙的含量。其滴定反应如下：

$$2C_6H_5COOH + \begin{array}{l}CH_2O \\ | \\ CHOH \\ | \\ CH_2O \end{array} Ca \Longrightarrow Ca(C_6H_5COO)_2 + \begin{array}{l}CH_2OH \\ | \\ CHOH \\ | \\ CH_2OH \end{array}$$

（苯甲酸）　（丙三醇钙）　　（苯甲酸钙）　（丙三醇）

②检测步骤

准确称取约 0.5g 试样，置于 150mL 干燥的锥形瓶中，加入 15mL 无水甘油-乙醇溶液摇匀。装上回流冷凝管，在有石棉网的电炉上加热煮沸 10min，至溶液呈红色时取下锥形瓶。立即以 0.1mol/L 苯甲酸-无水乙醇标准滴定溶液滴定至红色消失。再将冷凝管装上，继续加热煮沸至红色出现，取下滴定。如此反复操作，直至在加热 10min 后不出现微红色为止。

③游离氧化钙的质量百分数 f-CaO 按下式计算：

$$f\text{-}CaO = \frac{T_{CaO} \times V}{m \times 1\ 000} \times 100\% \tag{10-1}$$

式中　f-CaO——游离氧化钙的质量百分数，%；

　　　T_{CaO}——每毫升苯甲酸-无水乙醇标准滴定溶液相当于氧化钙的毫克数，mg/mL；

　　　V——滴定时消耗苯甲酸-无水乙醇标准滴定溶液的总体积，mL；

　　　m——试料的质量，g。

④检测注意事项

●熟料矿物遇水后能发生水化等反应，给游离氧化钙的测定带来一定的误差，因此游离氧化钙的测定为非水溶液操作,要求所用试剂应无水、密封,容器须干燥(因为水能与试样中硅酸钙作用生成 $Ca(OH)_2$,使结果偏高)。

●加热时,勿使沸腾过度而喷溅,应使沸腾时微冒气泡。

●滴定时,应先停止加热。待冷凝液全部落下后,再取下锥形瓶滴定,以防止冷凝液和蒸汽损失,使结果偏低。

●乙醇的浓度不足 99.5% 时,须蒸馏后使用。用过的废液可重新蒸馏使用,但必须注意安全。蒸馏时收集馏出液的温度不得超过 80℃。

●甘油脱水温度不得超过 180℃。

●高纯试剂碳酸钙灼烧成氧化钙时,必须在 950~1 000℃灼烧恒量后方可使用。一次用不完下次再用时,也需在 950~1 000℃灼烧后使用,不要放置时间太久后使用。

●配好的甘油-无水乙醇溶液,放置一段时间后红色会消失,使用时需用 0.1mol/L 氢氧化钠溶液中和至微红色,使其呈弱碱性。

(2)乙二醇-乙醇快速法

①检测原理

游离氧化钙与乙二醇在无水乙醇溶液中,于温度 100~110℃下,可于 2~3min 内定量反应生成乙二醇钙,使酚酞指示剂呈红色。然后用苯甲酸-无水乙醇标准滴定溶液滴定至红色消失。借助于专门设计的游离氧化钙测定仪,边加热边搅拌,可达到快速、准确测定的目的。该仪器还配有冷却水循环及定时系统。该仪器由中国建材研究院水泥新材所研制。

其反应如下:

$$\underset{(乙二醇)}{\begin{matrix} CH_2\!-\!OH \\ | \\ CH_2\!-\!OH \end{matrix}} + CaO = \underset{(乙二醇钙)}{\begin{matrix} CH_2\!-\!O \\ | \quad\ \ \searrow \\ \quad\quad Ca \\ | \quad\ \ \nearrow \\ CH_2\!-\!O \end{matrix}} + H_2O$$

其滴定反应式如下:

$$\underset{(乙二醇钙)}{\begin{matrix} CH_2\!-\!O \\ | \quad\ \ \searrow \\ \quad\quad Ca \\ | \quad\ \ \nearrow \\ CH_2\!-\!O \end{matrix}} + \underset{(苯甲酸)}{2C_6H_5COOH} = \underset{(苯甲酸钙)}{\begin{matrix} CH_2\!-\!OH \\ | \\ CH_2\!-\!OH \end{matrix} + Ca(C_6H_5COO)_2}$$

滴定后的废液收集起来,可用蒸馏法回收乙醇或乙二醇。

②检测步骤

准确称取 0.4g 试样(视游离氧化钙含量而定),置于干燥的 250mL 锥形瓶中,加入 15~20mL 乙二醇-乙醇溶液,摇动锥形瓶使试样分散,放入一枚搅拌子。装上小型冷凝管,置于游离氧化钙测定仪上,接通循环泵电源,使其工作,开启仪器后面的总电源开关,指示灯亮,先以较低的转速搅拌溶液,同时升温,电压表指针在 220V 左右的位置上。当冷凝下的回流液开始滴下时,开始定时、降温,电压表指在 150V 左右,稍增大转速。到达计时 3min 时,萃取完毕,取下锥形瓶,用无水乙醇吹洗一圈,用苯甲酸-无水乙醇标准滴定溶液滴定至红色消失,关闭仪器总电源开关。

游离氧化钙的质量百分数 f-CaO 按下式计算:

$$f\text{-CaO} = \frac{T_{CaO} \times V}{m \times 1\,000} \times 100\%$$ (10-2)

式中　f-CaO——游离氧化钙的质量百分数,%;

T_{CaO}——每毫升苯甲酸-无水乙醇标准滴定溶液相当于氧化钙的毫克数,mg/mL;

V——滴定时消耗苯甲酸-无水乙醇标准滴定溶液的总体积,mL;

m——试料的质量,g。

③检测注意事项

发现冷凝聚管较热时,根据热的程度酌情更换另一支冷凝聚管或设法使其冷却。

搅拌加热时间,应严格按照操作步骤进行。

10.1.3　熟料中的氧化镁

熟料煅烧过程中,有一部分未化合的游离氧化镁(即方镁石),它是一种有害成分。方镁石的水化很慢,其水化在硬化的水泥石中进行,体积会不均匀膨胀,影响水泥的安定性。所以,熟料中氧化镁应控制在国家标准规定的范围内。

国家标准规定,水泥熟料中 MgO 必须低于 5.0%,熟料中 MgO 含量在 5.0% ~ 6.0% 时,要进行压蒸安定性检验。如压蒸安定性合格,则熟料中 MgO 的含量允许放宽到 6.0%。

熟料中 MgO 含量每天测一次,若 MgO 含量较高时,应增加检验次数。

10.1.4　熟料立升重

1.熟料立升重的控制指标

熟料立升重即为一立升熟料的质量,熟料立升重的高低是判断熟料质量和窑内温度(主要是烧成带温度)的参考数据之一,通过物料结粒大小及均匀程度,可以推测烧成温度是否正常。当窑温正常时,产量高,熟料颗粒大小均齐,熟料外观紧密结实,表面较光滑而近似小圆球状,这时立升重较高;物料在烧成带温度过高或在烧成带停留时间过长,过烧料会多,熟料立升重会过高,熟料质量反而不好。如窑内物料化学反应不完全,熟料颗粒小的多,而且其中还带有细粉时,这时立升重低,说明窑内温度低。因此,熟料立升重应控制在合理的范围之内,并定时测定,以便于看火工及时调整窑内温度。回转窑一般控制指标为 1 300 ~ 1 500g/L,立窑为 950 ~ 1 000g/L。

立升重的控制指标是:

目标值 ±75g/L,合格率≥85%;

各窑 1h 测定一次。

2.水泥熟料立升重的测定

(1)工具和仪器

孔径 5mm 和 7mm 筛子各两个;

容量为半立升的铁制圆筒两个;

磅秤一台;

留样筒两个(容量约为 10kg)。

(2)操作步骤

将 7mm 筛放在 5mm 筛之上,打开取样器闸板,放取熟料。然后将闸板关闭,筛动 7mm 筛中的熟料,使小于 7mm 的熟料通过筛孔漏入 5mm 筛内。将大于 7mm 的熟料倒掉,再筛动 5mm 的筛子,直至每分钟通过 5mm 筛子的熟料不超过 50g 为止。将留于 5mm 筛子之上的熟料倒入立升重筒内,用铁尺将多出筒口的熟料刮掉,使其与立升重筒面水平,然后称量。

熟料立升重按下式计算:

$$立升重 = (总重 - 皮重)2g/L \tag{10-3}$$

10.1.5 熟料烧失量

1. 烧失量的控制指标

熟料的烧失量也是衡量熟料质量好坏的一个指标。烧失量高,说明窑内物料化学反应不完全,还有一部分 $CaCO_3$ 未分解,或有一部分虽已分解,但还来不及完成熟料的化学反应而造成欠烧料。煤粒过粗,外加煤过多,也会导致烧失量高,而且增加了热耗。

熟料烧失量 ≤ 1.5%,每窑每班测一次。

2. 熟料烧失量的测定方法

(1)测定步骤

精确称取试样约 1g,放到已灼烧至恒量的瓷坩埚中,在 950 ~ 1 000℃ 的高温下灼烧 30min。取出,稍冷后置于干燥器中,冷却至室温后进行称量。

熟料烧失量的百分含量按下式计算:

$$烧失量 = \frac{m - m_1}{m} \times 100\% \tag{10-4}$$

式中 m——灼烧前试料的质量,g;

    m_1——灼烧后试料的质量,g。

(2)测定注意事项

①烧失量的测定结果通常是将试样于 950 ~ 1 000℃ 下灼烧至恒量得到的,在此温度下,有的反应可以完全进行,有的反应只能进行到一定程度。因此,测定烧失量时应严格控制灼烧温度和灼烧时间。

②测定时,一般应从低温开始升温,如将试样直接放在高温下灼烧,会因其挥发性物质的猛烈排除而使试样飞溅。

③有的试样灼烧后吸水性较强(如黏土、石灰石等)。因此,称量要迅速,同时要使用干燥剂,以免吸收空气中的水分而使测定结果偏低。

10.1.6 熟料物理性能

为了保证水泥的各项物理指标符合国家标准,应对熟料的物理性能进行检验,做到心中有数。熟料物理性能的检验主要指凝结时间、安定性、强度等级等。熟料物理性能检验具体有以下作用:

1. 验证配料方案

通过对出窑熟料的物理性能的定期检验,验证配料方案是否合理。如生料条件稳定,熟料强度高,其他物理性能也符合要求,说明配料方案合理。反之,熟料质量较差,则说明配料方案

116

不尽合理,需进行调整。

2. 检查窑内煅烧操作情况

配料合理、工艺控制稳定的情况下,熟料物理性能的变化往往反映出煅烧操作问题。通过对熟料的安定性、外观形状、颜色等方面的分析,可判断窑内通风、热工制度等存在的问题,以便及时纠正和解决。

3. 作为水泥制成质量控制的依据

通过对熟料物理性能的检验,在保证出厂水泥质量的前提下,可以合理确定水泥的粉磨细度,混合材料和石膏配比,并根据熟料的质量变化及时调整各项控制指标。

熟料物理性能检验:各窑 24h 检验一次,取平均样。

熟料强度等级检验,必须使用平均样,从取样到成型不得超过 2d。通过将水泥熟料在 $\phi 500mm \times 500mm$ 标准小磨中与二水石膏一起磨细至比表面积为 $350 \pm 10m^2/kg$,0.080mm 方孔筛筛余不大于 4%,制成 P.I 型硅酸盐水泥后来进行的。制成的水泥中 SO_2 含量应在 2.0% ~ 2.5%范围内(也可按双方约定)。所有试样的物理检验(除 28d 强度外)应在制成水泥后 10d 内进行。

出窑熟料 28d 抗压强度 $\geqslant 48MPa$,每月统计一次。

10.2 熟料的质量管理

回转窑、立窑煅烧的熟料常会因为各种不正常的情况而影响其质量,必须加强质量管理,才有利于出厂水泥质量的控制。

10.2.1 熟料的储存

出窑熟料不允许直接入磨,应进行储存。通过储存,可以降低熟料的温度,防止石膏脱水,保证粉磨效率;通过储存,可以提高熟料的易磨性,提高磨机产量。

熟料的储存方式一般有圆库和堆棚两种。质量波动不大时,可混合入库。质量差的要分别堆放,搭配使用。

入磨熟料温度最好小于 100℃,熟料的储存期应在 5d 以上。

10.2.2 熟料的均化

熟料质量不均匀,应做好熟料的均化工作,减小其质量波动,保证出厂水泥的质量。

熟料的均化方式通常有:

(1)熟料搭配入库

利用圆库储存熟料时可根据各库的质量,确定各库的配比搭配入库。用堆棚储存熟料时,要按各堆质量好坏,确定入磨比例。

(2)出窑熟料波动不大时,可采用分层堆放,竖直取料的方法,可达到熟料的均化。

(3)机械倒库。

(4)对于某些物理性能或化学性能低于国家标准的熟料,应严格按照水泥的国家标准进行搭配,按比例入磨,避免出现废品。

熟料的堆放、入库和使用应做好原始记录,便于水泥质量的控制。

熟料质量控制原始记录见表 10-1。

表 10-1 熟料质量控制原始记录

| 时　　间 | 立升重 (kg/L) | f-CaO (%) | 原煤水分 (%) | 煤　　　　　粉 | | 检 验 人 |
				水分(%)	细度(%)	
备　注						

思　考　题

1. 为什么要控制熟料的化学成分?
2. 一般情况下,熟料质量的控制项目有哪些?
3. 为何要进行熟料的质量管理? 如何做好熟料的质量管理?

第11章　硅酸盐水泥制成的质量控制与管理

水泥制成是水泥生产的最后一个工艺环节,水泥制成质量控制的目的是确保出厂水泥质量符合国家标准要求。水泥制成质量控制项目主要有:入磨物料配比、水泥细度、三氧化硫含量、混合材掺量及水泥物理性能检验等。

11.1　水泥制成控制指标及检测方法

11.1.1　入磨物料配比

入磨物料配比是根据水泥品种、强度等级,即入磨物料性能而定的。入磨物料配比是通过喂料设备实现的。配比不恰当或喂料过程中物料流量不稳定,都会影响到水泥的质量,所以,准确而又稳定的配比,是保证水泥质量稳定均匀的重要环节。

11.1.2　出磨水泥细度

1. 出磨水泥细度控制指标

水泥细度对水泥质量和企业经济效益有着重要作用。水泥细度过粗是影响我国水泥质量的一个突出问题。水泥细度、颗粒组成和颗粒形貌对充分利用水泥活性和改善水泥混凝土性能具有很大作用。

水泥磨得越细,比表面积越大,水泥与水拌和后接触面积也就越大,水化就越快,有利于提高水泥强度,特别是早期强度。熟料中游离氧化钙含量较高时,如果水泥更细,可使游离氧化钙尽快吸收水分而消解,可减小其破坏作用,改善水泥的安定性。但水泥磨得过细,需水量增加,水泥石结构的致密性下降,会造成水泥石强度的降低。另外,水泥磨得过细,还会降低磨机产量,增加电耗。所以,确定水泥细度控制指标时应综合考虑本厂实际。在生产控制中,还应尽量减少水泥细度的波动,达到稳定磨机产量及水泥质量的目的。

水泥细度控制指标为:

0.080mm 方孔筛筛余:≤目标值,合格率≥85%;

比表面积:≥目标值,合格率≥85%;

粉磨 1h 检验一次。

2. 水泥细度(筛余百分数)的检测方法

水泥细度的检验是按照国家标准《水泥细度检验方法》GB/T 1345—1991 进行的。该标准适用于硅酸盐水泥、普通硅酸盐水泥、矿渣水泥、火山灰水泥、粉煤灰水泥以及指定该标准的其他品种。

水泥细度(筛余百分数)的检验由负压筛法、水筛法和手工干筛法三种,当三种检验方法结果不一致时,以负压筛法为准。现介绍水泥企业常用的负压筛法和水筛法。

(1)负压筛法

①仪器设备

天平:最大称量为100g,分度值不大于0.05g。

负压筛析仪:由筛座、负压筛、负压源及收尘器组成。其中筛座由转速为30±2r/min的喷气嘴、负压表、控制板、微电机及壳体等组成,如图11-1所示。

筛析仪负压可调范围为4 000~6 000Pa,喷气嘴上口平面与筛网之间距离为2~8mm,负压源和收尘器由功率600W的工业收尘器和小型旋风收尘筒组成,或用其他具有相当功能的设备。

②操作步骤

准确称量试样25g,置于洁净的负压筛中。盖上筛盖,放在筛座上,开动筛析仪连续筛2min。在此期间如有试样附着在筛盖上,可轻轻敲击,使试样落下。筛毕,用天平称量筛余物,计算筛余的质量百分数。

③注意事项

水泥试样不得受潮、结块,试验前应充分搅拌均匀,通过0.9mm方孔筛,记录筛余物情况。要防止过筛时混进其他水泥。

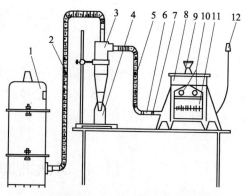

图11-1 气流筛析仪结构图

1—工业吸尘器;2—塑料软管;3—旋风收尘器;
4—收集容器;5—塑料软管;6—抽气口;
7—风门;8—负压筛;9—筛盖;10—控制仪;
11—真空压力表;12—电源插头

筛析实验之前,应把负压筛放在筛座上,盖上筛盖,接通电源,检查控制系统,调节负压至4 000~6 000Pa范围内。

负压筛析仪工作时应保持水平,避免外界振动和冲击。

每做完一次筛析试验,应用毛刷清理一次筛网。其方法是用毛刷在试验筛的正、反两面刷几下,清理筛余物。但每个试验后在试验筛的正、反两面刷的次数应相同,否则,会影响筛析结果。如连续使用时间过长时(一般超过30个试样时),应检验负压值是否正常,如不正常,可取下吸尘器,打开吸尘器并将筒内灰尘和过滤布附着的灰尘等清理干净,使负压恢复正常。

要经常注意积灰瓶与旋风收尘器排灰口的密封。

(2)水筛法

①仪器设备

天平:最大称量为100g,分度值不大于0.05g。

筛子:采用方孔边长0.080mm的铜丝网筛布,筛框有效直径125mm,高80mm。筛布应紧绷在筛框上。

筛座:用于支撑筛子,并能带动筛子转动,转速为50rpm/min。

喷头:直径55mm,面上均匀分布90个孔,孔径0.5~0.7mm。安装高度以离筛布50mm为宜。

②检测步骤

准确称取试样50g,置于洁净的水筛中立即用清水冲至大部分细粉通过后(过筛网的水不浑浊),放在水筛架上,用水压(0.05±0.02)MPa的喷头下连续冲3min。

筛毕,用少量水把筛余物冲到蒸发皿(或烘样盘)中,等水泥全部沉淀后,小心倒出清水,烘干,称量筛余物,然后计算出筛余的质量百分数。

③检测注意事项

120

水泥试样应充分拌匀,通过 0.9mm 方孔筛,记录筛余物情况。要防止过筛时混进其他水泥。

冲洗压力必须保持在(0.05 ± 0.02)MPa,否则,会使结果不准确。

冲洗水泥时要将筛子倾斜摆动,既要避免水过大,将水泥溅出筛外,又要防止水泥铺满筛网,使水不能通过筛子。

水筛筛子应保持洁净,定期检查校正。

要防止喷头孔堵塞。

烘干筛余物时,温度不宜过高,防止筛余物溅出,导致结果偏低。

筛子用过后要用毛刷刷通堵塞孔。一般使用后用 0.3 ~ 0.5N 的乙酸或食醋进行清洗。

④试验结果的计算公式

水泥试样筛余质量百分数按下式计算:

$$F = \frac{R_s}{W} \times 100\% \qquad (11\text{-}1)$$

式中　F——水泥试样质量百分数,%;

　　　R_s——水泥试样筛余物质量,g;

　　　W——水泥试样质量,g。

计算结果精确至 0.1%。

为了使试验结果具有可比性,可采用试验筛修正计算结果。修正系数的测定需按 GB 1345—1991 标准规定的方法进行。

(3)水泥比表面积的测定

水泥比表面积是指单位质量的水泥粉末所具有的总表面积,用"m³/kg"表示,它也是水泥细度的一种表示方法。

比表面积的测定方法有勃氏法、低压透气法、动态吸附法三种,我国国家标准规定用前两种方法,即《水泥比表面积测定方法(勃氏法)》GB/T 8074—1987 和《水泥比表面积测定方法》GB/T 207—1963,两种方法并列执行,有争议时以勃氏法为准。现介绍勃氏法。

①测定原理

本方法主要根据一定量的空气具有一定孔隙率和固定厚度的水泥层时,所受阻力不同而引起流速变化来测定水泥的比表面积。在一定孔隙率的水泥层中,孔隙的大小和水量是水泥颗粒尺寸的函数,同时也决定了通过料层的气流速度。

②仪器

勃氏(Blain)透气仪:如图 11-2 所示,有透气圆筒、压力计、抽气装置三部分组成。

a. 透气圆筒:内径为(12.7 ± 0.05)mm,由不锈钢制成。圆筒内表面的粗糙度为▽6,圆筒的上边与圆筒主轴垂直,圆筒下部应与压力计上玻璃磨口锥度一致,二者应严密连接。在圆筒内壁,距离圆筒上口边(55 ± 10)mm 处有一突出的宽度为 0.15 ~ 1mm 的边缘,以放置金属穿孔板。

b. 穿孔板:由不锈钢或其他不受腐蚀的金属制成,厚度为 0.1 ~ 1.0mm。在其表面上,等距离地打出 35 个直径 1mm 的小孔,穿孔板应与圆筒内壁密合。穿孔板两平面应平行。

c. 捣器:用不锈钢制成,插入圆筒时,其间隙不大于 0.1mm。捣器的底面应与主轴垂直,侧面有一个扁平槽,宽度(3.0±0.3)mm。捣器的顶部有一个支持环,当捣器放入圆筒时,支持环与圆筒上口边接触,这时捣器底面与穿孔圆板之间的距离为(15.0±0.5)mm。

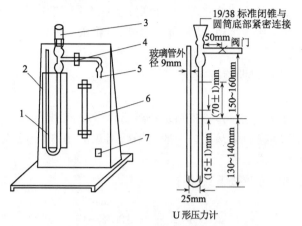

图 11-2　Blain 透气仪示意图

1—U形压力计;2—平面镜;3—透气圆筒;4—活塞;
5—背面接微型电磁泵;6—温度计;7—开关

d. 压力计:U形压力计尺寸如图 11-2 所示,由外径为 9mm 的、具有标准厚度的玻璃管制成。压力计一个臂的顶端有一锥形磨口与透气圆筒紧密连接,在连接透气圆筒的压力计壁上刻有环形线。从压力计底部往上 280～300mm 处有一个出口管,管上装有一个阀门,连接抽气装置。

e. 抽气装置:用小型电磁泵,也可用抽气球。

f. 滤纸:采用符合国标的中速定量滤纸。

g. 分析天平(分度值为 1mg)、计时秒表(精确读到 0.5s)、烘干箱、标准试样等。

③仪器校准

a. 漏气检查:将透气圆筒上口用橡皮塞塞紧,接到压力计上。用抽气装置从压力计一臂中抽出部分气体,然后关闭阀门,观察是否漏气。如发现漏气,用活塞油脂加以密封。

b. 试料层体积的测定:用水银排代法将两片滤纸沿圆筒壁平整放入透气圆筒内的金属穿孔板上,然后装满水银,用玻璃板轻压水银表面,使水银面与圆筒口平齐,使玻璃板和水银表面之间没有气泡或空洞存在,倒出水银称量,重复几次直到水银称量值相差小于 50mg 为止。从圆筒中取出一片滤纸,把约 3.3g 的水泥(因圆筒体积不同而异,应可制备坚实的水泥层)装入圆筒,再把一片滤纸盖在上面,用捣棒压实试样层,压到规定厚度(即支持环与圆筒边接触),再在圆筒上部空间注入水银,用上述方法除去气泡、压平、倒出水银称量,重复几次,直到水银称量值相差小于 50mg 为止。

圆筒内试料层体积 V 按下式计算,精确到 $0.005cm^3$。

$$V = \frac{P_1 - P_2}{\rho_{水银}} \tag{11-2}$$

式中　V——试料层体积,cm^3;

　　　P_1——未装水泥时,充满圆筒的水银质量,g;

　　　P_2——装满水泥后,充满圆筒的水银质量,g;

$\rho_{水银}$——试验温度下水银的密度,g/cm³,见表 11-1。

表 11-1　在不同温度下水银密度、空气黏度 η 和 $\sqrt{\eta}$

室温(℃)	水银密度(g/cm³)	空气黏度 η(Pa·s)	$\sqrt{\eta}$
8	13.58	0.000 174 9	0.013 22
10	13.57	0.000 175 9	0.013 26
12	13.57	0.000 176 8	0.013 30
14	13.56	0.000 177 8	0.013 33
16	13.56	0.000 178 8	0.013 37
18	13.55	0.000 179 8	0.013 41
20	13.55	0.000 180 8	0.013 45
22	13.54	0.000 181 8	0.013 48
24	13.54	0.000 182 8	0.013 52
26	13.53	0.000 183 7	0.013 55
28	13.53	0.000 184 7	0.013 59
30	13.52	0.000 185 7	0.013 63
32	13.52	0.000 186 7	0.013 66
34	13.51	0.000 187 6	0.013 70

试料层体积的测定,至少应进行两次。每次应单独压实,取两次数值相差不超过 0.005cm³ 的平均值,并记录测定过程的圆筒附近的温度,每隔一季度到半年应重新校正试料层体积,以免由于圆筒磨损而造成试验误差。

④试验步骤

a. 试样准备

将(110±5)℃下烘干并在干燥器中冷却到室温的标准试样,倒入 100mL 的密闭瓶内,用力摇动 2min,将结块成团的试样振碎,使试样松散。静置 2min 后,打开瓶盖,轻轻搅拌,使在松散过程中落到表面的细粉分布到整个试样中。

水泥试样应先通过 0.9mm 方孔筛,再在(100±5)℃下烘干,并在干燥器中冷却至室温。

b. 确定试样量

校正试验用的标准试样量和被测定水泥的质量,应达到在制备的试料层中空隙率为 0.500±0.005,计算式为:

$$W = \rho V(1 - \varepsilon) \tag{11-3}$$

式中　W——需要的试样量,g;

　　　ρ——试样密度,g/cm³;

　　　V——测定的试料层体积,cm³;

　　　ε——试料层的空隙率,见表 11-2。

表 11-2　水泥层空隙率值

水泥层空隙率值 ε	$\sqrt{\varepsilon^3}$	水泥层空隙率值 ε	$\sqrt{\varepsilon^3}$
0.495	0.348	0.51	0.369
0.496	0.349	0.520	0.374
0.497	0.350	0.525	0.380
0.498	0.351	0.530	0.386
0.499	0.352	0.535	0.391
0.500	0.354	0.540	0.397
0.501	0.355	0.545	0.402
0.502	0.356	0.550	0.408
0.503	0.357	0.555	0.413
0.504	0.358	0.560	0.419
0.505	0.359	0.565	0.425
0.506	0.360	0.570	0.430
0.507	0.361	0.575	0.436
0.508	0.362	0.580	0.442
0.509	0.363	0.590	0.453
0.510	0.364	0.600	0.465

c. 试料层制备

将穿孔板放入透气圆筒内,将一片滤纸沿圆筒壁平整放入透气圆筒内的金属穿孔板上,称量按上式确定的水泥量,精确到 0.001g,倒入圆筒。水平轻摇圆筒使水泥层表面平坦。再放入一片滤纸,用捣器均匀捣实试料直到捣器的支持环紧紧接触圆筒顶边并旋转两周,慢慢取出捣器。

d. 透气试验

把装有试料层的透气圆筒连接到压力计上,要保证紧密连接不致漏气,并不振动所制备的试料层。为避免漏气,可先在圆筒下锥面涂一薄层活塞油脂,然后把它插入压力计顶端锥形磨口处,旋转两周。

打开微型电磁泵慢慢从压力计一臂中抽出空气,直到压力计内液面上升到扩大部下端时,关闭阀门。当压力计内液体的弯月面下降到第一个刻线时开始计时,当液体的弯月面下降到第二条刻线时,停止计时,记录液面从第一条刻线到第二条刻线所需的时间。以秒记录,并记下试验时的温度(℃)。

e. 比表面积的计算

当被测物料的表观密度、试料层中空隙率与标准试样相同,试验时温差 $\leqslant \pm 3℃$ 时,可按下式计算:

$$S = \frac{S_s \sqrt{T}}{\sqrt{T_s}} \tag{11-4}$$

如试验时温差大于 $\pm 3℃$ 时,则按下式计算:

$$S = \frac{S_s \sqrt{T} \sqrt{\eta_s}}{\sqrt{T_s} \sqrt{\eta}} \tag{11-5}$$

式中 S——被测试样的比表面积,g/cm^3;

S_s——标准试样的比表面积,g/cm^3;

T——被测试样试验时,压力计中液面从第一条刻度线到第二条刻度线所需的时间,s;

T_s——标准试样试验时,压力计中的液面从第一条刻度线到第二条刻度线所需的时间,s;

η——被测试样的试验温度下的空气黏度,10^{-1}Pa·s;

η_s——标准试样的试验温度下的空气黏度,10^{-1}Pa·s。

当被测试样的试料层中空隙率与标准试样试料层中空隙率不同,试验时温差 ≤ ±3℃时,可按下式计算:

$$S = \frac{S_s \sqrt{T}(1-\varepsilon_s)\sqrt{\varepsilon^3}}{\sqrt{T_s}(1-\varepsilon)\sqrt{\varepsilon_s^3}} \tag{11-6}$$

如试验时温差大于 ±3℃时,则按下式计算:

$$S = \frac{S_s \sqrt{T}(1-\varepsilon_s)\sqrt{\varepsilon^3}\sqrt{\eta_s}}{\sqrt{T_s}(1-\varepsilon)\sqrt{\varepsilon_s^3}\sqrt{\rho}} \tag{11-7}$$

式中 ε——被测试样试料层中的空隙率;

ε_s——标准试样试料层中的空隙率。

当被测试样的表观密度和空隙率均与标准试样不同,试验时温差 ≤ ±3℃时,可按下式计算:

$$S = \frac{S_s \sqrt{T}(1-\varepsilon_s)\sqrt{\varepsilon^3}\rho_s}{\sqrt{T_s}(1-\varepsilon)\sqrt{\varepsilon_s^3}\rho} \tag{11-8}$$

如试验时温差大于 ±3℃时,则按下式计算:

$$S = \frac{S_s \sqrt{T}(1-\varepsilon_s)\sqrt{\varepsilon^3}\rho_s\sqrt{\eta_s}}{\sqrt{T_s}(1-\varepsilon)\sqrt{\varepsilon_s^3}\rho\sqrt{\eta}} \tag{11-9}$$

式中 ρ——被测试样的表观密度,g/cm^3;

ρ_s——标准试样表观密度,g/cm^3。

水泥比表面积应由二次透气试验结果的平均值确定。如二次试验结果相差 2% 以上时,应重新试验。计算应精确至 10cm^2/g,10cm^2/g 以下的数值按四舍五入计。

以 cm^2/g 为单位算得的比表面积值换算为 cm^2/kg 单位时,需乘以系数 0.1。

⑤影响比表面积测定的因素及注意事项

a. 仪器各接口处漏气将导致测定结果偏低,应检查仪器的密封性,严防漏气。

b. 仪器的液面应保持在一定刻度上,不在这个刻度时,要及时调整。当液面高于正常高度时,气压计产生的压差减少,气体流速变慢,通过水泥层的时间增加,测得的比表面积偏大;反之则偏小。

c. 置于圆筒中的水泥层底面和表面的滤纸,应用直径与圆筒内径相同、边缘光滑的圆片。

d. 装入水泥层底层滤纸片时,应注意压紧纸片边缘,防止漏料,装入上层滤纸片时应精心操作,防止水泥外溢到纸片上面。

e. 捣实试样时,在试样放入圆筒后,按水平方向轻轻摇动,使试样均匀分布在筒中,再用振捣器捣实。这样制备的水泥层,空隙分布比较均匀。

f. 一般水泥试样层的空隙率为 0.500 ± 0.005(勃氏仪)。掺有多孔混合材的水泥,过细的水泥以及表观密度小的物料,这个数值就需适当改变。在测定需要相互比较的物料时,空隙率改变不应太大,否则会影响试验结果的可比性。

g. 水泥表观密度是决定水泥试样的称量和在比表面积计算中不可缺少的参数,它直接影响水泥层空隙率、透气时间和比表面积的计算结果,故表观密度的测定应力求准确。

11.1.3 出磨水泥中的三氧化硫

1. 出磨水泥中三氧化硫的控制指标

为了调节水泥的凝结时间,在磨制水泥时需要加入石膏。水泥中三氧化硫的含量实际上反映了石膏的掺入量。水泥生产中是通过测定水泥中三氧化硫的含量来控制石膏掺量的,以保证水泥的凝结时间正常和三氧化硫含量符合国家标准的规定。

水泥中石膏掺量过少,石膏缓凝作用不明显,水泥会产生快凝现象。石膏掺量过多,硅酸钙水化速度较快,水泥也会产生快凝现象,还会引起水泥体积安定性的不良。在矿渣水泥中,石膏不仅是缓凝剂,还是矿渣水泥的活性激发剂,它可加速矿渣水泥的硬化过程,对改善水泥性能更有利。因此,适宜的石膏掺量是保证水泥质量的重要方面。

生产中,可通过小磨实验找出石膏掺量与水泥凝结时间、安定性、强度的关系,确定石膏最佳掺量。

出磨水泥中三氧化硫控制指标为:

目标值 ± 0.3%,合格率 ≥70%;

粉磨 2h 检验一次。

2. 水泥及熟料中三氧化硫的测定

水泥及其熟料中三氧化硫的测定是指硫酸盐—三氧化硫的测定。一般出厂水泥采用硫酸钡重量法,生产控制分析采用离子交换法、碘量法和库仑积分法。现介绍生产控制中常用的离子交换法。

(1)检测原理

在水介质中,用交换树脂对试样中的硫酸钙进行两次静态交换,生成等物质量的 H_2SO_4,以酚酞为指示剂,用氢氧化钠标准滴定溶液滴定。然后根据 NaOH 的消耗量计算三氧化硫的质量百分数。

上述离子交换反应和滴定反应如下:

$$2R\text{-}SO_3H + CaSO_4 = (R\text{-}SO_3)_2Ca + H_2SO_4$$

$$H_2SO_4 + 2NaOH = Na_2SO_4 + 2H_2O$$

(2)检测步骤

准确称取约 0.2g 试样,置于已放入 5g 树脂、一根磁力搅棒和 10mL 热水的 150mL 烧杯中,摇动烧杯使试样分散。加入约 50mL 沸水,盖上表面皿,置于磁力搅拌器上,搅拌 10min。取下,用快速滤纸过滤,将树脂转移至漏斗上,并用热水洗涤烧杯及树脂 4~5 次。滤液和洗液(此时溶液的体积在 100mL 左右)收集于另一装有 2g 树脂和一根磁力搅拌棒的烧杯中,置于磁力搅拌器上,搅拌 3min。用快速滤纸过滤,并用热水洗涤烧杯及树脂 5~6 次。滤液和洗液收集于 300mL 烧杯中,并向其中加入 5~6 滴酚酞指示剂,用氢氧化钠标准溶液(0.06mol/L)滴定至微红色为终点。滴定时消耗氢氧化钠标准溶液的体积记为 V。

(3)三氧化硫的质量百分数按下式计算:

$$SO_3 = \frac{T_{SO_3} \times V}{m \times 1\,000} \times 100\%$$ (11-10)

式中　V——滴定时消耗氢氧化钠标准溶液的体积,mL;

　　T_{SO_3}——每毫升 NaOH 相当于 SO_3 的毫克数,mg/L;

　　m——试样质量,g。

(4)检测注意事项

①交换用的树脂要确保不含有盐型树脂,否则会产生下式反应:

$$CaSO_4 + 2R\text{-}SO_3Na = (R\text{-}SO_3)_2Ca + Na_2SO_4$$

生成的硫酸钠是中性盐,不与 NaOH 作用,会使测定结果偏低。所以处理树脂要用动态法,以确保得到纯氢型树脂。

②已处理好的树脂久放后会析出游离酸,所以在使用前应用水洗涤 2~3 次,否则会给测定结果造成较大的正误差。

③本方法只适用于掺天然石膏,并不适合含有氟、磷、氯的水泥中的三氧化硫的测定。

11.1.4　混合材料掺入量

1. 混合材的质量控制指标

水泥中掺入一定的混合材料,可以增加水泥产量,降低水泥成本,改善水泥的某些性能,变废为宝,减少环境污染。但混合材的加入,减少了水泥中熟料的含量,会使水泥的强度,特别是早期强度受到影响。所以,混合材的掺量应根据生产水泥品种、熟料质量、混合材品种及质量来确定。

混合材掺量控制指标:

目标值 ±2.0%,合格率≥80%;

粉磨 4h 检验一次。

2. 混合材掺量的检测方法

混合材掺量的检测方法,主要参照《水泥组分的定量测定》GB/T 12960—1996。

混合材在水泥行业使用较为普遍,品种也较多。现介绍水泥中只有一种混合材(矿渣),即组成为熟料、石膏和矿渣三组分的水泥中矿渣含量的检测方法。

(1)检测原理

在酸度为 pH 11.60 并含有配位剂的溶液中,利用水泥矿物可被选择溶解而矿渣基本不溶解的原理,通过校正可求得矿渣组分的含量。

(2)检测仪器

天平:不低于四级,精度至 0.000 1g。

烘箱:可控温度 105~110℃。

酸度剂:测量范围 0~14pH,精度 0.02pH。

玻璃砂芯漏斗、500mL 抽滤瓶、抽气泵等。

水泥组分测定装置：如图 11-3 所示。

（3）检测步骤

取 50mL EDTA 溶液（0.015mol/L）于 150mL 烧杯中，加入 10mL 三乙醇胺、5mL 磷酸氢二钠溶液（0.25mol/L）、5mL 氢氧化钠溶液（100g/L）及 25mL 水，放入一支搅拌子。

①在溶液中插入电极。在酸度计指示下用氢氧化钠溶液（100g/L）调整溶液 pH 值至 11.60 ± 0.05。停止搅拌后，读取酸度计 pH 值。

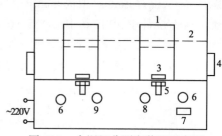

图 11-3　水泥组分测定装置示意图
1—烧杯；2—恒温水箱；3—搅拌子；
4—恒温电器元件；5—搅拌器；
6—搅拌器的调速钮；7—电源开关；
8—时间设定键；9—温度设定旋钮

②将烧杯置于水泥组分测定仪上，使溶液保持（20 ± 2）℃。启动搅拌器，向溶液中加大约 0.3g 试样，精确至 0.000 1g，搅拌 25min。

③用预先在 105 ～ 110℃ 烘箱中烘干至恒量的玻璃砂芯漏斗抽气过滤。用镊子取出搅拌子，并用水冲洗，将不溶物全部转移至砂芯漏斗上，擦洗净烧杯，用水洗涤不溶物 8 次，用乙醇洗涤一次。滤液与洗液总体积约在 200mL。

④将残渣与漏斗移入（105 ～ 110℃）烘箱中烘干 30min。取出置于冷却器中冷却至室温称量。如此反复烘干，直至恒量。

（4）计算

①水泥中不溶渣的含量（R_1）：

$$R_1 = \frac{m_2 - m_1}{m_3} \times 100\% \tag{11-11}$$

式中　R_1——水泥中不溶渣的含量，%；

　　　m_1——玻璃砂芯漏斗的质量，g；

　　　m_2——烘干后玻璃砂芯漏斗和不溶渣的质量，g；

　　　m_3——试样的质量，g。

②水泥中矿渣组分的含量（S_1）：

$$S_1 = 1.111 \times R_1 - 4.46 \tag{11-12}$$

式中　S_1——水泥中矿渣组分的含量，%；

　　　R_1——水泥中不溶渣的含量，%；

1.111，4.46——校正系数。

（5）检测注意事项

①经第一次烘干、冷却、恒量后，再通过连续 15min 的烘干、冷却、称量的方法来检查恒定量，当连续两次误差小于 0.000 5g 时，即达到恒量。

②测定结果以两次试验的平均值表示。

11.1.5　出磨水泥氧化镁含量

出磨水泥化学分析的目的之一是了解水泥中 MgO 的含量是否符合国家标准，以保证出厂水泥的质量。国家标准中规定硅酸盐水泥和普通硅酸盐水泥中氧化镁的含量不得超过

5.0%,如水泥经压蒸检验安定性合格,可放宽到 6.0%,其他品种水泥也有相应规定。如出磨水泥 MgO 含量不符合国家标准,可采用搭配均化的方式进行处理,以确保出厂水泥质量。

出磨水泥 MgO 含量控制检验:取平均样,一天检验一次。

11.1.6　水泥烧失量

国家标准中规定了硅酸盐水泥和普通水泥的烧失量指标,P·I 型不得大于 3.0%,P·I 型不得大于 3.5%,P·O 型不得大于 5.0%。检验水泥的烧失量主要是控制混合材和立窑熟料的煅烧状况。因此,为了保证水泥中混合材掺量符合国家标准及保证熟料的质量,对水泥的烧失量要加以限制。

11.1.7　出磨水泥物理性能

出磨水泥的安定性、凝结时间、强度等级等物理性能都要符合国家标准,才能保证出厂水泥的质量。如果出磨水泥的某些性能不符合国家标准,应采取均化处理,确保出厂水泥的质量。

出磨水泥物理性能检验:取平均样,一天检验一次。

11.2　出磨水泥的管理

出磨水泥除了按各项控制指标进行严格控制外,还应加强出磨水泥的管理,保证出厂水泥质量的稳定。出磨水泥的管理主要应抓好以下几个方面的工作:

1.严格控制出磨水泥质量。对于生产工艺条件差、质量波动大的厂,应尽量缩小出磨水泥的取样时间和检验吨位,增加检验次数,掌握质量波动情况,以便及时调整在出厂前进行合理调配。

2.严格出磨水泥的入库、出库制度。出磨水泥应严格按化验室指定的库号和时间入库、出库。

3.出磨水泥要有一定的储存期。一般出磨水泥储存期不少于 5d,便于根据入库水泥 3d 的强度和其他指标来确定出厂水泥的质量。也可根据入库水泥的质量情况,进行必要的搭配和均化,以稳定出厂水泥的质量。

4.出磨水泥不得在磨尾直接包装,或采用水泥出磨后上入下出的库底包装,防止质量不合格的水泥出厂。

出磨水泥质量控制原始记录见表 11-3。

表 11-3　出磨水泥 SO$_3$、细度、熟料 f-CaO 原始记录　　　　　　单位:%

时间	水泥 SO$_3$				细度(0.080mm)		熟料 f-CaO			
	起值	终值	耗酸	结果	筛余	结果	起值	终值	耗酸	结果
班次			分析人							

思 考 题

1. 控制出磨水泥细度的目的是什么?
2. 为什么要控制出磨水泥中的 SO_3 含量?
3. 出磨水泥为什么要进行混合材含量的检验?
4. 如何做好出磨水泥的管理?

第12章　出厂水泥的质量控制

出厂水泥的质量控制是水泥生产质量控制的最后一关,也是最重要的一关。企业必须执行水泥的国家标准及有关的法规条例,确保出厂水泥全部合格。

12.1　出厂水泥的质量要求

12.1.1　出厂水泥合格率100%
出厂水泥的各项技术要求必须满足相应水泥品种的国家标准或行业标准的规定。

12.1.2　28d抗压富余强度合格率100%
确保出厂水泥28d抗压强度富余值在2.0MPa以上。

12.1.3　袋重合格率100%
袋装水泥20包的总质量不少于1 000kg,单包净重不低于49kg,合格率100%。

12.1.4　28d抗压强度目标值≥水泥国家标准规定值+2.0MPa+3S。
标准偏差 $S \leqslant 1.65$MPa。

12.1.5　均匀性合格率100%
每季度进行一次均匀性试验,10个分割样的细度、凝结时间、安定性、烧失量、SO_3含量、强度指标必须符合国家标准,28d抗压强度变异系数 $C_v < 3.0\%$。

12.2　出厂水泥的管理

12.2.1　水泥出厂的依据
为使水泥生产正常进行,加快水泥储库的周转,水泥厂不可能等到水泥28d强度出来后再出厂,而是要参照有关质量指标提前出厂。决定水泥出厂的依据如下:

1. 熟料质量

熟料质量是水泥质量的保证。在日常生产控制中,应掌握熟料强度增长的规律,掌握熟料各龄期强度以及熟料化学成分、率值的变化对熟料强度的影响,掌握熟料试验小磨与水泥磨由于工艺条件不同所反映在强度上的差异。

2. 出磨水泥质量

生产中为了有效地控制出厂水泥的质量,必须对出磨水泥按班次或库号进行全面检验,用以指导水泥的出库管理工作。如果各库中的水泥质量有差别,甚至有的不符合国家标准规定时,应该根据检验结果,进行必要的存放和搭配,以使出厂水泥合格并达到规定要求的强度等级及强度目标值。

3. 出磨水泥与出厂水泥的强度关系

掌握出磨水泥与出厂水泥的强度关系,就可以根据出磨水泥的强度推算出出厂水泥的强度。它们之间的关系,各水泥企业不尽相同,它与水泥的性能、取样方式及水泥均匀性等有关,各水泥企业应在生产实践中,通过大量的数据统计分析,找出出厂水泥与出磨水泥强度之间的相关关系。

4. 根据出厂水泥的检验结果

水泥出厂前必须按国家标准规定的编号、吨位取样,进行全套物理、化学性能检验,确认各项指标均符合国家标准及有关规定时,方可由化验室通知出厂。出厂水泥的强度等级一般根据实测 3d 强度,并根据本厂水泥强度发展规律来推算 28d 强度等级。如供需矛盾紧张,也可用快速强度检验法或水泥 1d 强度预测出厂水泥 28d 强度。这种方法必须有比较稳定的生产条件,化验室能确切掌握强度发展规律,才能确保出厂水泥质量合格。

12.2.2 出厂水泥的均化

水泥厂由于受生产工艺条件限制和生产控制水平的限制,水泥质量波动大,均化效果不理想,会导致水泥均匀性合格率下降,均匀性试验变异系数难以达到规定指标。所以,做好水泥的均化是稳定出厂水泥质量的重要方面。

12.3.3 水泥的包装

1. 包装质量

水泥的包装质量必须严格执行国家标准和有关规定。即袋装水泥每袋净重 50kg,且不得少于包装标志的 98%,随机抽取 20 袋水泥总质量不得少于 1 000kg。其他包装形式由供需双方协商确定,但有关袋装质量的要求,必须符合上述规定。规定包装质量的目的是:

(1)在施工中,施工单位往往是按每袋水泥(50kg)计算配制混凝土,质量不足会降低混凝土标号,影响工程质量,超重则会造成水泥不应有的浪费。

(2)袋装水泥出厂一般按照每袋 50kg 计算发放,每袋水泥超重或质量不足都会给供需双方带来经济损失。

2. 袋重合格率

以 20 袋为一抽样单位,在总质量不少于 1 000kg 的前提下,20 袋分别称重,计算袋重合格率,小于 49kg 者为不合格。当 20 袋总质量少于 1 000kg 时,即袋重不合格(袋重合格率为零)。

抽查袋重时,质量记录至 0.1kg。计算平均净重时,应先随机抽取 10 个纸袋称重并计算其平均值,然后由实测袋重减去纸袋平均质量。计算袋重合格率可按下列公式计算:

$$袋重合格率 = \frac{净重为 49kg 以上的包数}{总的抽查包数} \times 100\%$$

其中 20 袋总重量 ≥ 1 000kg。

企业化验室要严格执行袋重抽查制度,每班每台包装机至少抽查 20 袋,同时考核 20 袋总质量和单包质量,计算袋重合格率。

3. 水泥包装袋的技术要求

《水泥包装用袋》GB 9774—1996 的主要内容如下:

水泥袋上应清楚标明:产品名称,代号,净含量,强度等级,生产许可证编号,生产者名称和地址,出厂编号,执行标准号,包装年、月、日,掺火山灰质混合材料的普通水泥还应标上"掺火山灰"字样。

包装袋两侧应印有水泥名称和强度等级,硅酸盐水泥和普通水泥的印刷采用红色,矿渣水泥的印刷采用绿色,火山灰水泥、粉煤灰水泥及其他品种水泥的印刷采用黑色。

12.2.4 水泥的散装

水泥散装运输,其运价低,耗损少,节省纸袋,从而节约大量优质木材并可减轻工人劳动强度和环境污染,便于实现机械化和自动化,是水泥包装发展的必然趋势。

散装水泥由于在出厂时间与编号、储存条件、使用周期等方面不同于袋装水泥,各道工序的质量控制应比袋装水泥更严格,才能保证散装水泥的质量。

散装水泥的质量控制应注意以下几点:

1. 水泥企业应有专门的散装库,每个库的容量以本厂每个编号的吨位数为宜;

2. 出磨水泥不允许直接入散装库,应先储入水泥储存库,经检验技术指标合格后,通过均化后才可以入散装库;

3. 入散装库的水泥品种、强度等级变化时,应先用水泥洗库;

4. 散装水泥出厂时,必须在装车的同时按本厂每编号吨位数取样进行全套物理、化学性能检验;

5. 散装水泥出厂时,必须向用户提交与袋装水泥标志相同的卡片。化验室按国家标准向用户寄发出厂质量检验报告。

12.2.5 水泥出厂

1. 水泥按编号经检验合格后,由化验室主任或水泥出厂管理员签发"水泥出厂通知单"一式两份,一份交销售部门作为发货依据,一份由化验室存档。

2. 销售部门必须严格按化验室"水泥出厂通知单"要求的编号、强度等级、数量发售水泥,并做好发货明细记录,不允许超吨位发货。

3. 水泥发出后,销售部门必须将发货单位、发货数量、编号一并填写"出厂水泥回单",一式两份,一份交化验室,一份由销售部门存档。

4. 当用户需要时,化验室在水泥发出日起 7d 内寄发除 28d 强度以外的各项检验结果。28d 强度数值,应在水泥发出日起 32d 内补报。

5. 在成品库或站台上存放 1 个月以上的袋装水泥,出厂前必须重新取样检验。确定合格后才能出厂。

6. 水泥安定性不合格或某项指标达不到国家标准要求的袋装或散装水泥,一律不准借库存放。

12.2.6 售后服务

水泥企业应建立和坚持访问用户制度,做好售后服务。企业每年至少要信访、走访有代表性的用户一次,主动、广泛地征求用户对水泥的品质性能、包装质量、装运情况及执行合同等方面的意见,及时反馈并采取措施,积极改进。

1. 水泥出厂后发现质量问题的处理措施

(1)水泥出厂后,发现质量不符合标准或对某项检验结果有怀疑时,应立即向收货单位发出通知,暂停使用该编号水泥。

(2)试验条件、仪器设备或人员操作等原因造成试验结果不准确,应报请省级行业主管部门批准,将该编号水泥的封存样送省级或省级以上质量监督检验机构复验(本厂无权复验,以一次复验结果为准)。

(3)水泥经复验证明为不合格,企业应及时派人负责处理。对尚未应用于工程上的水泥负责退换,对已经使用且影响工程质量的,企业应会同有关部门采取补救措施,确保工程安全,并应包赔一切经济损失。

(4)迅速组织人员查明事故原因,针对质量管理中存在的问题,研究制定出具体解决措施,杜绝类似事故发生。

(5)及时对事故直接责任者和有关负责人进行严肃处理,如因水泥质量造成工程质量事故、人身伤亡事故和重大经济损失的,要追究法律责任。

(6)对事故发生原因及处理结果,应以书面材料报告省、地、市主管部门和水泥质检机构,并认真执行主管部门的处理决定。

2. 当用户对水泥质量提出异议时,可进行仲裁检验

(1)水泥出厂后三个月内,如购货单位对水泥质量提出疑问或施工过程中出现与水泥质量有关的问题时,化验室应会同有关部门及时派出人员调查核实。如购货单位要求对水泥质量进行仲裁检验时,企业应积极主动依照规定将同一编号封存样送水泥质量监督检验机构进行检验。

(2)若用户对水泥安定性、初凝时间有疑问,要求现场取样仲裁时,生产厂应在接到用户要求后7d内会同用户共同取样,送水泥质量监督检验机构检验。生产厂在规定时间内不去现场,用户可单独取样检验,结果同等有效。

(3)所送的仲裁样必须是双方共同确认的封存样或按规定抽取的现场样(指仲裁安定性和初凝)。送仲裁样时,应有双方的签字证明或有效证件。

(4)仲裁检验由国家认可的省级或省级以上水泥质量监督检验机构进行。

思 考 题

1. 出厂水泥的质量有何要求?
2. 决定水泥出厂的依据有哪些?
3. 出厂水泥均化的意义是什么?

第 13 章　硅酸盐水泥的性能

硅酸盐水泥作为大量应用的建筑工程材料,对它的一些主要性能的研究,如凝结时间、体积变化、强度、水化热以及硅酸盐水泥的耐久性等,无疑对工程施工及工程质量都具有很重要的意义。对于硅酸盐水泥性能的研究,有的是以粉末状态进行研究的,如容积密度、比密度等;有的是以水泥浆体进行研究的,如凝结时间、泌水性、保水性等;还有的则是以硬化的水泥石进行研究测定的,如强度、抗冻性、耐蚀性等。

13.1　凝结时间

水泥浆体的凝结时间,对于建筑工程的施工具有很重要的意义。凝结时间分为"初凝"和"终凝"。如果初凝时间太短,会给砂浆和混凝土的制备造成困难,而且往往来不及施工浆体会结硬。反之,如果终凝时间太长,则会给工程带来较长的养护时间,使工程进展被迫放慢。因此,应有一定的时间来保持水泥浆体的流动性和可塑性,以便完成混凝土和砂浆的搅拌、运输、浇筑、成型等的基本操作。同时还应尽可能加快脱模及施工进度,以保证工程的进展要求。为此,各国的水泥标准中都规定了水泥的凝结时间。

水泥的初凝是指水泥浆体失去了流动能力,开始凝结;终凝是指水泥进一步水化,水泥浆体开始紧密并完全失去可塑性,具有一定的结构强度,能抵抗一定的外来压力。从水泥与水拌和到水泥初凝所经过的时间称为"初凝时间";从水泥与水拌和到水泥终凝所经过的时间称为"终凝时间"。凝结时间,特别是初凝时间,对水泥的使用更具有实际意义。根据国家标准GB 175—1999规定,硅酸盐水泥初凝不得早于45min,终凝不得迟于390min。

13.1.1　凝结速度及影响凝结速度的因素

根据水泥浆体的凝结过程可知,水泥与水拌和后,首先各熟料矿物进行水化,产生不同的水化产物,随着水化作用的继续进行,水化产物增多,并逐渐长大,水化产物逐渐凝聚,初步连接成网,逐渐失去可塑性,才能使水泥浆体产生凝结。所以,凡是影响水化速度的各种因素,基本上也影响水泥的凝结速度,如矿物组成、粉磨细度、水灰比、温度和外加剂等。但是在考虑凝结过程时,也应注意到某些影响因素和水化过程本质上的差异。例如,水灰比越大,水化速度越快,但对于凝结速度而言反而变慢。这是因为水分过多,水泥浆体结构就不易紧密,使颗粒间距离增大,网状结构较难形成。

矿物组成对于凝结速度的影响,应从两方面进行考虑,一方面要考虑矿物的水化速度,另一方面要考虑矿物的含量。因为水化作用是从熟料颗粒和水接触的表面开始的,含量越多,相对作用面积也就越大。这两种矿物与凝结速度的关系最为密切。尤其是初凝速度,主要受C_3A 和 C_3S 含量的控制。

R.H. 鲍格和 W. 勒奇等人认为,铝酸三钙的含量是控制终凝时间的决定因素。如果硅酸盐水泥熟料单独粉磨,然后与水拌和,铝酸三钙将迅速反应,很快生成大量的水化铝酸钙,这些片状水化产物不仅长在水泥颗粒上,同时还分布在充满水的空隙中,互相粘结成桥,形成松散的网状结构,因而出现不可逆的固化现象,即所谓的"速凝"或"闪凝"的不正常快速凝结发生,同时温度将剧烈上升。但是,如果铝酸三钙含量过少或掺有石膏等缓凝剂时,就不会产生快凝现象,而是水化速度相对较慢的硅酸三钙逐渐反应,生成含水硅酸钙。由于硅酸盐水泥在粉磨时都掺有适量的石膏,因此,其凝结时间在很大程度上受硅酸三钙的水化速度的制约。当 C—S—H 凝胶包围在未水化颗粒的周围后,会阻碍进一步的水化,产生自抑作用,从而使凝结时间正常,而且温度却不高。

应该指出,实际上的凝结作用并不是如此简单,各种矿物遇水后都要水化,而且没有绝对的分明界限。另外,熟料矿物以及水化产物的物理结构,对凝结也都将产生一定的影响。实验证明,即使是化学组成和表面积都完全相同的水泥,由于燃烧时的冷却制度的差异,可使熟料结构有所不同,凝结时间也将发生相应的变化。例如,急冷的熟料凝结正常,而慢冷的熟料常出现快凝现象。这是因为熟料中的铝酸三钙在慢冷条件下能充分析晶,C_3A 含量相对增多,使水化速度加快。而急冷时,铝酸三钙呈不规则的微晶存在于玻璃相中,由于玻璃相的物理结构比较紧密,相对 C_3A 晶体水化较慢,所以,慢冷的熟料就常常发生快凝现象。同样,水化产物如果是凝胶状的,则会形成薄膜,包裹在未水化的水泥颗粒周围,阻碍水和无水矿物的接触,因而也能延缓水泥的凝结时间。

温度的变化也会影响水泥的凝结时间。温度升高,水化作用加快,凝结时间会缩短,反之,温度降低,水化作用减慢,凝结时间则会延长。如图 13-1 所示。所以在炎热的季节及高温条件下施工,必须注意初凝时间的变化,而在冬季及寒冷的条件下施工时,应注意采取保温措施,以保证正常的凝结时间。

影响水泥凝结时间的因素是多方面的,但主要的还是受 C_3A 含量的影响,因此在生产上都是掺入石膏来控制水泥凝结时间的。

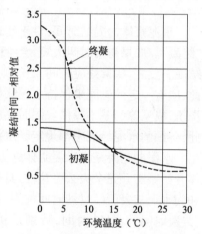

图 13-1　温度对凝结时间的影响

13.1.2 石膏的缓凝机理

当水泥熟料单独粉磨与水混合,很快就会凝结,使施工无法进行。掺加适量的石膏就会使水泥的凝结时间得到调节,达到控制凝结时间的目的。同时,石膏的掺入还能提高早期强度,改善水泥的耐蚀性、抗冻性、抗渗性、降低干缩变形等一系列性能。

对于石膏的缓凝机理,目前还没有完全统一的认识,仍然存在着不同的学术观点,但每一种观点均不能全面、有效地解释缓凝现象。目前,一般认为(或称经典看法),水泥加石膏后,C_3A 在饱和石灰—石膏溶液中生成溶解度极低的钙矾石,这些棱柱状的小晶体长在颗粒表面,形成覆盖层或薄膜,这一覆盖层或薄膜或多或少是不可渗透的,封闭了水泥颗粒的表面,从而阻滞了水分子向颗粒内部扩散,因而阻碍了水泥颗粒特别是 C_3A 的进一步水化,使水泥不至于产生快凝现象,以后,随着扩散作用的继续进行,钙矾石增多,当钙矾石覆盖层足够厚时,由于 SO_4^{2-} 离子的迁移率也会受到限制,结果,内部的水化将形成不可渗透的 C_4AH_{13} 覆盖层,当一部分 C_4AH_{13} 覆盖层转变成单硫铝酸盐时,将伴随着体积增加,由于固相体积增加所产生的

136

结晶压力达到一定数值时,就会将钙矾石薄膜局部胀裂,而使水化继续进行。

斯凯里(Skalny)等人根据 C_3A 溶解数据和电动力学性能,提出了另一种看法。他们认为,铝酸三钙与水接触后不一定溶解,会形成富铝的表面,钙离子化学吸附在这一表面上,使颗粒带正电荷。形成的这样一种结构,减少了溶解活化点的数目,从而使 C_3A 溶解速度降低,接着硫酸根离子吸附在带正电荷的 C_3A 颗粒上,导致可溶解活化点的数目进一步降低。通过硫酸盐离子在配合位置上的封闭作用,实现缓凝的效果。因此,石膏的存在并未改变反应的过程,只是减缓了 C_3A 的溶解,使水泥得以正常凝结。

洛赫尔(Locher)等人则认为,石膏对 C_3A 的水化速度没有什么影响。其作用主要是在于使最初几分钟内的 C_3A 水化产物生成钙矾石小晶体,而不是生成快凝的 C_4AH_{13} 的薄片状产物。因此,初期就不足以使浆体内形成网状结构而产生快凝。所以,他们认为水泥的凝结主要取决于浆体网状结构的形成。为了获得正常的凝结时间,必须加入适当种类和数量的含硫酸盐物质,如果硫酸盐提供不足,则将生成单硫酸盐和 C_4AH_{13};反之,如果硫酸盐过量,则将产生二次石膏,这些关系如图 13-2 所示。如第 I 行表示熟料中 C_3A 含量不高(即所谓的反应能力低),硫酸盐含量也低,水化初期,水泥颗粒表面生成细小的钙矾石晶体薄膜,这层晶体薄膜不阻碍水泥颗粒的相互移动,浆体仍具有可塑性。只有到钙矾石增加到足够的数量,经几小时后,晶体长成细针状后,才在水泥颗粒间相互交叉搭桥,形成网状结构,进行凝结。如果 C_3A 的含量较高,硫酸盐的数量也相应增多时,水化初期反应生成的钙矾石也相应增多,水泥颗粒表面上钙矾石包裹层就增厚,但仍不足以在颗粒间搭桥,只是凝结速度加快,但仍属正常凝结,如图中第 II 行所示。假如 C_3A 含量较高,而溶液中有效的硫酸盐很少时,除生成钙矾石薄膜外,剩余的 C_3A 会很快在颗粒间隙生成片状 C_4AH_{13} 和单硫型水化硫铝酸钙并析出晶体,在反应初期形成网状结构,并导致水泥浆体硬化和较快凝结如图第 III 行所示。当 C_3A 含量较低,而溶液中有效硫酸盐含量较高时,如第 IV 行的情况,溶液中的硫酸盐不可能完全被 C_3A 反应所消耗,剩余的硫酸盐则立即结晶,形成二次石膏,二次石膏形成较厚的板条状晶体,它贯穿于结构中,也会引起水泥在较短时间内凝结。因而加石膏实际是为了推迟水泥网状结构的过早出现,而适宜的石膏掺入量又是决定水泥凝结时间的关键。

13.1.3 石膏的适宜掺入量

为了获得正常的凝结时间,必须调节水泥水化开始时硫酸盐的有效量,使它只生成钙矾石而不生成单硫铝酸盐或二水石膏。石膏对水泥凝结时间的影响不与掺入量成正比,而是带有突变性,当掺入量超过一定数量时,稍有增加就会使凝结时间变化很大。图 13-3 表示石膏加入量对某一组成的水泥凝结时间的影响。从图中可以看出,当三氧化硫含量小于 1.3% 时,石膏还不能阻止这种水泥的快凝,对调节凝结时间起不到应有的作用,只有当三氧化硫含量进一步增加,石膏才有明显的缓凝作用,但在掺入量超过 2.5% 以后,缓凝时间的增长很少。也有许多研究者指出,水泥中石膏的适宜掺入量,应是在加水 24h 左右能够被耗尽的数量。由于影响石膏适宜掺入量的因素较多,因此,通常适宜的石膏掺入量很难按照化学计量进行精确计算。

应该指出,确定石膏的最佳掺量不仅要考虑凝结时间,还要注意其对不同龄期的强度、水泥安定性的影响。据有关资料统计,现代硅酸盐水泥中 SO_3 与 Al_2O_3 的适宜比例为 $0.5 \sim 0.9$,平均约为 0.6,通常石膏掺量是很难以经验公式精确计算出来的。确定最佳石膏掺量的可靠方法是强度和有关性能的试验。如图 13-4 所示。

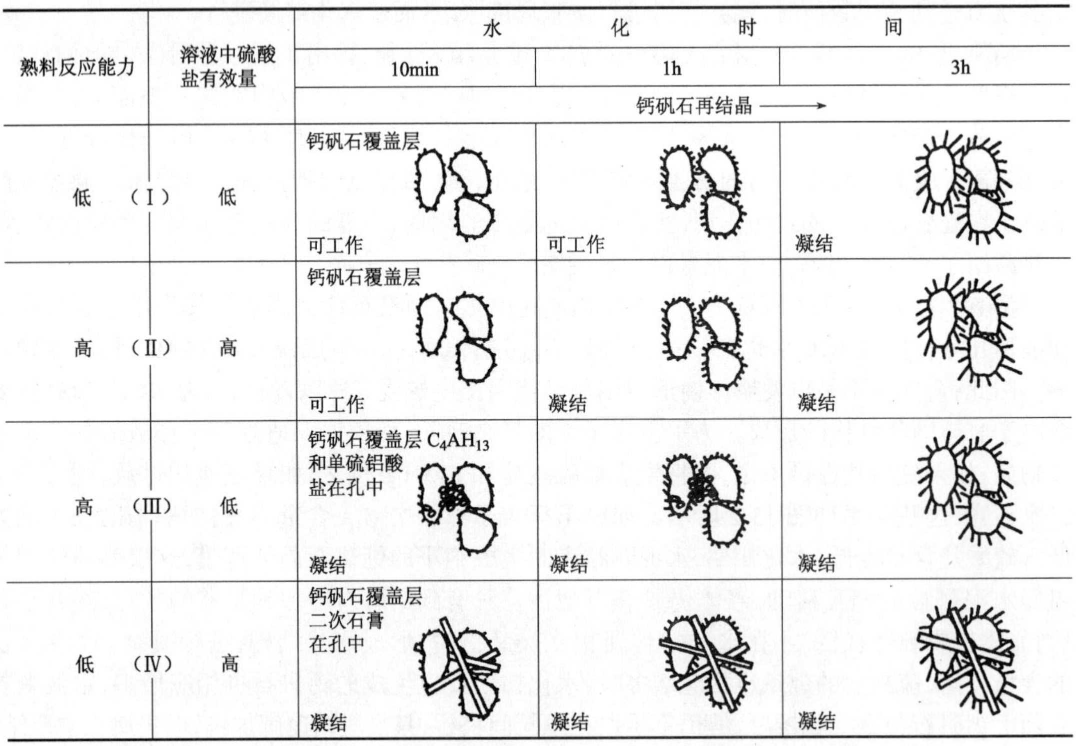

熟料反应能力
溶液中硫酸盐有效量
水化时间
10min
1h
3h
钙矾石再结晶
低（Ⅰ）低
钙矾石覆盖层
可工作
可工作
凝结
高（Ⅱ）高
钙矾石覆盖层
可工作
凝结
凝结
高（Ⅲ）低
钙矾石覆盖层 C4AH13 和单硫铝酸盐在孔中
凝结
凝结
凝结
低（Ⅳ）高
钙矾石覆盖层 二次石膏 在孔中
凝结
凝结
凝结

图 13-2　硅酸盐水泥凝结时结构形成与 C_3A 含量和石膏含量的关系图解

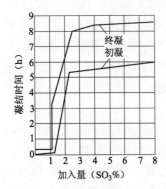

凝结时间（h）
终凝
初凝
加入量（SO3%）

图 13-3　石膏对凝结时间的影响

抗压强度（MPa）
180d
90d
28d
7d
3d
加入量（SO3%）

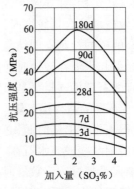

图 13-4　水泥强度和 SO_3 掺量的关系

石膏的适宜掺入量通常主要考虑以下几个方面的因素：

1. C_3A 含量

C_3A 的含量是关系到适宜的石膏掺入量的最主要因素之一，一般 C_3A 含量高，石膏的加入量应适当增加，反之则减少。作为大致的规则，可以粗略的说，C_3A 小于 11% 的普通硅酸盐水泥，三氧化硫最佳掺量为 2.3%。

2. 熟料中三氧化硫含量

由于配料和原料的缘故，熟料中常含有少量的三氧化硫，当熟料中三氧化硫含量较高时，则要相应减少石膏掺量。

3. 水泥细度

在相同 C_3A 含量的情况下,当水泥粉磨得较细时,应适当多掺些石膏。因为比表面积增大会使 C_3A 水化更快、更完全。

4. 混合材

混合材的种类和含量也同样会影响石膏的掺入量。如混合材采用矿渣,而且含量较多时,也应适当多加些石膏,这是因为石膏在矿渣中除了起缓凝的作用外,还起硫酸盐激发剂的作用,加速矿渣的硬化过程。

在实际生产中,石膏的适宜掺入量通常是用同一熟料掺加各种百分比的石膏,分别磨到同一细度,然后进行凝结时间、不同龄期的强度等性能试验,根据所得数据和三氧化硫含量作出关系图,结合各龄期的情况进行综合考虑,选择在凝结时间正常时能达到最高强度的三氧化硫掺入量作为最佳石膏掺入量。

当 C_3A 含量较高,晶体尺寸发育较大时,单用二水石膏作为缓凝剂往往不能满足要求。因为二水石膏作为缓凝剂在拌和的水中其溶解速度相对较慢,如表 13-1 所示,因此要保证适当比例的二水石膏在熟料粉磨时因温度升高而脱水成半水石膏,这样在水泥与水调和后,半水石膏能很快溶解,使 C_3A 水化初期的水化产物完全化合成钙矾石。但值得注意的是,由于半水石膏的溶解度比二水石膏大得多,很容易造成水泥的假凝现象,因此,其控制比例不宜太大,更不宜单独使用。其比例最好控制在能在潜伏期之前使半水石膏完全化合成钙矾石为宜。

表 13-1　各种硫酸盐的溶解度、溶解速度与缓凝作用

石膏种类	分子式	溶解度(g/L)	相对溶解速度	相对缓凝作用
半水石膏	$CaSO_4 \cdot 0.5H_2O$	6	快	很强烈
二水石膏	$CaSO_4 \cdot 2H_2O$	2.4	慢	较强烈
可溶性无水石膏	$CaSO_4 \cdot 0.001 \sim 0.5H_2O$	6	快	很强烈
天然无水石膏	$CaSO_4$	2.1	最慢	弱

在常温下,天然无水石膏溶解速度比石膏小得多,因此要满足对凝结时间的要求,其加入量要比二水石膏大,由于掺量增大,易使水泥中三氧化硫含量超出国家标准,而引起安定性不良,并且由于溶解速度太慢,对初期反应不起太大的作用,所以一般将天然无水石膏与二水石膏混合使用,其缓凝效果较好。因为这样不仅提供了一定量的硫酸盐在潜伏期之前形成钙矾石,也为潜伏期后对重新开始的反应提供足够的硫酸盐。

13.1.4　其他缓凝剂

石膏作为硅酸盐水泥的缓凝剂,已使用很多年了,所以很多国家的水泥标准中,已将石膏作为硅酸盐水泥的基本定义的一部分包括在内。

目前,国外有人已开始研究用其他物质来代替石膏作为硅酸盐水泥的缓凝剂,例如木质素磺酸钙-碳酸氢钠混合物。研究者认为,普通硅酸盐水泥的流动性和高需水量主要是与石膏带来的絮凝状态有关。因此,加入木质素磺酸钙-碳酸氢钠混合物来代替石膏,能分散磨细的熟料颗粒,增加流动性减小需水量,又能调节水泥的凝结时间。据认为,由于加入木质素磺酸钙-碳酸氢钠混合物,还可以增进早期水化和早期强度。另外水化产物特性也有所不同,在普通硅酸盐水泥浆体中,早期水化时的主要水化产物——细长的水化硅酸钙颗粒几乎完全消失,代之生成的是快速占据有限空间、大致呈等大粒子的水化硅酸钙凝胶。水化两天后用扫描电子显微镜观察,显微结构几乎变成块状,而无结构特征,当然也不生成钙矾石和类似的化合物。同时在零下 20℃水化时,其凝结时间仍符合要求。

还有人研究用其他物质代替石膏,但目前都只是处于研究阶段,还有待进行进一步的研究,即掌握配比、用量对水化产物的影响及对水泥性能的影响等实际问题。

13.1.5 假凝现象

假凝是指水泥的一种不正常的早期快速稠化现象,发生在水泥用水拌和的头几分钟之内。假凝和快凝是有区别的,假凝不产生大量的热量,而且经剧烈的搅拌后,浆体又可恢复塑性,并达到正常凝结,对强度不会产生不利的影响,只是会给施工带来巨大的困难。快凝指的是浆体在较短的时间之内就产生固化现象,并产生一定的强度,重新搅拌并不能使其再具有塑性。

假凝现象与许多因素有关,但一般认为产生假凝最主要的原因是水泥在粉磨时受到高温,使二水石膏脱水变成半水石膏或可溶性无水石膏。如前所示,半水石膏和可溶性无水石膏,比二水石膏在水中有更高的溶解度和溶解速度,因此,当水泥拌和水后,能形成对于二水石膏过饱和的溶液,使部分半水石膏和可溶性无水石膏又重新化合为二水石膏,并从溶液中快速沉淀析出,形成针状结晶网状结构,从而引起浆体快速稠化,这时如果重新搅拌可恢复塑性,因此,有时也将假凝称为"石膏"凝结。

当水泥中碱性硫酸盐含量较高时,也会生成板状或板条状的钾石膏 K_2CS_2H 大晶体,而引起假凝,其反应式如下:

$$K_2SO_4 + CaSO_4 \cdot 2H_2O = K_2SO_4 \cdot CaSO_4 \cdot H_2O + H_2O$$

钾石膏的形成不仅导致快凝,同时也降低了水化水泥液相中硫酸盐的含量,致使硫酸盐不足以减缓 C_3A 的水化,将引起水泥过早的固化,使凝结时间不正常。

大量的实践表明,假凝可以通过剧烈搅拌或通过延长搅拌时间来克服,但在实际生产中,为了防止假凝,一般是采取积极的措施防止石膏脱水。

13.2 强　　度

强度是衡量水泥质量的最重要的指标。通常将 28d 以前的强度称为早期强度,如 1d、3d、7d、28d 的强度。28d 以后的强度称为长期强度。水泥的强度与很多因素有关,如熟料的矿物组成、水泥细度、水泥石结构、石膏掺入量、温度、微量成分以及外加剂等。

13.2.1 矿物组成与强度的关系

硅酸盐水泥熟料中的四种主要矿物组成(C_3S、C_2S、C_3A、C_4AF),每一种都以单独的相存在,并在水溶液中显示各自的反应特性,因此,各矿物的水化速度、水化产物的晶体形态与尺寸,以及强度随时间发展的趋势均各不相同。所以,可以说矿物组成是水泥强度增长快慢、早期强度及后期强度高低的最为重要的因素。表 13-2、表 13-3 是水泥熟料四种单矿物强度的测定结果。由于试验条件的差异,不同的研究者所测得的单矿物的绝对强度也不一样,但其基本规律却是一致的。即硅酸盐矿物的含量是决定水泥强度的主要因素,其中 C_3S 的早期强度最大,28d 强度基本上依赖于 C_3S 含量。C_2S 的早期强度虽不高,但长期强度增长的幅度较大,一年后,其强度可赶上甚至超过 C_3S。鲍格和勒奇提供的三种纯矿物浆体的抗压强度值也说明了这个问题。如图 13-5 所示。

表 13-2　四种主要矿物的抗压强度

矿物名称	3d	7d	28d	90d	180d
C_3S	24.22	30.98	42.16	57.65	57.84
$\beta\text{-}C_2S$	1.73	2.16	4.51	19.02	28.04
C_3A	7.55	8.14	8.04	9.41	6.47
C_4AF	15.10	16.47	18.24	16.27	19.22

表 13-3　四种主要矿物的抗压强度

矿物名称	7d	28d	180d	365d
C_3S	31.60	45.70	50.20	57.30
$\beta\text{-}C_2S$	2.35	4 012	18.90	31.90
C_3A	11.60	12.20	0	0
C_4AF	29.40	37.70	48.30	58.30

C_3A 的早期强度增长很快,但 C_3A 对水泥强度的影响,不同研究者看法不尽相同,一般认为 C_3A 主要对早期的强度有利,但强度绝对值并不高,而且,后期强度几乎不增加,甚至有倒缩现象。但也有人认为它对于 28d 强度仍有相当作用,只是后期作用逐渐减小。有实验表明,当水泥中 C_3A 含量较低,水泥的强度随 C_3A 含量的增加而提高,但超过某一最佳含量后强度反而降低,同时龄期越短,C_3A 的最佳含量越高,C_3A 含量对早期强度的影响最大。如果超过最佳含量,则在后期会产生明显的不利影响。

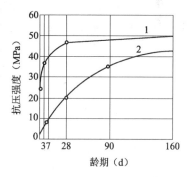

图 13-5　C_3S、C_2S 的相对含量
对强度发展的影响

1—$C_3S = 65.7\% \sim 71.3\%$　$C_2S = 6.2\% \sim 11.80\%$
2—$C_3S = 26.0\% \sim 31.0\%$　$C_2S = 47.1\% \sim 59.7\%$

与 C_3A 相比,C_4AF 的早期强度较高,而后期强度还能有所增长,表 13-2、表 13-3 所列的数据均表明其 3d、7d、28d 的抗压强度远比 C_2S 和 C_3A 还高,而且表 13-3 中的数据还表明,一年的强度甚至还超过了 C_3S,即使表 13-2 的数据也说明 C_4AF 的长期强度也呈增长趋势。因此 C_4AF 不仅对水泥的早期强度有利,而且也有助于后期强度的发展。近年来我国的研究者提出,如果 V^{5-}、Ti^{4-}、Mn^{4-} 等金属离子进入铁相晶格,与铁离子通过不等价置换,形成置换型固溶体,有可能进一步提高 C_4AF 的水硬活性。由此可以认为,C_4AF 也是一种水化活性较好的熟料矿物。但其胶凝性能否正常发挥,不仅取决于在不同条件下形成的铁相固溶体的化学成分,晶体缺陷以及原子团的配位状态等有关晶体结构的内在原因,而且也与水化环境、水化产物形态等因素有关。至于如何最有效地发挥铁相的强度,还需进一步研究。

这里需要指出的是,水泥的强度并不是这几种矿物的简单加和,矿物与矿物之间还存在着较为复杂的影响,因此,各矿物之间的比例、煅烧条件及煅烧的可能性都应同时考虑,否则将直接影响水泥的强度。

13.2.2　水泥细度与强度的关系

水泥强度的发展,与水泥的细度也有着密切的关系,特别是水泥的早期强度增长尤为明显。细度的表示方法有筛余、比表面积、颗粒平均直径或颗粒级配等。一般认为,如果水泥中

含有较多小于 $30\mu m$ 的颗粒,可提高水泥的水化、硬化速度,进而提高水泥的强度。假设化学组成不因颗粒大小分布而变,而且颗粒均匀地溶解,那么水泥磨得越细,颗粒表面积越大,水化反应也越快。根据大量的实验表明,各种颗粒级配的水化活性大致排成下列顺序:

大于 $100\mu m$ ——活性小

$60\sim40\mu m$ ——中等活性

$30\mu m$ 以下——活性大

在比表面积相同时,当颗粒级配变窄,则强度增高,这种作用在很早期时并不太明显,但在 3d、7d、28d 明显增大。有人认为。颗粒级配变窄的水泥,由于水化产物的体积较大,使水泥浆体结构致密,所以强度较高。但并不是说水泥越细,强度越高,特别是水泥浆体的后期强度,不一定是最高值。因为水泥越细需水量越大,产生孔洞的机会也越多,因此,水泥的细度必须合适,水泥的比表面积只有控制在一定范围内强度才最高。

关于水泥细度及颗粒级配对强度等性能的影响,虽然有不同的看法,但对水泥的比表面积和颗粒级配应有合理要求,每一种水泥都有其"最佳细度",在这一点上是比较统一的。

13.2.3 水泥石结构与强度的关系

从水泥石的物理结构看,水泥的水化程度越高,单位体积内水化产物就越多,彼此间接触点也越多,水泥浆体内毛细孔被硅酸凝胶填充的程度就越高,水泥石的密实程度也就高些,从而使强度相应提高。而且许多研究表明,水泥石的抗压强度与水化产物的数量有很好的相关性。通过前面的讨论已知,水灰比越大,产生的毛细孔越多,因此,水泥石的结构与水化程度和毛隙孔的数量及尺寸有密切的关系。采用现代测试技术,从微观上进一步研究水泥石的孔结构与强度的关系也发现,当水泥石内总孔隙及大毛细孔减少时,就能大幅度提高水泥石的强度。所以要想提高水泥石的强度,必须提高水泥的水化程度,增加水化产物的数量,降低孔隙率和降低水灰比。图 13-6、图 13-7 表明了水泥浆体抗压强度与孔隙率、水灰比的关系。

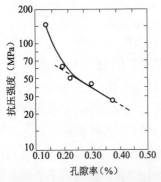

图 13-6 水泥浆体抗压强度与孔隙率的的关系

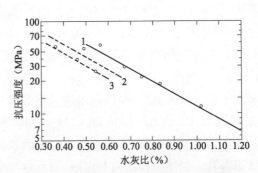

图 13-7 水泥浆体抗压强度与水灰比的关系

在实际的浆体中,大小不同的孔和微裂缝对水泥的抗折强度影响更大。其中大孔的形成,主要是施工中捣实不够紧密,使浆体内产生气泡;而微裂缝的形成,主要是在水化产物的体积变化中可能受到阻碍,因而在沿着机械强度较低的地方产生了微裂缝;另外在较大的集料周围也易于形成微裂缝,这主要是因为水泥浆体的干燥收缩,水化水泥体积的变化及水泥浆体的热膨胀的差别等引起的。

实验表明,采用特定粒径范围的水泥和有机减水剂,并用强烈搅拌、辗轧、加压成型等工艺措施,能使水灰比降低,硬化浆体的总孔隙率降低,可使尺寸超过 $100\mu m$ 的孔不多于总体积的 2%,甚至可使 $15\mu m$ 以上的总孔隙率控制在 0.5% 以内。减少微裂缝的数量与尺寸,可改善水泥石的结构,使抗折强度较大幅度地提高。

13.2.4 石膏掺量对强度的影响

石膏虽然主要用于调节凝结时间,但也能改变水泥的强度。石膏对强度的影响受细度、C_3A 含量和碱含量的制约。当加入适量的石膏时,有利于提高水泥的强度,特别是早期强度,但石膏加入量过多时,则会使水泥产生体积膨胀而使强度降低。

13.2.5 温度对强度的影响

提高养护温度,在早期可增加水化速度,初期强度也能较快发展,但在后期,由于各种原因会使强度降低,特别是抗折强度降低尤为严重。有人指出:水化温度高达 $100℃$ 时会改变孔结构以及相组成。

洛赫尔(Locher)等人通过实验认为,温度对强度的影响,主要是形成 C—S—H 纤维长短所引起的。温度升高,早期会增加水化产物的比例,并促进 C—S—H 纤维的生长,而在后期则会阻碍纤维的生长,使 C—S—H 纤维的生长变短,因而空间网架结构较差。而在低温下长期水化则可提供较多的长纤维,所以温度升高会影响后期强度。但维尔巴克(G.J.Verheck)等人提出,高温度下形成的凝胶等水化物分布不均匀,是造成强度下降的原因。

在常温或低温下,水化虽然较慢,但水化产物有充分的时间进行扩散,能够比较均匀地沉析到水泥颗粒之间所有的空间。但在高温的条件下,由于反应迅速,水化产物得不到很好地扩散,密集在颗粒周围,这样由于凝胶分布不均,使结构中产生弱点,从而影响强度的增长。同时由于水泥颗粒被密集的凝胶层包裹,致使水化延缓,因此也会影响到后期强度的进一步发展。

还有人认为,浆体内各组成热膨胀系数的差别,是损害浆体结构的主要原因。在水泥浆体内,主要是固相及湿饱和空气有不同的热膨胀系数,当湿饱和空气在受热时产生剧烈膨胀,会产生相当大的内应力,使内部产生微裂缝,因此,抗压强度尤其是对裂缝最为敏感的抗折强度将显著下降。相反,在较低温度下硬化时,虽然硬化速度较慢,但可获得最终强度,同时当养护温度恢复正常后,强度能很好增长。但是也应指出,当水转化为冰时,由于体积的增加,对抗压强度的增长将是有害的。

上述看法虽诸说不一,但温度对强度的影响是存在的,对强度的影响很可能是各种因素的综合效应。图 13-8 表明了养护温度对水泥浆体强度增长的影响。

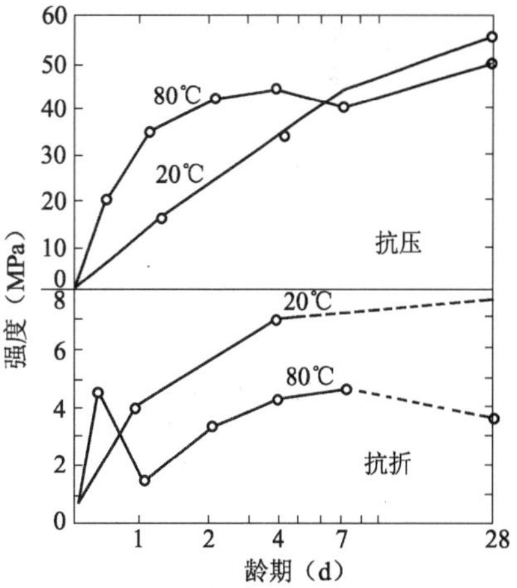

图 13-8 养护温度对水泥浆体强度增长的影响

13.2.6 微量成分与强度的关系

实际生产的熟料与纯矿物的特性明显不同,因为在实际生产的熟料中,都会有少量的微量成分与之形成固溶体。实践证明,在少量氧化镁和碱金属氧化物共同的影响下,所得的熟料中 C_3S 和 C_2S 含量较高,由于其硅酸盐相的晶格同时也产生缺陷,因此,此熟料水化快、早期强度和后期强度都会提高。如在掺有 BaO 和 Mn_2O_3 时所得的熟料中阿利特含量较高,硅酸盐相的缺陷也会增多,致使硅酸盐水泥快硬并具有较高的强度。

但是,有些微量成分则会降低水泥强度,例如,在生料中加入 3% 的 ZnO,水泥的抗压强度则会降低,这是因为 ZnO 的掺入使 β-C_2S 和 C_3A 含量增加。另外,较高的氟含量会延缓抗压强度的发展,在水化程度相同时,CaF_2 的掺入会降低抗压强度,但这种不利影响的程度,将随熟料煅烧温度的降低而减小。

13.3 体积变化

硬化水泥浆体的体积变化和水泥的水化热,都是水泥在硬化过程中十分重要的使用性能。例如,水泥浆体在硬化过程产生剧烈而不均匀的体积变化,将会严重地影响水泥石的结构,从而又在不同程度上影响硬化水泥浆体的抗冻、耐久等性能,特别是不均匀的体积变化影响将更加严重。水化热如果过分集中,热量不能很快散失,特别是大型混凝土工程内部就会产生较大的内部应力,导致裂缝。所以研究硬化水泥浆体的体积变化和水泥的水化热都是十分必要的,而且具有现实意义。

水泥浆体在硬化过程中产生的体积变化以及水泥砂浆和混凝土在使用中产生的体积变化,都是由于物理的和化学的原因所造成的。这些体积变化可分为几种类型,如化学减缩、干缩湿胀和碳化收缩等。

13.3.1 化学减缩

硬化过程中产生体积变化的重要原因之一,就是由于在水泥的水化过程中,无水的熟料矿物转变为水化物,固相的体积大大增加,而水泥—水体系的总体积却在不断缩小,由于这种体积减缩是因为水泥和水发生化学反应所致,故称化学减缩(也称自身收缩)。下面以 C_3S 的水化反应为例说明。

$$2(3CaO \cdot SiO_2) + 6H_2O = 3CaO \cdot 2SiO_2 \cdot 3H_2O + 3Ca(OH)_2$$

表观密度(g/cm³)	3.14	1.00	2.44	2.23
摩尔质量(g/mol)	228.23	18.02	342.48	74.10
摩尔体积(cm³/mol)	72.71	18.02	140.40	33.23
体系中所占体积(cm³)	145.42	108.12	140.40	99.69

由此可见,反应前体系总体积为:145.42 + 108.12 = 253.54cm³,而反应后则为:140.40 + 99.69 = 240.09cm³,其化学减缩为:253.54 – 240.09 = 19.45cm³,故化学减缩占体系原有绝对体积的 5.31%,而固相体积却增加了 65.11%,据 F.M.李介绍,普通硅酸盐水泥 100d 的减缩值为 6.3% ~ 6.9%。水泥其他矿物水化时,也都有不同程度的类似现象。

由于化学减缩是水泥与水反应的结果,是水泥水化、硬化过程中的一种现象,所以,可以利用化学减缩的测定来间接地说明水泥的水化速度和水化程度。在一定龄期内化学减缩量越大,说明其水化速度越快、水化程度也越高。图 13-9 说明不同水灰比时化学减缩量随时间的变化情况。由图 13-9 可知,在同一龄期内的水灰比越大,化学

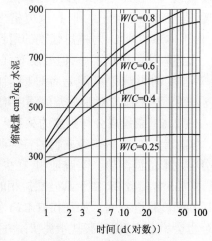

图 13-9　化学减缩对时间的关系

减缩量也越大;反之则越小。

根据试验结果表明,各单矿物的减缩作用无论就绝对数值或相对速度而言,水泥熟料中各单矿物的减缩作用,其大小顺序均为:$C_3A > C_4AF > C_3S > C_2S$。其数据如表 13-4 所示,所以减缩量的大小,常与 C_3A 的含量成线性关系。根据一般硅酸盐水泥的矿物组成进行研究表明,每 100kg 水泥的减缩量为 7 ~ 9cm³。如果每立方米混凝土用水泥 300kg,则减缩量将达到$(21 ~ 27) \times 10^3 cm^3$。如果水泥浆体在水中养护时,由减缩所出现的毛细作用就将从外界吸入水分来补充。因此,由于水泥的减缩作用,将使混凝土的致密度下降,孔隙率上升,对水泥混凝土的耐蚀性、抗渗性能都是不利的。

表 13-4 硅酸盐水泥熟料单矿物的减缩作用

矿 物 名 称	28d	极限值(cm^3/100kg)
C_3S	5.2	6 ~ 7
C_2S	1.2	4
C_3A	17.0	17.5 ~ 18
C_4AF	9.0	10 ~ 11

13.3.2 干缩湿胀

硬化水泥浆体如果置于水中,随时间的增长,硬化水泥浆体中凝胶粒子会因被水饱和而分开,因而发生膨胀,如果将其放在干燥处,则会使体积收缩,这种现象称为干缩湿胀。干缩与湿胀大部分是可逆的。干缩与失水有关,但两者没有线性关系。在失水的过程中,较大孔隙中的自由水失去,所引起的干缩不大,而毛细水和凝胶水失去时则会引起较大的干燥收缩。净浆的干燥收缩可达 4.0mm/m,而一般混凝土的干燥收缩仅在 0.3 ~ 0.6mm/m 之间。干燥引起的收缩原因,目前还有不同的解释。一般认为与毛细孔张力、表面张力、拆散压力以及层间水的变化等因素有关。另外,加入塑化剂也能增加干燥收缩,而且收缩量与外加剂性质和加入量有关。但影响干缩值的主要原因是水灰比、水泥用量及养护制度。

13.3.3 碳化收缩

通常在一定相对湿度的情况下,空气中含有的二氧化碳会和硬化水泥浆体内的水化产物,如 $Ca(OH)_2$、水化硅酸钙、水化铝酸钙和水化硫铝酸钙作用,生成碳酸钙并释放出水。例如水化硅酸钙与 CO_2 的反应,其反应式如下:

$$3CaO \cdot 2SiO_2 \cdot 3H_2O + CO_2 = CaCO_3 + 2CaO \cdot SiO_2 \cdot H_2O + H_2O$$

碳化形成的产物是碳酸钙与低钙 C—S—H 凝胶,由于上述反应的作用使得硬化浆体的体积减小,会出现不可逆的碳化收缩。但是通常在空气中,实际的碳化速度很慢,而且对硬化水泥浆体的强度没有不利的影响,相反还会使强度有所增长。

13.4 水 化 热

硅酸盐水泥熟料矿物,在其不断的水化过程中,均要释放出一定的热量,因此,水泥的水化热是由各熟料矿物的水化作用所产生的。各单矿物及水泥的水化热如表 13-5 所示。

水泥水化放热周期虽然很长,至少到 6 个月还会继续放热,绝大部分的热量是在 3d 以内释放的,特别是在水泥浆发生凝结、硬化的初期放出。水泥水化热的大小与放热速率,首先取决于各熟料单矿物的水化热。从表 13-5 中可以看出,C_3A 的水化热最大,C_3S 与 C_4AF 次之,C_2S 的水化热最小。因此,适当增加 C_4AF 以减少 C_3A 的含量,并相应增加 C_2S 含量,均能降低水泥的水化热。图 13-10、图 13-11 表示了 C_3A、C_3S 的含量对水泥水化热的影响,因此,调整熟料矿物组成,是降低水泥水化热的基本措施。

表 13-5 水化热

名 称	水化热(J/g)	名 称	水化热(J/g)
C_3S	500	F-MgO	840
B-C_2S	250	普通硅酸盐水泥	375~525
C_3A	1 340	抗硫酸盐水泥和矿渣水泥	355~440
C_4AF	420	火山灰水泥	315~420
f-CaO	1 150	高铝水泥	545~585

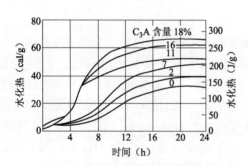

图 13-10 C_3A 含量对水泥水化热的影响
（C_3S% 基本相同）

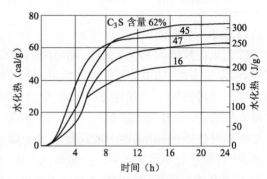

图 13-11 C_3S 含量对水泥水化热的影响
（C_3A% 基本相同）

有人认为硅酸盐水泥的水化热基本上具有加和性,并提出用下式进行水泥水化热的计算:

$$Q_H = a(C_3S) + b(C_2S) + c(C_3A) + d(C_4AF)$$

式中　　　　　　　　　Q_H——水泥的水化热,J/g;

　　　　　　a、b、c、d——各熟料矿物单独水化时的水化热,J/g;

（C_3S）、（C_2S）、（C_3A）、（C_4AF）——各熟料矿物的含量,%。

例如:对某种水泥熟料矿物进行水化热测定,其结果如表 13-6 所示。

表 13-6 某水泥熟料矿物水化热　　　　　　　　　　　单位:J/g

龄 期	C_3S	C_2S	C_3A	C_4AF
3d	24.0	50	88.0	29.0
28d	37.7	10.5	13.78	49.4

水化热计算公式应为:

$$Q_{3d} = 24.0(C_3S) + 50(C_2S) + 88.0(C_3A) + 29.0(C_4AF)$$

$$Q_{28d} = 37.7(C_3S) + 10.5(C_2S) + 13.78(C_3A) + 49.4(C_4AF)$$

146

如果硅酸盐水泥的熟料矿物组成为：C_3S 47%、C_2S 23%、C_3A 8%、C_4AF 12%，则 3d 水化热为 229.5J/g，而 28d 的水化热为 370.8J/g。但值得注意的是，影响水化热的因素很多，除了熟料矿物组成外，还有各熟料矿物的固溶情况、熟料的煅烧与冷却条件、水泥的粉磨细度、水灰比、养护温度、水泥储存时间等，它们均能影响水泥的水化放热情况。另外，不同的研究者，由于实验等条件不同，水化热的测定结果也不尽相同。所以，水化热的测定和计算值均会有一定的出入。因此，单按熟料矿物含量通过上式计算，仅能对某一品种水泥水化热进行大致估计，准确数值必须根据实际测定来确定。

水泥在使用中放出水化热，既有利又有害。当在冬季施工中，水化热有助于混凝土的保温，抵抗外界寒冷而引起的冰冻或阻碍水化硬化的进行，因此，这时水化热是有利的。但在大体积混凝土施工工程中，无论是绝对的放热量还是放热速度，对工程都有很大影响。由于混凝土的导热能力很低，水化时释放出的热量聚集在混凝土内部长期散发不出来，会使混凝土温度升高，有时可达 50℃。由于温度升高，会使混凝土内部和外部之间产生较大的温差和温度应力，致使大体积混凝土产生裂缝，给工程带来严重的危害。特别是机械化浇筑的大体积混凝土工程更应注意水化热的影响，如水利工程中的重力坝等。所以水化热对大体积工程是有害的，因此，降低水化热，也是保证大体积混凝土工程质量的重要因素。

13.5 泌水性和保水性

水泥的泌水性，又称析水性，是指水泥将所含的水分从浆体中析出的难易程度。而保水性是水泥浆在静置的条件下保持水分的能力。在制备混凝土时，拌和用水往往比水泥水化所需的水量多 1～2 倍。在使用泌水性过大的水泥时，混凝土拌和物在输送、浇捣过程中以及静置凝结以前，这部分多余的水分就很容易从浆体中析出，上升到新拌混凝土的表面或滞留于粗集料及钢筋的下方。前者使混凝土产生分层现象，在混凝土结构中出现一些水灰比极大、强度差的薄弱层，破坏了混凝土的均一性。后者则使水泥浆体和集料、钢筋之间不能牢固粘结，并形成较大孔隙。所以，用泌水性大的水泥所配制的混凝土，其孔隙率提高，特别是连通的毛细孔较多，质量不均，抗渗、抗冻、耐蚀等性能较差；再由于薄弱层的出现，更会使混凝土的整体强度降低。

泌水性实质上是混凝土组分的离析。在塑性的水泥浆体中，泌水过程必然伴随着固体粒子的沉淀；对于比较干硬的浆体，泌水性则与毛细通道是否上下贯通有关。由于水泥的泌水过程主要发生在水泥浆体形成稳定的凝聚结构之前，故水泥的泌水量、泌水速率与水泥的粉磨细度、混合材料的种类和掺量、水泥的化学组成以及加水量、温度等多种因素有关。

提高水泥的粉磨细度，可使水泥颗粒更均匀地分布在浆体中，减弱其沉淀作用；另一方面可加速形成浆体的凝聚结构，从而降低泌水性。但又不能粉磨过细，否则会因浆体和易性降低太多，反而要增加用水量，提高水灰比，导致一系列性能变坏的不良后果。

在水泥中掺加软质的火山灰质混合料，如硅藻土、膨润土或者微晶填料（如磨细的石灰石、白云石粉）等，尽管会使水泥的需水量增大，但泌水量与泌水速率均可减少。但掺入粒化高炉矿渣，则会使水泥的泌水性增加，所以矿渣硅酸盐水泥的泌水性应予更多注意。某些初凝时间较短的水泥，由于形成凝聚结构的时间缩短，泌水现象会明显减轻。另外，减少加水量，也可减少泌水性。不过,在使用泌水性大的水泥时,如果能相应采取尽快排除泌出水分的措施,如采用吸水模板、真空作业或离心成型等工艺,再在泌水过程临近结束时使用二次捣实的方法,则可使实际的水灰比降低,相应提高强度,而且混凝土的密实性、均匀性也可得到一定改善。

如果水泥的保水性不好,则拌成的砂浆在砌筑时,很容易被所接触的砖、砌块吸去水分,从而降低其可塑性与粘结性,致使不能形成牢固的粘结,而且施工也极不方便。

砂浆的保水性,往往在生产条件下用试砌法检验,实验室没有通用的检验方法。有的为了对比,可测定砂浆经真空抽吸前后流动度的变化,作为保水性的标志。时间表明,凡是能够减弱泌水性的因素,一般都能改善保水性。

13.6 粉磨细度

水泥的粉磨细度与凝结时间、强度、干缩性以及水化放热速率等一系列性能都有密切的关系,必须控制在合适的范围内。水泥细度可以用不同的指标来说明,如筛余、比表面积、颗粒平均直径或颗粒级配等。我国水泥国家标准规定水泥的细度用筛余百分数表示,例如普通硅酸盐水泥的细度为 0.080mm,方孔筛筛余不得超过 10%。

水泥粉磨得越细,水化反应就越快,而且更为完全。在水化过程中,由于水泥颗粒被 C—S—H 凝胶所包裹,反应速率逐渐为扩散所控制。据有关研究表明,当包裹层厚度达到 $25\mu m$ 时,扩散非常缓慢,水化实际停止。因此,凡粒径在 $50\mu m$ 以上的水泥颗粒,就可能有未水化的内核部分遗留。例如图 13-12 为经过 23 年以后的混凝土断面,在其未水化的水泥粗粒中还可以清楚地看到有 C_3S 和 C_2S 等的存在。另外,甚至还有在经历 136 年的混凝土中发现未水化熟料的报道。所以,必须将水泥磨到合适的细度,才能充分发挥其活性。

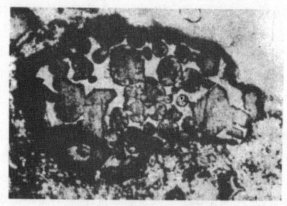

图 13-12 硬化 23 年的混凝土中
未水化的熟料颗粒(×290)

在其他条件相同的情况下,强度随水泥比表面积的增加而提高,其影响程度对早期强度最为显著。随后,扩散速度控制水化进程,比表面积的作用就退居次要位置。因此在 90d 特别是到一年以后,细度对强度已几乎没有什么影响。同时,提高细度的效果对于原有细度较粗的水泥较为明显,当细度增大到超过 5 000cm²/g 后,除 1d 以内的强度外,其他龄期的水泥增长就较少。

148

粉磨细度对干缩的影响,可能是水泥速率改变的结果。由图 13-13 可见,干缩率随细度的提高而增加,但其中还可能包括水灰比对干缩率的影响。不过,从水泥越细水化越快角度考虑,浆体内凝胶含量的增多,应该是引起干缩率增大的一个主要原因。

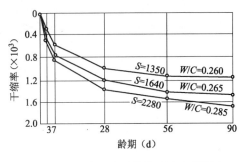

图 13-13　粉磨细度对浆体干缩率的影响

水泥越细,标准稠度需水量越大,这主要是因为比表面积较大,需要较多水分覆盖水泥颗粒表面的缘故。为达到一定稠度,就需要增多用水量。另一方面,由于表面积大,能够吸附较多水分,使其不易离析,保水能力增强,所以能有效改善泌水现象。

另外,石膏掺量应与粉磨细度相对应。水泥的比表面积越大,早期能与水作用的 C_3A 量就越多。所以细度较大时,石膏掺量要相应增加。

还应注意,相同比表面积的水泥,可以具有各种不同的颗粒级配。而且由于部分熟料矿物易磨性的差别,使得粒度不同的颗粒,在组成上并不一样。曾经测得硅酸三钙在细颗粒中含量较高,而硅酸二钙则在粗颗粒中偏多,而铝酸三钙和铁铝酸四钙在各种大小颗粒中的分布则大致相同。表 13-7 为某一水泥中不同粒度的分析数据。

表 13-7　水泥熟料中各种粒度的组成分析　　　　　　　　单位:%

组分尺寸(μm)	烧 失 量	C_3S	C_2S	C_3A	C_4AF
全部	2.4	56	19	11	12
0~7	6.4	59	14	11	13
7~22	2.5	62	11	11	13
22~35	1.5	52	22	11	13
35~55	1.1	49	24	11	13
55 以上	0.9	47	25	11	14

实验结果表明,在同一比表面积的情况下,粒度组成波动范围较窄,即无论大粒或小粒都为数不多时,3d、7d 和 28d 之后的水泥强度都有显著增长。图 13-14 为水泥粒度组成的均匀性系数 n 与砂浆强度之间关系的例子。可见随着 n 值的增大,也就是在 RRB 图上所画得的直线越陡,颗粒分布范围越窄、颗粒越均匀时,各龄期的强度都有明显的提高。一直到 n 值大于 2 以后,影响才变小;但 14~90d 较长龄期的强度仍能略有增长。据研究,这主要是因为在相同比表面积时,粒度组成波动范围较窄的水泥,水化较快,形成的水化产物有所增多的缘故。

在提高粉磨细度的同时,磨机的台时产量要下降,电耗、球段和衬板的消耗也必相应增加。而且,随着水泥比表面积的提高,干缩和水化放热速率变大;在储存时,则越易变潮。因此,合适的粉磨细度,应该是使水泥质量能满足规定要求,并应与磨机产量以及成本等各种技术经济指标综合考虑后慎重选定。必要时还应考虑较佳的颗粒级配,以满足不同的性能要求。

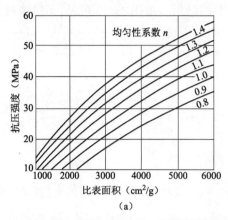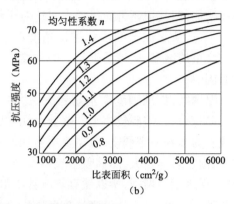

（a）   （b）

图 13-14　水泥的均匀性系数 n 与抗压强度的关系

（a)2d 强度；(b)28d 强度

思 考 题

1. 影响凝结时间的因素有哪些？为什么这些因素会影响凝结时间？
2. 水泥的凝结时间主要是由哪些矿物控制的？
3. 水泥的假凝现象是怎样产生的？应怎样避免？
4. 假凝和瞬凝的区别是什么？
5. 石膏的掺入量与哪些因素有关？为什么？
6. 硅酸盐水泥熟料中的四种主要矿物对强度的发展各有什么影响？
7. 影响水泥强度的因素有哪些？
8. 硬化水泥浆体的体积变化是由哪些因素引起的？
9. 影响水泥水化放热速率的主要因素有哪些？
10. 降低水泥的水化热的措施有哪些？

第 14 章 硅酸盐水泥的耐久性

硅酸盐水泥的耐久性与很多因素有关,如抗渗性、抗冻性、以及对环境介质的抗蚀性等。而泌水性的大小,既对抗渗性、抗冻性会产生影响,同时也会影响其耐蚀性。

14.1 抗 渗 性

抗渗性是硬化水泥石或混凝土抵抗水的渗透作用的性能,因为绝大多数有害的流动水、溶液、气体等介质,均是从水泥石或混凝土中的孔隙或裂缝中渗入的,因此,提高抗渗性是改善耐久性的一个有效途径。有些工程对抗渗性有比较严格的要求,如水工构筑物、储油罐、压力管、蓄水塔等工程。另外抗渗性还与水泥石的抗冻性、耐久性等密切相关,所以,抗渗性是与水泥的物理结构有关的重要性能。

对于多孔物质的渗水速率可用如下公式表示;

$$\frac{\mathrm{d}q}{\mathrm{d}t} = KA\Delta h / L \tag{14-1}$$

式中　$\dfrac{\mathrm{d}q}{\mathrm{d}t}$——渗水速率,$\mathrm{cm}^3/\mathrm{s}$;

　　　A——试件的横截面,cm^2;

　　　Δh——作用试件两侧的水压差,cm 水柱;

　　　L——试件的厚度,cm;

　　　K——渗透系数,cm/s。

由上式可知,当试件尺寸和两侧水压差一定时,渗水速率和渗透系数成正比,所以,可用渗透系数 k 表示抗渗性的高低。

当采用水泥试件作试验时,k 就表示水泥试件抗渗性的高低。渗透系数 k 又与孔隙率、孔径大小及流体黏度有关。可用下式表示:

$$k = C \cdot \frac{\varepsilon \gamma^2}{\eta} \tag{14-2}$$

式中　C——常数;

　　　ε——总孔隙率,%;

　　　γ——孔的水力半径(孔隙体积/孔隙表面积),cm;

　　　η——流体黏度,Pa·s。

由此可见,渗透系数 k 与孔隙半径的平方成正比,而与总的孔隙率只是一次方的正比关系,因此,孔径的尺寸对抗渗性有更为重要的影响。而孔径的尺寸和孔隙率,以及水泥石的表

151

观密度等又与水灰比、水化程度、养护条件等因素有关。

当采用不同的水灰比,经长期水化后,测定其渗透系数 k,发现当水灰比为 0.4 时,在充分水化的条件下,硬化浆体的抗渗性可与玄武岩、大理石或石灰石等密实的天然石材相仿。当水灰比为 0.6 时,k 值才显著增长。当水灰比为 0.7 时,其 k 值要超过前者几倍。水灰比越大,孔系统的连通情况也越好,其渗透系数也就越大。反之,在水灰比较低的情况下,毛细孔常被水化凝胶所堵隔,不易连通,致使渗透系数相应减小。而且,当水灰比较大时,不仅会使总孔隙率提高,并且会使毛细孔径增大,所以,对抗渗性的影响更大。因此,当孔径小于 $1\mu m$ 时,所有的水都吸附于管壁或作定向排列,虽然压力较高,但也很难流动,只有当孔径大于 $1\mu m$ 时,在一定的压力下水才可能流动。例如,用水泥浆体结构组成的方法进行简单的计算,就可以发现,水灰比为 0.48 时,水泥石的总孔隙率为 36.5%。具有如此大孔隙率的水泥石仍然具有良好的抗渗性。所以,抗渗性与孔的大小关系更为密切。因此,可以说水灰比是控制抗渗系数的主要因素。

另外,硬化龄期短,水化程度低,渗透系数也会明显增大,如表 14-1 所示,随着养护时间的增长,水化程度逐渐提高,水化产物增多,使毛细管系统变得更加细小曲折,直至完全被分割堵塞,致使渗透系数变得越来越小。而实际上要达到毛细孔互不连通所需的时间又依水灰比而定。有关试验表明,在湿养护的条件下,水灰比为 0.4 时仅需 3d,0.5 时为 28d,0.6 时要半年,0.7 时则需一年左右。当水灰比超过 0.7 以后,即使完全水化,毛细孔再也不能被水化产物所堵塞,即龄期很长,其抗渗性仍然较低。

表 14-1　硬化水泥浆体的渗透系数与龄期的关系

龄期(d)	新拌	1	3	7	14	28	100	240
渗透系数 (m/s)	10^{-3}	10^{-8}	10^{-9}	10^{-10}	10^{-12}	10^{-13}	10^{-16}	10^{-18}
附　注	与水灰比无关	毛细孔互相连通					毛细孔互不连通	

梅塔进一步用实验论证了孔径大小对抗渗性的影响。他认为抗渗性主要取决于大的毛细孔,特别是直径超过 1 320Å 的孔的数量,当水灰比提高时,孔隙率增大也主要是由于这部分大毛细孔增多的缘故。因此,降低水灰比、改变孔级配、变大孔为小孔才能提高抗渗性。

值得注意的是,在实验室的条件下,虽然能够制得渗透系数小的硬化水泥浆体,但在实际施工现场要制成渗透系数小的砂浆、混凝土却很困难。这是因为,砂、石等集料与硬化水泥浆体间存在着过渡的多孔区(也称接触孔),使集料粘结不好,而且集料越粗影响越大。如果施工时养护不好,则会发生干缩裂缝,以及泌水作用产生的孔隙都会降低其抗渗性。

14.2　抗　冻　性

水泥在寒冷的季节或地区使用时,其耐久性在最大程度上取决于抵抗冻融循环的能力,因此,抗冻性也是水泥石的主要性能之一。

当水在结冰的过程中,其体积约增加 9%。例如:在 0℃ 时,水的表观密度为 $0.917g/cm^3$。

水一旦结冰,体积就增大到 1.09 倍。因此,硬化水泥浆体中的水结成冰,会使毛细孔壁承受一定的膨胀应力,当应力大到超过硬化水泥浆体的抗拉强度时,就会在水泥石内产生微细裂缝,使水泥石结构产生不可逆的变化,而且在冰融化后,不能完全复原。当冰融化后,裂缝又被水充满,再次冻融时,原先形成的裂缝又由于结冰的膨胀而再度扩大,如此经过反复的冻融循环,裂缝越来越大,就会导致更为严重的破坏。根据研究表明,冻融循环作用对混凝土特别是港工混凝土的破坏是最严重的,所以,水泥的抗冻性一般是以试块能经受 – 15℃和 20℃的循环冻融而抗压强度损失率小于 25% 时的最高冻融循环次数来说明。例如 200 次或 300 次冻融循环等,次数越高说明抗冻性越好。

硬化水泥浆体中存在晶体配位水、结晶水、凝胶水、毛细水与自由水,其中晶体配位水与结晶水是不会结冰的,而凝胶水则由于所处的凝胶孔极其窄小,因此,也只能在极低的温度下才能结冰。而在一般的低温使用条件下,只有毛细孔内的水和自由水才会结冰,但即使是毛细水,温度低到冰点时也不会结冰。这是因为毛细孔中的水并非纯水,而是含有氢氧化钙和碱类的盐溶液,其冰点至少在 – 1℃以下。同时,毛细孔中的水,还受到表面张力的作用,而使冰点更低。而且毛细孔越细,冰点越低。有人发现,在孔径为 100Å 内的水,到 – 5℃才结冰,而孔径为 35Å 内的水的冰点则为 – 20℃。所以,当温度降至冰点以下,首先是从表面到内部的自由水以及粗毛细孔内的水开始结冰,然后,随温度下降才是较细毛细孔中的水结冰。一般到 – 30℃时毛细孔水就能完全结冰。因此,在寒冷地区,混凝土常常因受冻而开裂。

由冻融循环所引起混凝土破坏的形式随构筑物的类型、位置、含水状态等各种条件不同而有所不同。一般常见的有水泥石崩裂,砂浆部分呈粉屑状脱落并露出粗骨料。也有的是在构件的端部,混凝土路面板的接缝处,平行于水工构筑物水位线等处产生线状裂缝,以及表面层产生层状剥落等。

不同水泥品种的矿物组成对抗冻性有一定的影响,一般认为硅酸盐水泥比掺混合材的水泥的抗冻性要好些,而增加熟料中 C_3S 含量,水泥的抗冻性可以改善,适当提高水泥中石膏的加入量也可提高其抗冻性。一般讲,在其他条件相同的情况下,所用水泥的强度越高,其抗冻性也越好。另外,水灰比越小,其抗冻性越好。这是因为当水灰比小到一定程度并使水泥完全水化,水泥石中将不出现含水的毛细孔而只有减缩孔。在没有外界的水进入的情况下,除非温度极低,一般不存在结冰的条件。实践证明,将水灰比控制在 0.4 以下,硬化浆体将是高度抗冻的,但水灰比大于 0.55 时,其抗冻性将显著下降。这是因为,水灰比大,硬化浆体内毛细孔数量多,孔的尺寸大,抗冻性因而下降。所以抗冻性与抗渗性有关,抗渗性好的硬化浆体也同样具有良好的抗冻性。

14.3　环境介质的侵蚀

在通常的使用条件下,一般水泥有较好的耐久性,但在环境介质侵蚀作用的情况下,将会引起硬化水泥浆体发生一系列化学、物理及物理化学变化,使水泥石强度降低,严重时则发生溃裂性破坏。当水泥用在水工建筑物中时,就会受到各种环境水的侵蚀,如海水、河水、地下水等。因此,对于水泥耐久性有影响的环境介质主要为:淡水、碳酸和一般酸性水、硫酸盐溶液和碱溶液等。由于水中所含的侵蚀性介质种类很多,对硬化水泥浆体的侵蚀性质也各不相同,因此,很难全面地将所有侵蚀性介质对硬化水泥浆体的侵蚀作用进行一一讨论。

为了便于研究侵蚀过程及采取有效的防止措施,一般将侵蚀作用归纳为三个基本类型。即第一类型、第二类型和第三类型。

14.3.1 第一类型

第一类型侵蚀为溶出侵蚀,主要是淡水浸析作用所产生的,其基本特征是暂时硬度小的水使硬化水泥浆体的组成成分溶解并浸析带走,因而造成水泥石结构的破坏。而且水的暂时硬度越小,浸析作用越强烈。如蒸馏水或成分近似蒸馏水的天然水浸析性较大。硅酸盐水泥水化后,一般均具有一定的抗水能力,但是硬化浆体如果不断受到淡水的浸析时,其中一些水化产物将按照溶解度的大小,依次逐渐被水溶解浸析。在硅酸盐水泥水化产物中,$Ca(OH)_2$ 的溶解度最大(25℃时 CaO 的浓度约为 1.2g/L),因此,氢氧化钙最易被暂时硬度小的水所浸析。由于水泥的水化产物都必须在一定浓度的氧化钙溶液中才能稳定存在,所以,当氢氧化钙被浸析后,还能使其他水化产物发生分解。特别是在流动水中,水流将不断把氢氧化钙溶出带走。当有水压作用,而且水泥石的渗透性又较大的情况下,会进一步增加孔隙率,水更易渗透,使溶出浸析速度加快。

根据前苏联莫斯克维的数据,水泥石中水化物能稳定存在的氧化钙极限浓度如下:

$CaO \cdot SiO_2(aq)$	CaO 浓度 > 0.05g/L
$2CaO \cdot SiO_2(aq)$	CaO 浓度 > 1.1g/L
$2CaO \cdot Al_2O_3(aq)$	CaO 浓度 0.36 ~ 0.56g/L
$3CaO \cdot Al_2O_3 \cdot (6 ~ 18)H_2O$	CaO 浓度 0.56 ~ 1.08g/L
$4CaO \cdot Al_2O_3 \cdot (12 ~ 13)H_2O$	CaO 浓度 > 1.08g/L
$2CaO \cdot Fe_2O_3(aq)$	CaO 浓度 0.64 ~ 1.06g/L

由此可以看出,在大量流动水的作用下,首先是氢氧化钙被溶解,随着石灰浓度逐渐下降,高碱性的水化硅酸盐、水化铝酸盐等分解而成为低碱性的水化产物。当水继续作用,石灰浓度继续下降时,其他低碱性水化产物也会分解,最后会变成无胶结能力的产物,使强度大幅度下降。研究发现,当 CaO 溶出 5% 时,强度下降约 7%,CaO 溶出 24% 时,强度下降约 29%,溶出量再继续增大时,强度将剧烈下降。但是对于抗渗性良好的水泥石或混凝土,淡水的溶出过程实际发展极慢,几乎可以忽略不计。

当水中含有重碳酸钙 $Ca(HCO_3)_2$ 和重碳酸镁 $Mg(HCO_3)_2$ 时,可阻止溶出侵蚀的发展。这是因为重碳酸氢钙或重碳酸氢镁与硬化水泥浆体中的氢氧化钙作用,生成不溶解的碳酸钙、其反应式如下:

$$Ca(OH)_2 + Ca(HCO_3)_2 = 2CaCO_3 + 2H_2O$$

生成的碳酸钙积聚在水泥石或混凝土的空隙内,提高了混凝土的密实度,并且能在混凝土表面生成不透水层。

14.3.2 第二类型

第二类型侵蚀为溶析和化学溶解双重侵蚀。主要是碳酸侵蚀和一般酸性水的侵蚀。侵蚀的基本特征是由于水中侵蚀物质与水泥石的组分发生离子交换反应、反应生成物或者是易溶解的物质被水所带走,或者是生成一些没有胶结能力的无定形物质,使原有结构遭到破坏。

1. 碳酸侵蚀

在大多数天然水中,多少会存在少量的二氧化碳,但是,由于空气中二氧化碳分压很小,因此,从大气中溶入水中的二氧化碳是很少的。而天然水中的二氧化碳主要来自生物化学作用。从大气中溶入水中的二氧化碳加上生物化学作用形成的二氧化碳,常会对水泥石产生碳酸侵蚀。

天然水中有碳酸存在时,它首先与水泥石中的 $Ca(OH)_2$ 发生作用,使混凝土表面形成碳酸钙,其反应式如下:

$$Ca(OH)_2 + CO_2 + H_2O = CaCO_3 + H_2O$$

上述反应形成的碳酸钙,能与水中的碳酸继续作用生成重碳酸钙,而且其反应是可逆的,反应式如下:

$$CaCO_3 + CO_2 + H_2O \rightleftharpoons Ca(HCO_3)_2$$

当水中的 CO_2 和 $Ca(HCO_3)_2$ 之间的浓度达到一定的平衡时,这一反应才能停止。由于天然水中含有的一些 $Ca(HCO_3)_2$,与一定量的碳酸保持平衡,所以这种碳酸称为平衡碳酸,它不可能溶解 $CaCO_3$,因此,对水泥石或混凝土是无害的。但是,当水中含有多余平衡的碳酸时,就会对水泥石或混凝土产生侵蚀作用。所以,只有超过平衡需要的多余碳酸才对水泥有侵蚀作用,因而,这一部分碳酸又称为侵蚀性碳酸。由于侵蚀性碳酸首先溶解水泥石或混凝土表面,使氢氧化钙转变为碳酸盐,最后转变为可溶性的 $Ca(HCO_3)_2$ 而溶出,使氢氧化钙浓度不断降低,因此就会进一步引起水化硅酸钙及水化铝酸钙的分解,造成水泥石和混凝土的破坏,使侵蚀加剧。因此,侵蚀性碳酸的含量越大,则溶液的酸性越强,侵蚀也越强烈。

根据实验表明,水的暂时硬度越大,则所需的平衡碳酸量越多,因此,当水的暂时硬度较大时,即使有较多的 CO_2 存在也不会产生侵蚀。但是,淡水或暂时硬度不高的水中,CO_2 含量即使不多,只要大于当时相应的平衡碳酸量,也会产生一定的侵蚀作用。实际上,天然水本身常含有少量碳酸氢钙,也就是说天然水具有一定的暂时硬度。因此,大气中少量的 CO_2 溶入水中也不会产生侵蚀作用。相反,当水的暂时硬度较大时,还可阻止溶出侵蚀的发展,使水泥石或混凝土表面致密度提高。

2. 酸和一般酸性水

酸和一般酸性水包括无机酸和有机酸。当水中含有无机酸或有机酸时,它们在溶液中均能完全或部分离解出 H^+ 离子和酸根 R^-,这些离解出的 H^+ 离子和酸根 R^-,则会分别与混凝土中所含 $Ca(OH)_2$ 的 OH^- 离子和 Ca^{2+} 离子结合成水和钙盐,其反应式如下:

$$2H^+ + 2OH^- = 2H_2O$$
$$Ca^{2+} + 2R^- = CaR_2$$

从上述反应可以看出,酸与水泥石的作用为两部分,一部分作用生成水,另一部分为酸根 R^- 与 Ca^{2+} 离子生成钙盐。

酸性水侵蚀作用的强弱,决定于水中氢离子的浓度。氢离子越多,溶液的 pH 值越小,需要与之中和的 OH^- 根离子也就越多,因此,侵蚀作用也就越强烈。如果 pH 值小于6,硬化的水泥浆体就可能受到侵蚀。当氢离子达到足够浓度时,就能直接与水化硅酸钙、水化铝酸钙、甚至未水化的硅酸钙、铝酸钙等起作用,使水泥石结构遭到严重破坏。

酸根离子的种类也与侵蚀性的大小有关,常见的酸多数能和 $Ca(OH)_2$ 作用生成可溶性的盐,如无机强酸中的盐酸和硝酸就能与 $Ca(OH)_2$ 作用生成可溶性的氯化钙和硝酸钙。这些可溶性盐类易被侵蚀溶液不断流动所带走,使侵蚀作用加剧。而磷酸与水泥石中的 $Ca(OH)_2$ 反应则生成几乎不溶于水的磷酸钙,堵塞在毛细孔中,侵蚀的速度就慢,但对强度也会产生一定的影响。有机酸的侵蚀程度没有无机酸强烈,其侵蚀性也视其所生成的钙盐性质而定。醋酸、蚁酸、乳酸等与 $Ca(OH)_2$ 生成的钙盐易溶解,对水泥石有侵蚀作用。而草酸生成的却是不溶性钙盐,在混凝土表面能形成保护层,实际上还可以用这一反应处理混凝土表面,增加对其他弱有机酸的抗蚀性。另外,硬脂酸、软脂酸等高分子有机酸,都会与水泥石作用生成可溶性钙盐,而且浓度越大,侵蚀性越强。

对于一般化工厂,酸的浓度往往较大,一般硅酸盐水泥不能耐蚀,因此,化工防蚀已是个重要的专业课题。但在自然界中,对水泥有侵蚀作用的酸类并不多见,因此,一般情况下,使用水泥可不考虑酸类的侵蚀影响。

14.3.3 第三类型

第三类型侵蚀为硫酸盐侵蚀,也称膨胀侵蚀。它的基本特征是由于水中的侵蚀物质与水泥石的组分发生交替反应后生成一种盐类而结晶膨胀,使水泥石产生较大应力,造成水泥石结构破坏。

在一般的湖水和河水中,硫酸盐含量并不多,通常不会超过 $60mg/L$,但是在海水中 SO_4^{2-} 离子的含量常达 $2\,500 \sim 2\,700mg/L$,有的地下水流经有石膏、芒硝或其他硫酸盐成分的岩石夹层,将部分硫酸盐溶入水中,也会使 SO_4^{2-} 离子浓度较高,在硫酸盐侵蚀中,$CaSO_4$ 的结晶作用是侵蚀的主要原因之一。

当侵蚀介质中有硫酸盐存在时(如硫酸钠),侵蚀介质与水泥石中 $Ca(OH)_2$ 就会发生如下的交替反应:

$$Ca(OH)_2 + Na_2SO_4 \cdot 10H_2O = CaSO_4 \cdot 2H_2O + 2NaOH + 8H_2O$$

由于上述反应使生成物的体积比反应物的体积增加了 124%(即体积增大 2.24 倍),使水泥石内产生很大的结晶压力,从而引起水泥石开裂以至毁坏。另外,当侵蚀介质中原有的 $CaSO_4$ 被水带进混凝土中,受水分蒸发或温度变化等影响而形成饱和溶液,$CaSO_4 \cdot 2H_2O$ 也会从溶液中析晶成长,也能产生显著的内应力。但是 $CaSO_4 \cdot 2H_2O$ 结晶必须在一定条件才能产生,只有当溶液中 SO_4^{2-} 离子的浓度足够大时,也就是 $CaSO_4$ 浓度要达到 $2\,020 \sim 2\,100mg/L$ 以上时(即 SO_4^{2-} 离子浓度为 $1\,426 \sim 1\,482mg/L$ 及钙离子浓度为 $594 \sim 618mg/L$),$CaSO_4 \cdot 2H_2O$ 晶体才能析出。这是因为 $CaSO_4$ 的溶解度较大,当 SO_4^{2-} 离子浓度小于 $1\,000mg/L$ 时,则不会析晶沉淀。当溶液中有 $Ca(OH)_2$ 存在时,由于钙盐的同离子效应,$CaSO_4 \cdot 2H_2O$ 也能在较小的浓度下就开始结晶。

当水中硫酸盐浓度较低时,二水石膏虽然不会析晶,但 $CaSO_4$ 会和水化铝酸钙反应生成钙矾石,因为钙矾石的溶解度要小得多。其反应式如下:

$$4CaO \cdot Al_2O_3 \cdot 19H_2O + 3(CaSO_4 \cdot 2H_2O) + 8H_2O =$$
$$3CaO \cdot Al_2O_3 \cdot 3CaSO_4 \cdot 32H_2O + Ca(OH)_2$$

由于生成物晶体含有大量的水,因此,水化硫铝酸钙的体积比水化铝酸钙增加 94%,同样会使已硬化的水泥石和混凝土产生巨大的应力而造成崩溃。所以,在硫酸盐浓度较低的情况下,产生的是硫铝酸盐侵蚀,而当硫酸盐达到一定的浓度时,才产生石膏侵蚀,或者硫铝酸钙与石膏的混合侵蚀。

在研究硫酸盐水溶液的侵蚀时,还应注意阳离子的作用。例如,一般海水中含有较多的镁离子,其主要存在状态为 $MgSO_4$,对水泥石具有更大的侵蚀作用。其反应式如下:

$$MgSO_4 + Ca(OH)_2 + 2H_2O = CaSO_4 \cdot 2H_2O + Mg(OH)_2$$

由于生成的氢氧化镁溶解度极低,极易从溶液中沉淀下来,从而使反应向右进行。因为 $Ca(OH)_2$ 的扩散速度小于消失速度,这就使 $Ca(OH)_2$ 供应不足,而逐步扩展到水泥石内部进行反应,增加了水泥石的孔隙,使侵蚀性介质进一步渗透,因此,又促进了 SO_4^{2-} 的侵蚀作用。这样,交替反应的结果使 $Ca(OH)_2$ 逐渐消失,严重时甚至可以消耗完。同时,由于 $Ca(OH)_2$ 的浓度降低,将会引起硅酸钙水化物和铝酸钙水化物等主要结构部分水解而破坏。其反应式可表示如下:

$$3CaO \cdot 2SiO_2(aq) + 3MgSO_4 + nH_2O =$$
$$3(CaSO_4 \cdot 2H_2O) + 3Mg(OH)_2 + 2SiO_2(aq)$$

因此,$MgSO_4$ 除产生硫酸盐侵蚀外,还有 Mg^{2+} 离子的严重危害,所以,也常称为"镁盐侵蚀"。镁盐侵蚀本身与第一类型和第二类型侵蚀都有密切关系,因此,有的学者也将它归于第二类型侵蚀。

还有,硫酸氨由于能生成极易挥发的氨,使反应成为不可逆反应,而且进行得相当迅速,所以使侵蚀更为严重。当硫酸氨与水泥石接触时,按如下反应进行:

$$(NH_4)_2SO_4 + Ca(OH)_2 = CaSO_4 \cdot 2H_2O + 2NH_3 \uparrow$$

从上述讨论可以看出,硫酸盐侵蚀不只是膨胀侵蚀,同时也具有溶析和化学溶解侵蚀,只是主次不同而已。因此,以上三种类型的侵蚀是相互联系的。在自然条件下,很少碰到只有单独一种侵蚀作用存在,只是一般情况下都以某一种侵蚀类型为主。所以,在研究过程中可以根据具体情况着重一种或两种类型来研究。

14.3.4 泌水性

水泥的泌水性,又称析水性。是指水泥浆所含的水分从浆体中析出的难易程度。在制备混凝土时,拌和用水往往要比水泥所需的水量多 1～2 倍。当采用泌水性过大的水泥时,大量多余的水分在混凝土输送、浇捣过程中以及在静置凝结以前,很容易从浆体中析出,渗到混凝土表面或积聚在集料及钢筋的下方,如图 14-1 所示。前者会使混凝土产生分层现象,在混凝土表面生成一层水灰比极大、强度很差的表面层,破坏了混凝土的均匀性;后者当水分蒸发后,在水泥和集料、钢筋之间形成较大的孔隙,使彼此之间不能很好的粘结。所以,用泌水性大的水泥所配制的混凝土,硬化后孔隙率提高,特别是连通的毛细孔及大孔增多。因此,必然会对抗渗性、抗冻性产生较大的影响,同时也降低了它的耐蚀性,从而影响其耐久性。

图 14-1　泌水现象示意图

泌水性的实质是混凝土组分的离析。在塑性的水泥浆体中,泌水过程必然伴随着固体粒子的沉淀。由于水泥的泌水过程主要发生在水泥浆体形成稳定的凝聚结构之前,所以,水泥的泌水量、泌水速度与水泥的粉磨细度、混合材的种类、掺量以及水泥的加水量等因素有关。

例如,适当提高水泥的粉磨细度,可使水泥颗粒更均匀地分散在浆体中,减弱其沉淀作用,同时加速凝聚结构的形或。另外,在水泥中掺加一定量的软质火山灰质混合材,如硅藻土、膨润土以及微晶填料等均可使泌水性降低。相反,掺入粒化高炉矿渣,则会使泌水性增加,而且掺量越大,泌水性越大。

14.3.5 耐久性的改善途径

影响水泥混凝土耐久性的因素是多方面的,因此,要提高其耐久性,也必须根据不同的环境条件,采取多方面的措施。但首先应设法减少或消除水泥混凝土内部的不利因素,增强其本身的抵抗能力。如尽量提高所配混凝土的密实度,降低孔隙率,增强抗渗、抗冻的能力,阻止侵蚀介质进入内部等。另外改变熟料的矿物组成或掺加适当的混合材,则可从本质上提高或改善抵抗侵蚀的能力。在特殊情况下,也可利用其他材料进行表面处理,以弥补水泥本身的不足。

1. 提高混凝土的密实度、降低孔隙率

从上述的讨论可知:混凝土越密实,抗渗、抗冻能力越强,环境的侵蚀介质也越难进入。提高混凝土的密实度、降低孔隙率的方法很多,一般常采用的有以下方法:

(1)正确设计混凝土的配合比,保证足够的水泥用量,适当降低水灰比。为了达到上述目的,使混凝土有较高的抗渗性,一般水灰比应控制在 0.5 以下,每立方米混凝土中的水泥用量不得少于 300kg。

(2)仔细选择集料级配,提高施工质量。施工中可采用振动、抽真空,吸水模板等措施使混凝土密实。

(3)降低粉磨细度,改善泌水现象,降低孔隙率,也可堤高抗渗性、抗冻性及对环境介质侵蚀的抵抗能力。

2. 改变熟料的矿物组成

改善水泥抗蚀能力的根本措施是调整熟料的矿物组成。因为各种熟料矿物对侵蚀的抵抗能力是极不相同的。例如,降低熟料中铝酸三钙的含量,并相应提高铁铝酸钙的含量,可以提高水泥的抗硫酸盐能力。有人将不同矿物组成的水泥以不同的配比,制成 1:10 标准砂浆试棒,浸入硫酸镁溶液中,定期测出膨胀率来说明其侵蚀情况,其结果如图 14-2 所示。

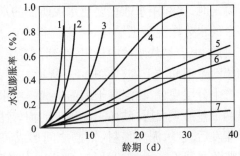

图 14-2　水泥及熟料矿物,
在 1.8% 的硫酸镁溶液中的膨胀情况
(试体浸入前在水中养护 8 周)

1—80% C_3S + 20% C_3A;2—80% C_2S + 20% C_3A;

3—普通硅酸盐水泥;4—80% C_3S + 20% C_4AF;

5—C_2S;6—C_3S;7—80% C_3S + 20% C_4AF

由图 14-2 可知,C_3A 的含量高的水泥膨胀率最高,铁铝酸钙高的水泥膨胀率最低,而且随着 C_3A 含量的降低,膨胀值会明显减少。有关的研究证明,在硫酸盐的作用下,铁铝酸钙所形成的水化硫铝酸钙或硫铁酸钙的固溶体,系隐晶质或胶状析出,而且分布比较均匀,因此,其膨胀性能远比钙钒石小,而且硫酸盐对它的侵蚀速度随着固溶

体内 Al_2O_3/Fe_2O_3 比的减小而降低。并认为 $Al_2O_3/Fe_2O_3 = 0.7$ 为最稳定的水泥，$Al_2O_3/Fe_2O_3 = 0.7 \sim 1.4$ 为稳定水泥，Al_2O_3/Fe_2O_3 在 1.4 以上为不稳定水泥。工程实践也证明，铁铝酸钙的抗蚀性能比铝酸三钙强。所以，降低 C_3A 的含量，是提高硅酸盐水泥抗硫酸盐能力的有效措施。

由于 C_3S 在水化时要析出较多的 $Ca(OH)_2$，而 $Ca(OH)_2$ 的存在又是造成各种侵蚀的一个主要因素，因此，图 14-2 也说明了减少 C_3S 的含量，相应增加在本质上比较耐蚀的 C_2S，也可提高水泥的耐蚀性。所以，国家标准 GB 748—85 规定，抗硫酸盐硅酸盐水泥中，熟料的 C_3A、C_3S 含量分别不得超过 5%、50%的数值，而且 $C_3A + C_4AF$ 的含量应小于 22%。由此可见，抗硫酸盐水泥实质上就是一种特殊配制的硅酸盐水泥，是适当调整熟料矿物组成，提高抗蚀能力的一个典型实例。不过应当注意的是，在选择熟料的矿物组成时，同时还应考虑强度，特别是早期强度的发展。

另外，近年来还发现，不同石膏含量的水泥浆体在侵蚀环境中具有不同的抵抗能力。通常认为，具有合理颗粒级配和最佳石膏掺量的细磨水泥有较强的抗海水侵蚀的能力。这主要是与较高的水化速度、较大的密实度和生成较多量的钙矾石有关。这种原始的钙矾石是因大量的 C_3A 快速溶解而生成的，由于在水化早期，钙矾石是在水泥浆体具有足够塑性时生成，因此，可把由钙矾石形成而产生的张力分散开，同时也使水泥石更加密实，因而不会引起膨胀。如果石膏掺量不足，生成大量的单硫铝酸盐，则会与外来的硫酸盐反应生成二次钙矾石，产生膨胀，会导致水泥石或混凝土的开裂。反应式如下：

$$3CaO \cdot Al_2O_3 \cdot CaSO_4 \cdot 12H_2O + 2(CaSO_4 \cdot 2H_2O) + 16H_2O = 3CaO \cdot Al_2O_3 \cdot 3CaSO_4 \cdot 32H_2O$$

但是石膏的最大掺量必须能保证在很早期生成钙矾石，否则也将是有害的。

3. 掺加混合材料

在硅酸盐水泥中掺加火山灰质混合材料，可以提高其抗蚀能力。因为熟料水化时析出的 $Ca(OH)_2$ 能与火山灰质混合材中所含的活性氧化硅结合，生成低碱度的水化产物，其反应式如下：

$$x Ca(OH)_2 + SiO_2 + aq = x CaO \cdot SiO_2 \cdot (aq)$$

在混合材掺量一定的条件下，所形成的水化硅酸钙钙硅比接近 1，使低碱度水化硅酸钙平衡时所需的石灰极限浓度仅为 $0.05 \sim 0.09$g/L，比普通硅酸盐水泥为稳定 C—S—H 所需的石灰浓度低得多。所以，在淡水中的溶析速度能显著减慢。另外，由于上述的原因，还能使高碱性的水化铝酸盐 $[C_4A \cdot (aq)]$ 转变为低碱性的水化铝酸盐 $[C_2A \cdot (aq)]$，由于低碱性的水化铝酸盐溶解度较大，使硫铝酸钙在氧化钙浓度较低的液相中产生结晶，不会致使固相体积产生内应力。同时，又因为掺加混合材料后，熟料的比例相应减少，C_3A 和 C_3S 的含量相应降低，也会改善水泥的抗蚀性。还有，由于上述的反应，能生成较多的凝胶，使浆体密实性提高，抗渗性能增强，能有效阻止侵蚀介质的渗入。所以，一般来说，火山灰水泥比硅酸盐水泥抗蚀性好。

但是，火山灰质水泥的抗冻性及抗大气稳定性不高。在硫酸盐侵蚀的同时，在有反复冻融和干湿交替的情况下，会使混凝土的耐久性降低。对于含有酸或镁盐的溶液，掺加火山灰质混合材的水泥也不能抵抗这些溶液的侵蚀，因为这些侵蚀介质对水化硅酸钙和水化铝酸钙的直接破坏作用是无法避免的。另外，在掺用烧黏土类火山灰质混合材时，由于活性的 Al_2O_3 含量较高，抗硫酸盐能力反有可能变差，因此，更应注意其耐久性。

4. 表面处理

表面处理可用化学方法,也可采用覆盖和贴面材料等处理方法。

(1)表面化学处理

混凝土进行表面化学处理,可提高混凝土表面的密实程度。最简单的表面化学处理方法是让混凝土表面碳化,使表面层毛细孔中的氢氧化钙和空气中的二氧化碳反应,生成难溶的碳酸钙,堵塞毛细孔,从而形成保护性外壳,以改善抗淡水浸析和硫酸盐侵蚀的能力。采用天然碳化表面化学处理的方法很简单,只需在达到规定的养护时间后,将构件尽可能在空气中多放置一段时间即可。但是由于存放的时间较长,会严重影响施工进度及场地周转,而且这种方法处理,碳化层厚度也很有限。实验表明,混凝土在空气中存放 1 ~ 3 年,碳化层深度仅为 8 ~ 10mm,存放三个月仅 4 ~ 5mm,因此,当受到水流冲刷、海浪与冰凌的撞击时就很容易失去保护能力。

在混凝土表面用硅酸钠或氟硅酸盐(如氟硅酸钙、氟硅酸锌)的水溶液进行处理,可使表面的 $Ca(OH)_2$ 和含钙的水化物转化为极难溶的氟化钙、硅酸凝胶及氟硅酸钙等,堵塞毛细孔,同样能提高水泥石或混凝土的抗蚀能力。但所形成的保护层厚度同样很薄。为了克服上述处理方法的不足,还可采用压渗法。即将氟化硅(SiF_4)气体以一定的压力压渗进混凝土内部,增加保护层的厚度。但这种方法比较昂贵,而且不适用于现场施工,只有在特定的条件下才可考虑采用。

(2)覆盖层和贴面处理

在侵蚀性特别强烈的情况下,最好的办法是将混凝土与侵蚀性介质隔绝。如在混凝土表面使用各种防渗层和贴面材料,常用的有沥青、沥青玛琋脂、聚氯人造橡胶及沥青石蜡等。

这类防渗层可抵抗百分之几的无机酸及盐溶液,但对油脂和许多有机酸的侵蚀抵抗能力小。而合成树脂漆能具有较好的抵抗有机酸和油脂类侵蚀。

在某些有强化学侵蚀的工程中,一般常采用贴面材料进行处理。如瓷砖、塑料及金属贴面材料,以阻止侵蚀介质与混凝土的直接接触所造成的侵蚀。

上述几种提高混凝土耐久性的方法,应根据工程的具体条件分别采用,例如,在侵蚀程度较弱的情况下,可采用普通硅酸盐水泥,但混凝土中水泥用量不宜少于 $300kg/m^3$,水灰比应在 0.55 以下。若侵蚀程度较强,可采用同品种的水泥,并尽可能提高混凝土的密实性。当侵蚀程度很强,则应采用抗硫酸盐水泥,并适当掺加减水剂,降低水灰比,并在混凝土表面涂防渗层或加贴面材料。当有几种侵蚀因素作用时,还应注意复合作用的影响,并抓住主要因素进行防护处理,才能获得较好的技术经济效果。

思 考 题

1. 怎样提高水泥的抗渗性?

2. 硬化水泥浆体中的水都能结冰吗?哪些水才对抗冻性产生不利影响?

3. 如何提高水泥的抗冻性?

4. 侵蚀的类型有哪些?试述每一种侵蚀的原因?

5. 防止侵蚀的方法有哪些?如何合理地采用这些方法?

第 15 章 其他水泥

15.1 矿渣水泥、火山灰水泥、粉煤灰水泥

15.1.1 矿渣水泥

凡由硅酸盐水泥熟料和粒化高炉矿渣、适量石膏磨细制成的水硬性胶凝材料称为矿渣硅酸盐水泥(简称矿渣水泥),代号为 PS。水泥中粒化高炉矿渣掺加量按质量百分数计为 20%~70%。

15.1.2 火山灰水泥

凡由硅酸盐水泥熟料和火山灰质混合材料、适量石膏磨细制成的水硬性胶凝材料称为火山灰硅酸盐水泥(简称火山灰水泥),代号为 PP。水泥中火山灰质混合材料掺加量按质量百分数计为 20%~50%。

15.1.3 粉煤灰水泥

凡由硅酸盐水泥熟料和粉煤灰、适量石膏磨细制成的水硬性胶凝材料称为粉煤灰硅酸盐水泥(简称粉煤灰水泥),代号为 PF。水泥中粉煤灰掺加量按质量百分数计为 20%~40%。

15.1.4 几种常见的硅酸盐水泥的特性和使用范围

水泥的种类很多,仅硅酸盐水泥就有十几种。水泥掺水后具有良好的粘结性和可塑性,凝结硬化后有很高的机械强度,硬化过程中体积变化小,能和钢筋配合制成钢筋混凝土预制构件或用于其他混凝土工程中。由于水泥具有上述性能,使它成为基本建设中不可缺少的主要建筑材料,广泛应用于工业建筑、民用建筑、道路与桥梁建筑,各种水利和地下工程、国防工程等工程中。

现将几种常见的硅酸盐水泥的特性和使用范围列于表 15-1 中。

表 15-1　几种常见的硅酸盐水泥的特性和使用范围

水泥品种	特　性		使　用　范　围	
	优　点	缺　点	适用于	不适用于
普通硅酸盐水泥	1. 早期强度高 2. 凝结硬化快 3. 抗冻性好	1. 水化热较高 2. 抗水性差 3. 耐酸碱和硫酸盐类的化学侵蚀差	1. 一般地上工程和不受侵蚀作用的地下工程,以及不受水压作用的工程 2. 无腐蚀水中的受冻工程 3. 早期强度要求较高的工程 4. 在低温条件下需要强度发展较快的工程。但每日平均气温在 4℃以下或最低气温在 -3℃以下时,应按冬季施工规定办理	1. 水利工程的水中工程 2. 大体积混凝土工程 3. 受化学侵蚀的工程

水泥品种	特性		使用范围	
	优点	缺点	适用于	不适用于
火山灰硅酸盐水泥	1. 对硫酸盐类侵蚀的抵抗能力强 2. 抗水性好 3. 水化热较低 4. 在浸润环境中后期强度的增进率较大 5. 在蒸汽养护中强度发展较快	1. 早期强度低,凝结较慢,在低温环境中尤甚 2. 抗冻性差 3. 吸水性大 4. 干缩性较大	1. 地下、水中工程及经常受较高水压的工程 2. 受海水及含硫酸盐类溶液侵蚀的工程 3. 大体积混凝土工程 4. 蒸汽养护工程 5. 远距离运输的砂浆和混凝土	1. 气候干热地区或难于维持 20～30d 内经常浸润的工程 2. 早期强度要求高的工程 3. 受冻工程
矿渣硅酸盐水泥	1. 对硫酸盐类侵蚀的抵抗能力及抗水性好 2. 耐热性好 3. 水化热低 4. 在蒸汽养护中强度发展较快 5. 在潮湿环境中后期强度的增进率较大	1. 早期强度低,凝结较慢,在低温环境中尤甚 2. 耐冻性差 3. 干缩性大,有泌水现象	1. 地下、水中工程及经常受较高水压的工程 2. 大体积混凝土工程 3. 蒸汽养护工程 4. 受热工程 5. 代替普通硅酸盐水泥用于地上工程。但应加强养护。亦可用于不常受冻融交替作用的受冻工程	1. 对早期强度要求高的工程 2. 低温环境中施工而无保温措施的工程
粉煤灰硅酸盐水泥	1. 对硫酸盐类侵蚀的抵抗能力及抗水性较好 2. 水化热低 3. 干缩性较小,抗拉强度较高,抗裂性较好 4. 耐热性好 5. 后期强度的增进率较大	1. 早期强度低 2. 耐冻性差 3. 抗碳化性能较差	1. 一般民用和工业建筑工程 2. 水工大体积混凝土工程 3. 混凝土和钢筋混凝土的地下及水中结构 4. 用蒸汽养护的构件	1. 早期强度要求高的混凝土工程 2. 气候干热和气温较高地区的混凝土工程 3. 受冻工程和有水位升降的混凝土工程 4. 不宜用于抗碳化要求的工程

15.2　高铝水泥

国家标准 GB 201—81 规定,凡以铝酸钙为主,氧化铝含量约为 50% 的熟料,磨制成的水硬性胶凝材料,称为高铝水泥,也称矾土水泥。允许在高铝水泥中掺入 2% 以下不使水泥变质的外加物,但外加物的种类及掺入量需经主管部门批准。

高铝水泥是以矾土和石灰石作原料,按一定比例配合成适当成分的生料,经过熔融或烧结成熟料,再经粉磨而成。它是一种快硬、早强、耐腐蚀、耐高温的水硬性铝酸盐胶凝材料。高铝水泥适用于军事工程、紧急抢修工程、严寒下的冬季施工以及要求早强的特殊工程。由于该水泥的耐高温性能较好,所以其主要用途之一是配置耐热混凝土,作窑炉内衬。另外,它也是配制膨胀水泥和自应力水泥的主要成分,其应用范围正日益扩大,但由于高铝水泥的长期强度不稳定,所以不宜用作永久性的承重结构。

15.2.1　高铝水泥的矿物组成和化学成分

1. 高铝水泥的矿物组成

由于高铝水泥以 Al_2O_3、CaO、SiO_2 为主要化学成分,因此其矿物组成大致可按照 CaO-

Al_2O_3-SiO_2 三元系统相图(图 15-1)进行讨论。在三元系统相图中,铝酸盐水泥的组成可分布在 $C_{12}A_7$-CA-C_2S(Ⅰ)、C_2S-C_2AS-CA(Ⅱ)、CA-CA_2-C_2AS(Ⅲ)、CA_2-CA_6-C_2AS(Ⅳ)四个三角形内的阴影区内,Ⅰ、Ⅱ、Ⅲ区为高铝水泥区,Ⅳ区为低钙铝酸盐耐火水泥区。

(1)铝酸一钙($CaOAl_2O_3$,简写为 CA)

铝酸一钙是高铝水泥中的主要矿物,具有很高的水硬活性。其特点是凝结正常而硬化迅速,是高铝水泥强度的主要来源。但 CA 含量过高的水泥,强度发展主要集中在早期,后期强度增进率就不显著。CA 的结晶形状与煅烧方法、冷却条件等因素有关。用烧结法慢冷所得的 CA,多为矩形或不规则的板状,颗粒尺寸一般为 5 ~ 10μm。CA 又常与铁酸一钙、氧化铁以及铬、锰等氧化物形成固溶体,致使遮光率有较大的变化。

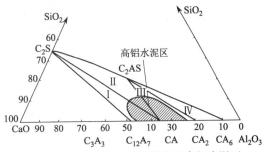

图 15-1　CaO-Al_2O_3-SiO_2 系统中的高铝水泥区

(2)二铝酸一钙($CaO \cdot 2Al_2O_3$,简写为 CA_2)

在氧化钙含量低的高铝水泥中,CA 的含量较多。CA_2 水化硬化较慢,后期强度较高,长期强度较稳定,但早期强度却较低。如含量过多,将影响高铝水泥的快硬性能,但能提高水泥的耐火性和机械强度。CA_2 的结晶生长能力较强,通常呈粒状晶体,尺寸大多为 10 ~ 20μm,但分布往往并不均匀。质量优良的高铝水泥,其矿物组成一般是以 CA 和 CA_2 为主。

(3)七铝酸十二钙($12CaO \cdot 7Al_2O_3$,简写为 $C_{12}A_7$)

晶体结构中铝和钙的配位极不规则,晶体具有大量结构孔洞,使其具有水化很快的特性。它结晶迅速,凝结极快,但强度不高。因此当 $C_{12}A_7$ 含量高时,水泥的耐热性下降,后期强度较低;当含量超过 10% 时,常会引起水泥快凝,不便施工。如配料中 Al_2O_3/CaO 比较小,其 SiO_2 含量不高时,水化和灰泥中 $C_{12}A_7$ 的生存量会明显增加。

(4)铝硅酸二钙($2CaO \cdot Al_2O_3 \cdot SiO_2$,简写为 C_2AS)

C_2AS 又称钙黄长石,也称铝方柱石。在水泥熟料中的 C_2AS,常包含杂质 MgO、Fe_2O_3、FeO、TiO_2 及碱,也可溶入较多的 CA 及 SiO_2,C_2AS 晶格中离子配位很对称,属正方晶系,因此,水化活性很低,成长方、正方、板状或不规则形状,一般分布比较均匀。当高铝水泥熟料含有较高的 C_2AS 时水化较慢,严重影响水泥的早期强度。

(5)六铝酸一钙($CaO \cdot 6Al_2O_3$,简写为 CA_6)

六铝酸一钙是惰性矿物,没有水硬性。含有矿物 CA_6 的水泥的耐热性能提高。

除上述铝酸盐矿物外,高铝水泥中还含有少量的硅酸二钙(β-$2CaO \cdot SiO_2$)存在。又由于原料中尚有其他氧化物,熟料中总含有少量含铁相、含镁相以及钙钛石等。水泥熟料中所含的铁,根据生产方法的不同,可以呈 CF、C_2F、Fe_3O_4 或 FeO 等形式存在。在氧化铁含量较少的情况下,则会生成铁铝酸钙固溶体。MgO 能与 Al_2O_3 形成镁尖晶石($MgO \cdot Al_2O_3$),也可生成镁方柱石($2CaO \cdot MgO_2 \cdot SiO_2$)或更复杂的含镁化合物。$TiO_2$ 形成钙钛石($CaO \cdot TiO_2$),常呈机械混合物夹杂在其他矿物组成中。以上矿物除 β-C_2S 和 C_2F 具有弱的胶凝性外,其他矿物都不具有胶凝性。

因此,早强快硬,质量优良的高铝水泥熟料的矿物组成,应选择以 CA、CA_2 为主。采用烧

163

结法生产时,为了使物料具有较好的胶结性能,生产上考虑 CA/CA$_2$ 的比值为 1:2 时较有利。同时高铝水泥中 SiO$_2$ 的含量不宜超过 9%,以限制无水硬性的钙铝黄长石的量。

2. 高铝水泥的化学成分

高铝水泥熟料的主要化学成分为 CaO、Al$_2$O$_3$、SiO$_2$,还有 Fe$_2$O$_3$ 及少量的 MgO、TiO$_2$ 等。由于原料及生产方法的不同,其化学成分变化很大,其波动范围如下:

CaO:32% ~ 42%;Al$_2$O$_3$:36% ~ 55%;SiO$_2$:4% ~ 15%;Fe$_2$O$_3$ + Fe$_2$O:1% ~ 15%

我国生产的高铝水泥和低钙铝酸盐耐火水泥的化学组成大致范围见表 15-2。

表 15-2　水泥和低钙铝酸盐耐火水泥的化学组成　　　　　　单位:%

水泥品种	氧　化　物						
	Al$_2$O$_3$	CaO	SiO$_2$	Fe$_2$O$_3$	TiO$_2$	MgO	R$_2$O
矾土水泥	50 ~ 60	32 ~ 35	4 ~ 8	1 ~ 3	1 ~ 3	< 2	< 1
低钙铝酸盐耐火水泥	70 ~ 75	19 ~ 23	< 4	< 1.5	< 3	—	—

15.2.2　高铝水泥的生产

1. 生产高铝水泥的原料

生产高铝水泥的原料为矾土和石灰石。

(1)矾土

主要成分为 Al$_2$O$_3$,是由含 Al$_2$O$_3$ 高的岩石经加热、压力、水等的影响分解而得,其中含有 Fe$_2$O$_3$、SiO$_2$、TiO$_2$ 及碳酸盐等杂质。矾土矿床多为层状,层与层之间以及每层的上层与下层之间的成分往往也有波动。矾土中的主要矿物为波美石(又名水铝石、一水硬铝石,Al$_2$O$_3$·H$_2$O)和水铝土(又称矾土、水铝矿、三水铝石,Al$_2$O$_3$·3H$_2$O)。我国各产地的矾土中,主要矿物是一水铝石和高岭土(Al$_2$O$_3$·2SiO$_2$·2H$_2$O)。

矾土质量按 Al$_2$O$_3$/SiO$_2$ 质量比例来评价。一般称此铝硅比(A/S)为"质量系数"。矾土的质量系数见表 15-3。

表 15-3　矾土的质量系数

矾土等级	特等	一等	二等甲	二等乙	三等
Al$_2$O$_3$	> 76	68 ~ 76	60 ~ 68	52 ~ 60	42 ~ 52
Al$_2$O$_3$/SiO$_2$	> 20	5.5 ~ 20	2.8 ~ 5.5	1.8 ~ 2.8	1.0 ~ 1.8

我国采用回转窑烧结法,对矾土的要求如下:

SiO$_2$ < 10%;Al$_2$O$_3$ > 70%;TiO$_2$ < 5%;Fe$_2$O$_3$ < 1.5%;Al$_2$O$_3$/SiO$_2$ > 7

采用熔融法生产时,可采用低品位矾土。

(2)石灰石

采用较纯的石灰石,要求 CaO ≥ 52%,SiO$_2$ < 1%,MgO < 2%

2. 高铝水泥的生产方法

按煅烧方法的不同,高铝水泥的生产方法基本上分为熔融法和烧结法两种。熔融法采用电弧炉、高炉、化铁炉、反射炉等煅烧设备;烧结法采用回转窑、立窑、烧结格条、隧道窑、倒焰窑、轮窑等煅烧设备。具体选用哪一种生产方法,需根据原料的化学成分及对水泥性能的要求、经济成本等综合因素来决定。

熔融法生产,原料不要求细磨,亦不需预先混合,可采用低品位的矾土原料制得高质量的产品,但熔融时温度较高,耗热量较多,制得的熟料很硬,熔块硬度达莫氏硬度 7~7.5,较难粉磨,仅水泥粉磨一项电耗就高达 80~110kW·h/t 水泥,(粉磨一吨硅酸盐水泥的电耗仅 24kW·h 左右),故成本较高。

烧结法生产要求原料纯度高,生料粉磨细,细度一般控制 0.080mm 方孔筛筛余为 6% 以下,但烧成热耗低,制得的熟料易磨,电耗低,故水泥成本低。此外,还可广泛地使用硅酸盐工业中原有的热工设备来进行生产。

(1)熔融法

熔融法一般采用电炉法、高炉法和化铁炉法。

用电炉法生产高铝水泥,矾土和石灰石要预先经过干燥和煅烧,使矾土中的水分除去,石灰石分解成石灰,避免在电炉中短时间内产生大量气体而发生爆炸。用这种方法生产的产品质量较高,一般可达 62.5 级以上。但用这种方法生产水泥,电耗将达 1 200~1 500kW·h/t 水泥(一般硅酸盐水泥的生产电耗为 70~130kW·h/t 水泥),成本很高。

(2)烧结法

由于生料在煅烧时仅产生部分熔融,所有不挥发的杂质全部掺入到熟料中,所以要求原料品位高,含 SiO_2 及 Fe_2O_3 等杂质要少。采用烧结法生产高铝水泥的最大困难是熟料的烧成温度与熔融温度之间的差太小,即烧结范围太窄,仅在 30~50℃ 之间(而硅酸盐水泥熟料的烧结范围可达 150℃ 以上),在热工操作上不易控制,所以必须很好地掌握煅烧温度,避免烧流和结大块,以免影响高铝水泥的产量及质量。由于煅烧温度不能提得太高,生料得不到充分均匀化,所以熟料矿物的形成不够完全,均匀程度差。常形成较多的 $C_{12}A_7$,使高铝水泥的质量降低。但烧结法单位热耗低,熟料易粉磨,产品成本较低。

用回转窑生产高铝水泥熟料时,煤灰落入生料中会降低熔融温度,尤其灰分落在物料表面,会增加物料的不均匀性,因此应选择低灰分和灰分中 SiO_2 含量少的煤,煤灰的熔点也要高,以免影响煅烧操作和水泥质量。生产中熟料矿物的形成和生料粉磨细度有很大关系。最好将石灰石、矾土原料分别粉磨,然后按比例在混合筒内混合。要求矾土粉磨至比表面积 > 5 000cm²/g,石灰石粉磨至比表面积 > 3 500cm²/g,混合生料的比表面积在 4 000cm²/g 以上(细度为 0.080mm 方孔筛筛余 6% 以下),生料 $CaCO_3$ 滴定值允许波动为 ±0.4%。生产高铝水泥,窑内烧结温度控制在 1 300~1 330℃。熟料容积密度为 800±50g/L,没有游离石灰产生。一般煅烧质量的好坏,可从熟料的颜色及结粒的大小及均匀程度反映出来。正常煅烧的高铝水泥熟料为淡黄色,外观致密,结粒在 5~10mm。

高铝水泥熟料或熔块的冷却应采用慢冷,慢冷能使其结晶发育程度比较完全,同时在发生 C_2AS 回吸的情况下,回吸反应也进行得比较充分,从而减少 C_2AS 的含量。

在生产正常的情况下,高铝水泥熟料或熔块粉磨后本身能进行正常凝结,故在磨制水泥时,不必掺入调凝剂。

15.2.3 高铝水泥的性质和应用

1.高铝水泥的性质

(1)密度

165

容积密度、表观密度。高铝水泥的密度为 3.2~3.25kg/m³,容积密度为 1 000~1 300kg/m³,表观密度为 1 600~2 000kg/m³。

(2)细度

高铝水泥的细度,0.080mm 方孔筛筛余不得超过 10%,比表面积不得低于 2 400cm²/g,实际生产控制 0.080mm 方孔筛筛余在 5% 左右,比表面积在 2 500~2 900cm²/g。

(3)凝结时间

国家标准 GB 201—81 规定,初凝不得早于 40min,终凝不得迟于 10h。

高铝水泥的凝结时间与矿物组成有关。$C_{12}A_7$ 在几分钟内即凝结,而 CA_2 则较慢,一般说,CaO/Al_2O_3 的比值越高,$C_{12}A_7$ 的含量就可能越多,则水泥凝结越快。同时环境温度对凝结时间也有很大影响,温度低于 25℃时影响不明显,超过 25℃凝结变慢。

此外,加入 $Ca(OH)_2$、$NaOH$、Na_2CO_3、Na_2SO_4 等,可加速高铝水泥的凝结,加入 $NaCl$、KCl、$NaNO_3$、酒石酸、柠檬酸、糖密、甘油等,可使高铝水泥的凝结缓慢。值得注意的是,在不同的实验室,用不同的高铝水泥试验,结果不尽相同。

(4)强度

高铝水泥强度发展很快,以 3d 的强度指标作为划分水泥强度等级的标志,我国国家标准 GB 201—81 规定,高铝水泥划分为四个强度等级,各龄期的强度值不得低于表 15-4 的要求。

表 15-4　高铝水泥的强度指标

水泥强度等级	抗压强度(MPa)		抗折强度(MPa)	
	1d	3d	1d	3d
42.5	35.3	41.7	3.9	4.4
52.5	45.1	51.5	4.9	5.4
62.5	54.9	61.3	5.9	6.4
72.5	64.7	71.1	6.9	7.4

高铝水泥 28d 的强度不得低于 3d 强度的指标。

高铝水泥的最大特点是强度发展非常迅速;另一特点是在低温下(5~10℃)也能很好硬化,而在高温下(大于 30℃)养护,则强度剧烈下降,这些特点与硅酸盐水泥完全相反。因此,高铝水泥的施工环境温度不得超过 30℃,更不宜采用蒸汽养护。

高铝水泥不经过试验,不应随便与石灰或硅酸盐水泥等水化后产生氢氧化钙的胶凝材料掺合使用,否则会导致凝结不正常和强度下降。这是由于 $Ca(OH)_2$ 与低碱性水化铝酸钙发生反应,立即形成立方形水化铝酸三钙(C_3AH_6)所致。高铝水泥和硅酸盐水泥掺合后的凝结时间和强度见表 15-5。

表 15-5　不同配比的硅酸盐水泥和高铝水泥的凝结时间和强度

掺和比(%)		凝结时间(min)		抗压强度(MPa)	
硅酸盐水泥	高铝水泥	初凝	终凝	1d	2d
100	0	120	230	18.8	29.0
90	10	20	40	10.9	19.6
80	20	3	11	5.9	9.4

掺和比(%)		凝结时间(min)		抗压强度(MPa)	
硅酸盐水泥	高铝水泥	初凝	终凝	1d	2d
50	50	瞬间	瞬间	—	—
20	80	—	5	2.9	2.4
10	90	1	35	43.1	44.1
0	100	180	225	45.1	48.0

用海水或含有 $CaCl_2$ 的水调和,对高铝水泥的强度十分有害。正常情况下,不使用加气剂和减水剂。

由于较高温度会使高铝水泥混凝土的强度有显著的降低,而在常温(25~30℃)水中养护,经过许多年后,强度也会有一定程度的降低,但是,在冷湖水中,长期强度下降很少或甚至不降低,见表15-6。

表 15-6　高铝水泥混凝土的长期强度

水泥编号	抗压强度(MPa)						
	初始强度(7d)	1 年		5 年		20 年	
		25~30℃水中	冷湖水中	25~30℃水中	冷湖水中	25~30℃水中	冷湖水中
1	46.2	43.1	51.2	53.5	61.6	48.0	59.1
2	48.4	56.3	56.6	47.4	53.9	41.1	47.4

高铝水泥的强度与水灰比的关系,与硅酸盐水泥相同,随着水灰比的增加,强度不断降低。同时降低高铝水泥混凝土的水灰比,可使长期强度下降的幅度变小。例如,有一组高铝水泥混凝土,当水灰比为 0.48 时,30 年强度为 7d 强度的 50%~60%;而当水灰比为 0.30 时,30 年强度为 7d 强度的 80%~90%。

高铝水泥中掺入适量的石灰石或粉煤灰,可以缓和水化铝酸钙的晶型转化,使长期强度下降的幅度变小。

此外,养护制度对高铝水泥的强度也有影响。一般在水中养护时比在空气中养护的强度高。

(5)水化热

高铝水泥的总水化热为 460~502J/g,与硅酸盐水泥相近。但是高铝水泥的水化热在 24h 内(20℃)放出 70%~90%,这不仅表示高铝水泥硬化很快的特点,而且使得它具有在 0℃ 也能正常硬化的特性。

(6)耐蚀性

高铝水泥具有很好的抗硫酸盐性及抗海水腐蚀性能,甚至比抗硫酸盐硅酸盐水泥还好。这是由于高铝水泥的主要组成是低碱硫铝酸钙,水化时不析出游离 $Ca(OH)_2$,水泥石液相碱度低,与硫酸盐介质形成的水化硫酸钙晶体分布均匀。另外,高铝水泥水化时结合较多的水,而且被生成的铝胶所密实,故高铝水泥石结构较致密,抗渗性好,能有效地阻止侵蚀性介质的浸入。

高铝水泥是不耐碱的。在碱性溶液中,高铝水泥很快被破坏,只有当碱溶液浓度小于1%时,才没有腐蚀作用。这是因为碱的盐类或碱的氢氧化物能与氢氧化铝保护薄膜及水化铝酸钙作用生成易溶性的铝酸碱而遭受破坏。

(7)耐热性

高铝水泥具有很好的耐热性,在高温下仍能保持一定的强度。由于高铝水泥的水化产物中无 $Ca(OH)_2$ 存在,在受热的情况下,也就没有 $Ca(OH)_2$ 分解为 CaO 后再吸收水分又转化为 $Ca(OH)_2$ 时所产生的体积膨胀性破坏效应。同时,在高温作用下,高铝水泥所配制的混凝土中还会产生固相烧结反应,逐步代替水化结合,故使强度不致过分降低,如干燥的高铝水泥混凝土在 900℃ 处理下,还有原来强度的 70%,在 1300℃ 时强度仍有原来的 52.6%,如表 15-7 所示。所以高铝水泥可作为耐热水泥混凝土的胶结料,配制 1 300℃ 的耐热混凝土。

表 15-7　高铝水泥混凝土经不同温度煅烧后的抗折和抗压强度

项目	20℃预养 7d	在下列温度下保持 6h(℃)											
		200	300	400	500	600	700	800	900	1 000	1 100	1 200	1 300
抗压强度(MPa)	93	73	44	52	56	58	53	53	47	28	24	25	34
抗折强度(MPa)	9.7	7.0	3.5	4.2	5.1	4.5	4.2	4.4	4.0	3.2	3	4	9
抗压强度与抗折强度之比	9.6	10.4	12.6	12.4	11.0	12.9	12.6	12.1	11.8	8.8	8.0	6.3	3.8

2. 高铝水泥的应用

根据高铝水泥的特点,可应用于:

(1)适用于紧急抢修、抢建工程和需要早期强度的工程。如军事工程、桥梁、道路、机场跑道、码头、堤坝的紧急施工与抢修,经济建设中的紧急项目施工,设备基础的抢修,二次灌浆等,不宜用于长期承重的工程。

(2)适用冬季及低温下施工。高铝水泥在 5～10℃ 温度下养护时,比常温时 1d 强度只降低 30.6%,3d 强度只降低 1.6%,而普通水泥在这种低温下必须采取保温养护。

(3)适用制作耐热和隔热混凝土及砌筑用耐热砂浆。如各种锅炉、窑炉所用的混凝土和耐热砂浆等。

(4)适用于含硫酸盐的地下水、矿物水侵蚀的工程,与普通水泥相比较,高铝水泥的耐硫酸盐性是突出的。

(5)适用于油井和气井工程以及受交替冻融和交替干湿的构筑物,但不适于大体积工程。

(6)高铝水泥和石膏等配合,还可制成特殊用途的膨胀水泥和自应力水泥。

15.3　早强及快硬水泥

国家标准 GB 175—85 和 GB 1344—85 对于 42.5 级以上水泥设置早强型水泥类型(即 R 型水泥),它将带动我国水泥向早强快硬方向发展,促使我国水泥在较短时间内达到世界水平。同时对于加快施工进度,促进施工工艺和水泥生产工艺改革都有推动作用。随着我国现代建筑工程的发展,越来越需要采用早强快硬水泥,如军事抢修工程、快速施工工程、地下工程、隧

道工程和高层建筑工程等。采用早强快硬水泥,具有以下优点:

1. 在混凝土标号相同时,用高标号水泥可节约水泥用量达 20%~25%。

2. 可以制得高强度预制件,因而可以缩小构件断面尺寸,减少材料用量,降低自重,相应降低工程造价。

3. 由于水泥早强快硬,可以免除蒸汽养护,缩短拆模时间,减少模型用量,缩短构件存放时间,减少厂房面积,降低成本。

4. 采用早强快硬水泥,可以使用锚喷工艺代替模板浇筑施工工艺,可以大幅度降低工程造价。

近十几年来,在快硬水泥方面已有比较重大突破,已发展到超早强水泥阶段(或称超速硬水泥),已能使水泥在 5~20min 内硬化,硬化 1h 抗压强度达 10MPa,2~3h 达 20MPa,1d 强度可达 28d 强度的 75%~90%,快硬特性甚至超过了高铝水泥。在类型上出现了氟铝酸钙($C_{11}A_7 \cdot CaF_2$)型和无水硫酸钙型快硬水泥,现分述如下:

15.3.1 早强型水泥

国家标准 GB 175—99 中的硅酸盐水泥和普通硅酸盐水泥,GB 1344—99 中的矿渣硅酸盐水泥、火山灰质硅酸盐水泥及粉煤灰硅酸盐水泥,强度等级在 42.5 号以上的按早期强度分两种类型,其中 R 型(即早强型)有 42.5R、52.5R、62.5R、72.5R。

早强水泥具有比原型水泥早期强度增进率高的特点,并用 3d 和 2d 两种龄期的强度来控制 28d 前不同阶段的强度发展,改变了我国长期以来水泥早期强度偏低和要设置三个龄期的控制方法,推动了我国水泥较快地达到世界水泥早期强度增进率的水平。如与我国强度检验方法相接近的法国、前东德、美国和英国波特兰水泥和普通波特兰水泥标准中 3d 强度指标所达到的增进率大都在 50% 上下,见表 15-8。

表 15-8 美、英等四国早强型水泥早期强度指标(3d)

国 家	强 度 检 验 方 法				龄期 (d)	早期龄期指标的增进率 (%)
	标准砂	灰砂比	水灰比	试件(cm)		
美 国	级配砂	1:2.75	0.485	5×5×5	3.7.28	51.0
前东德	级配砂	1:3.0	0.50	4×4×16	2.28	55.0
法 国	级配砂	1:3.0	0.50	4×4×16	2.28	40.0
英 国	均粒砂	1:3.0	0.50	7.07×7.07×7.07	3.28	56.0
平 均						50.5

从早强型水泥强度表中可以看出,我国普通水泥的 3d 抗压强度都在同强度等级 28d 的 50% 以上,这样,每个强度等级的早期强度指标,早强型比原型普通水泥要高 4.9MPa 以上,早强型硅酸盐水泥比同强度等级早强型普通硅酸盐水泥的 3d 抗压强度指标又提高了 1MPa。同硅酸盐水泥、普通硅酸盐水泥一样,将 42.5 强度等级以上的早强型矿渣硅酸盐水泥、火山灰质硅酸盐水泥及粉煤灰硅酸盐水泥的 3d 强度指标也提到 28d 的 45% 以上。

矿渣水泥的早期强度指标,美国、英国、法国和前东德等标准都定在 28d 强度的 45% 左右,这样,我国新增 R 型水泥的早期强度增进率的指标达到了国际水平,见表 15-9。

表 15-9 美、英等四国早强型水泥早期强度指标(28d)

国 家	强 度 检 验 方 法				龄期 (d)	早期强度指标的增进率 (%)
	标准砂	灰砂比	水灰比	试件(cm)		
美 国	级配砂	1:2.75	0.485	$5 \times 5 \times 5$	3.7.28	51(3d/28d)
前东德	级配砂	1:3.0	0.50	$4 \times 4 \times 16$	2.28	44(3d/28d)
法 国	级配砂	1:3.0	0.50	$4 \times 4 \times 16$	2.28	55
英 国	均粒砂	1:3.0	0.50	$7.07 \times 7.07 \times 7.07$	3.28	40

早强型水泥的品质指标与原型水泥相同。熟料中氧化镁含量不得超过 5.0%,如水泥经蒸养安定性试验合格,则熟料中氧化镁的含量允许放宽到 6.0%;水泥中 SO_3 含量不得超过 5%(矿渣水泥不得超过 4.0%),细度以 0.080mm 方孔筛筛余不得超过 12%,凝结时间中初凝不得早于 45min,终凝不得迟于 12h。

早强水泥的生产方法,与普通水泥的生产方法基本相同,关键是要求较严格地控制生产条件,选择合理的熟料矿物组成,适当提高熟料的饱和比,增加硅酸三钙和铝酸三钙的相对量。

采用复合矿化剂,提高熟料的饱和比,是立窑煅烧早强水泥熟料的有效途径。使用复合矿化剂在工艺上并无重大改变,只是在生料中适当掺入萤石和石膏却能使液相提前出现,熟料烧成温度下降,同时烧成范围也相应扩大,液相黏度降低,加速了 C_2S 吸收 CaO 生成 C_3S 的反应过程,提高了 C_3S 的含量及其矿物的活性,从而保证了熟料质量的提高。

生产早强型水泥,要求生料分散度大,混合均匀,成分稳定。所以,提高生料的分散度,是提高物料反应能力的重要措施,在正常情况下,生料的细度以 0.08mm 方孔筛筛余不大于 8%为宜。

早强型水泥的性质和使用范围和原型水泥基本相同。

15.3.2 硅酸盐快硬水泥

根据国家标准 GB 199—79 规定:凡以适当成分的生料,烧至部分熔融,所得以硅酸钙为主要成分的硅酸盐水泥熟料,加入适量石膏,磨细制成具有早期强度增进率较高的水硬性胶凝材料,称为快硬硅酸盐水泥(简称快硬水泥)。快硬硅酸盐水泥的强度等级以 3d 抗压强度来表示,分为 32.5、37.5、42.5 三个强度等级。

快硬水泥的品质指标与普通硅酸盐水泥略有差异,如 SO_3 最大含量为 4.0%,细度以 0.080mm 方孔筛筛余不得超过 10%,凝结时间的初凝规定不得早于 45min,终凝不得迟于 10h。

快硬硅酸盐水泥的强度指标列于表 15-10。

表 15-10 快硬硅酸盐水泥的强度指标

水泥强度等级	抗压强度(MPa)		抗折强度(MPa)	
	1d	3d	1d	3d
32.5	14.7	31.9	3.4	5.4
37.5	16.7	36.8	3.9	5.9
42.5	18.6	41.7	4.4	6.3

生产快硬水泥的方法与生产普通水泥的方法基本相同,R 是要求较严格地控制生产工艺条件,要求所用原料含有害杂质较少,设计合理的矿物组成,一般希望硅酸三钙和铝酸三钙的

含量高些，C_3S 含量在 50% ~ 60%，C_3A 含量在 8% ~ 14%。根据原料情况，也可采取提高阿利特的含量，不提高 C_3A 的含量，因 C_3S 和 C_3A 同时较高时，烧成过程中液相黏度大，不利于 C_3S 的形成。采用矿化剂时，可适当提高熟料中的 C_3S 含量，但一般不得超过 70%。

生产快硬水泥时，生料要求均匀，比表面积大，一般生料细度要求在 0.08mm 方孔筛筛余不大于 5%，熟料要求采取快速冷却，避免阿利特分解和硅酸二钙的晶型转变。

水泥的比表面积对水泥的强度(尤其是早期强度)影响很大。表 15-11 为同一种熟料粉磨至不同比表面积时的抗压强度值。

表 15-11 比表面积对强度的影响

水泥的比表面积(cm^2/g)	抗 压 强 度 (MPa)			
	1d	3d	7d	28d
2 980	10.5	27.9	38.6	43.6
4 640	25.3	43.7	47.8	53.3
6 300	26.1	44.0	52.6	61.2

水泥的比表面积相同时，颗粒大小均齐，水泥强度较高，这时相同龄期水泥的水化程度大。要使水泥具有早期特性，水泥中要求含有一定数量的微细颗粒。水泥的 1d 强度与小于 $10\mu m$ 的颗粒含量成比例，要求占 30% ~ 50%，小于 $5\mu m$ 的颗粒应占 10% ~ 25%。生产快硬水泥时，水泥的比表面积一般控制在 3 300 ~ 4 500cm^2/g。

适当增加石膏含量，也是生产快硬水泥的重要措施之一，这可保证在水泥石硬化之前形成足够的钙矾石，有利于水泥强度的发展。普通硅酸盐水泥中的 SO_3 含量一般波动在 1.5% ~ 2.5%，而在快硬硅酸盐水泥中，一般波动在 3.0% ~ 3.5%。

由于快硬水泥的比表面积大，在储存和运输过程中容易风化，一般储存期不应超过一个月，应及时使用。

快硬水泥的水化热较高，这是由于水泥细度高，水化活性大，硅酸三钙和铝酸三钙的含量较高的缘故。快硬水泥的早期干缩率较大。由于水泥石比较致密，所以其不透水性和抗冻性往往优于普通水泥。

快硬水泥主要用于抢修工程、军事工程、预应力钢筋混凝土制件。快硬水泥适用于配制干硬性混凝土，水灰比应控制在 0.40 以下。

15.3.3 硫铝酸盐快硬水泥

以铝质原料(如矾土)、石灰质原料(如石灰石)和石膏，经适当比例配合后，煅烧成含有适量无水硫铝酸钙的熟料，再掺加适量石膏，共同磨细，即可制得硫铝酸盐快硬水泥。这类水泥硬化快，早期强度高。

无水硫铝酸钙熟料的主要矿物为：$3CaO \cdot 3Al_2O_3 \cdot CaSO_4$(简写成 $3C \cdot 3A \cdot CaSO_4$ 或 $C_4A_3\bar{S}$，其中 $\bar{S}$ 代表 SO_3)和 $\beta\text{-}C_2S$，还有少量的 $CaSO_4$、钙钛石和含铁相等。

美国研究膨胀水泥的学者格里宁等在 20 世纪 60 年代后期首先试制成了 $C_4A_3\bar{S}\text{-}\beta\text{-}C_2S$ 型超早强水泥。同济大学在 1972 年制成了 $C_4A_3\bar{S}\text{-}\beta\text{-}C_2S$ 膨胀水泥，我国建材研究院以 $C_4A_3\bar{S}$ 为基础，研制成功了一系列硫铝酸钙型水泥，其中有超早强水泥、快硬高强水泥、无收缩水泥、膨胀水泥、自应力水泥、喷射水泥等。下面主要介绍 $C_4A_3\bar{S}\text{-}\beta\text{-}C_2S$ 型超早强水泥。

1. $G_4A_3\bar{S}$-β-C_2S 型水泥熟料的化学组成和矿物组成

$G_4A_3\bar{S}$-β-C_2S 型水泥的矿物组成可以在很大范围内波动,并且由于石膏加入量的不同,可以制成不同类型的水泥。见图 15-2。

$G_4A_3\bar{S}$-β-C_2S 水泥的化学成分如下:

CaO	40% ~ 44%
Al_2O_3	18% ~ 22%
SiO_2	8% ~ 12%
Fe_2O_3	6% ~ 10%
SO_3	12% ~ 16%

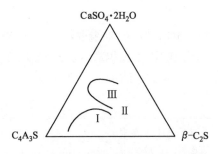

图 15-2 $G_4A_3\bar{S}$-β-C_2S-CSH_2 三成分图
Ⅰ—早强水泥区;Ⅱ—微膨胀水泥;
Ⅲ—膨胀水泥和自应力水泥

其相应的矿物组成为:

$G_4A_3\bar{S}$	36% ~ 44%
C_2S	23% ~ 34%
C_2F	10% ~ 17%
$CaSO_4$	12% ~ 17%

2. $G_4A_3\bar{S}$-β-C_2S 型水泥的性质和用途

$G_4A_3\bar{S}$-β-C_2S 型水泥的凝结时间较快,初凝与终凝的间隔时间较短,初凝一般在 8 ~ 60min,终凝在 10 ~ 90min。要使水泥的凝结时间变慢,可以加入缓凝剂。常用的缓凝剂有糖蜜、亚甲基二萘磺酸钠、次甲基 α-甲萘磺酸钠、硼酸钠($Na_2B_4O_7$)等。

水泥的强度决定于矿物组成、石膏加入量、水泥细度等,列表如下:

表 15-12   硫铝酸盐快硬水泥抗压强度

抗 压 强 度 (MPa)							
4h	8h	12h	1d	3d	7d	28d	90d
10 ~ 20	15 ~ 30	20 ~ 35	35 ~ 45	45 ~ 55	50 ~ 65	55 ~ 70	55 ~ 75

从表 15-12 可以看出,$G_4A_3\bar{S}$-β-C_2S 型水泥的长期强度是稳定的,并且有所增长。该水泥在 5℃能正常硬化。由于不含有 C_3A 矿物,并且水泥致密度高,所以抗硫酸盐性能良好。而且这种水泥的主要水化产物之一的钙矾石在 140 ~ 160℃才大量脱水分解,所以在 100℃以下是稳定的。当温度达 150℃以上时,强度急剧下降。$G_4A_3\bar{S}$-β-C_2S 型水泥在空气中收缩小,抗冻性和抗渗性能良好,水泥石液相的 pH 值在 9.8 ~ 10.2,属于低碱型水泥。

$G_4A_3\bar{S}$-β-C_2S 型水泥可用于紧急抢修工程(如接缝堵漏、锚喷支护、抢修飞机跑道、公路等)、冬季施工工程、地下工程、配制膨胀水泥和自应力水泥以及玻璃纤维砂浆等。

15.3.4　氟铝酸盐型快硬水泥

氟铝酸钙型水泥是以铝质原料、石灰质原料、萤石(或再加石膏),经适当配合,烧制成以氟铝酸钙($C_{11}A_7 \cdot CaF_2$)起主导作用的熟料,再与石膏一起磨细而成。我国的双快(快凝、快硬)水泥和国外的超速硬水泥属于这一类型。

1. 氟铝酸盐水泥的矿物组成

氟铝酸盐型水泥的主要矿物为阿利特、贝利特、氟铝酸钙和铁酸钙固溶体(C_6A_2F-C_2F),$C_{11}A_7 \cdot CaF_2$ 实质上是 $C_{12}A_7$ 中一个 CaO 的 O^{2-} 被 2 个 F^- 离子所置换,亦能溶入部分 Fe_2O_3、MgO

等固溶体。根据水泥的用途,氟铝酸钙型水泥的矿物组成可以在很大范围内波动,见表 15-13。

表 15-13 氟铝酸盐水泥的矿物组成

水泥编号	矿 物 含 量 (%)				
	$C_{11}A_7 \cdot CaF_2$	C_3S	C_2S	C_4AF	C_2F
1	20.6	50.4	1.7	4.7	—
2	19.2	52.1	—	5.2	—
3	26.0	55.1	6.7	4.6	—
4	71.3	—	20.0	—	2.2
5	72.4	—	17.6	—	3.0

用较好的石灰石,生产 C_3S-$C_{11}A_7 \cdot CaF_2$ 型水泥时,可用低品位矾土,生产 β-C_2S-$C_{11}A_7 \cdot CaF_2$ 型水泥时,则要求用较高品位的矾土,也可用其他含铝高的原料、萤石和少量石膏。

2. 配料

根据对水泥性能的要求,先设计水泥熟料的矿物组成,然后计算出熟料的化学成分,再用试配法进行配料。CaF_2 用量除满足生成 $C_{11}A_7 \cdot CaF_2$ 中的 CaF_2 含量及 Na_2O、K_2O 反应所需的数量外,要求过量 1%,因为在煅烧过程中部分氟会挥发掉。

熟料矿物组成的计算公式如下:

(1)对 C_3S-C_2S-$C_{11}A_7 \cdot CaF_2$-C_4AF 型

$C_4AF = 3.04F$;

$C_{11}A_7 \cdot CaF_2 = 1.97(A - 0.64F)$;

$C_3S = 4.07C - 3.47F - 3.52A - 7.60S - 2.85\bar{S} + 3.68N + 2.42K$;

$C_2S = 2.87(S - 0.261C_3S)$;

CaF_2 的理论需要量 $= 0.11(A - 0.64F) + 0.83K + 1.26N$

(2)对 C_2S-$C_{11}A_7 \cdot CaF_2$-C_2F 型

$C_{11}A_7 \cdot CaF_2 = 1.97(A - 2.53M)$;

$C_2S = 2.87S$;

$C_2F = 1.70F$;

$MA = 3.53M$;

$CT = 1.70T$;

CaF_2 的理论需要量 $= 0.11(A - 2.53M) + 0.83K + 1.26N$

3. 氟铝酸盐水泥的生产

这种水泥所需的铝质原料,目前主要用矾土,但也可试用粉煤灰、煤矸石等来代替。石灰石要求较纯。含卤素生料较普通生料有较高的反应能力,而生料中掺氟会在普通生料的固相反应的温度范围内促使 CaO 被很好的吸收,生成硅酸钙矿物。含氟量提高 2%,CaO 被完全吸收的温度约可降低 50℃,而石灰饱和系数、硅率、铁率的影响较小。当 CaF_2 大于 4% 时,在 1 150 ~ 1 200℃ : C_3S 已能很快地形成。

1 080℃ : $4C_2S + CaF_2 + 3CaO = C_{11}S_4 \cdot CaF_2$

1 180℃ : $C_{11}S_4 \cdot CaF_2 + CaF_2 = C_{11}A_7 \cdot CaF_2 + CaO$

烧成温度一般控制在 1 250 ~ 1 350℃,火焰温度一般控制在 1 350 ~ 1 400℃。温度过高,易形成大块,易结硬;温度过低,容易产生生烧。熟料要求进行急冷,水泥粉磨细度要求较高,一般比表面积控制在 $5\,000\sim6\,000\text{cm}^2/\text{g}$,宜采用圈流磨。粉磨时,掺入适量的石膏,加入量通过试验确定。

4. 氟铝酸盐水泥的水化

氟铝酸钙水泥拌水后立即溶解,几秒钟中就开始生成水化铝酸钙 CAH_{10}、C_2AH_8、C_4AH_{10} 和 $AH_2\overline{F}$($\overline{F}$ 为氟)。在几分钟内,水化铝酸钙与硅酸钙液解生成的 $Ca(OH)_2$ 和 $CaSO_4$ 形成低硫型水化硫铝酸钙和钙矾石,其反应式如下:

$$C_{11}A_7 \cdot CaF_2 + 6Ca(OH)_2 + 6CaSO_4 + 68H_2O = 6[3CaO \cdot Al_2O_3 \cdot CaSO_4 \cdot 12H_2O] + 2Al(OH)_3\overline{F}$$

$$3CaO \cdot Al_2O_3 \cdot CaSO_4 \cdot 12H_2O + 3CaSO_4 + 20H_2O = 3CaO \cdot Al_2O_3 \cdot 3CaSO_4 \cdot 32H_2O$$

$$2Al(OH)_2F + Ca(OH)_2 = 2Al(OH)_3 + CaF_2$$

C_3S 和 C_2S 的水化反应与硅酸盐水泥相同,水化产物亦为 C—S—H 凝胶和 $Ca(OH)_2$。但反应速度有所加快。水泥石结构是以钙矾石晶体为骨架,晶体间充以 C—S—H 凝胶和铝胶,故能迅速达到很高的致密程度。

5. 氟铝酸盐水泥的性质和用途

氟铝酸钙型水泥凝结很快,初凝一般仅几分钟,初凝和终凝的时间间隔很短,终凝一般不超过半小时。因此,氟铝酸钙型水泥可制成铸造业用的型砂水泥(要求初凝小于 5min,终凝小于 12min),锚喷用的喷射水泥(要求初凝小于 5min,终凝小于 10min)。在用于抢修工程时,可根据使用要求及气候条件,采用缓凝剂来调节。常用的缓凝剂有酒石酸、柠檬酸和硼酸等。例如掺 0.6% 以下的柠檬酸,由于消耗了液相中的钙离子,生成柠檬酸钙,使硫铝酸钙的形成受到抑制,所以达到了缓凝的效果。试验表明,在 20℃掺 0.2% 时,柠檬酸缓凝作用的有效时间,大致在 30min 左右。

氟铝酸钙型超早强水泥的最大特点是具有小时强度,5~20min 就可硬化,2~3h 后,抗压强度即可达 20MPa。可在 5℃低温下硬化,6h 可达 10MPa,1d 可达 30MPa,在用做型砂水泥时,型砂:水泥(质量比) = 92~93:7~8,加水 6.5%~7.5%,试体尺寸为 $\phi5 \times 5\text{cm}$,1~2h 达 0.3~0.5MPa。24h 达 0.9MPa 以上。在浇筑的高温作用后,钙矾石迅速脱水分解,型砂模溃散,使易于清砂,并且不产生有害气体。

此外,获得早强水泥的方法是在硅酸盐水泥中掺入适量超早强掺合剂,即可获得具有小时强度的超早强水泥。1h 抗压强度可达到 10MPa 左右。超早强掺合剂的主要成分为无定形七铝酸十二钙($C_{12}A_7$)和无水石膏,在硅酸盐水泥中掺入超早强掺合剂后,在水化初期大量形成钙矾石,使水泥强度迅速增长,凝结变快。可用作封缝、堵漏、喷锚、抢修等工程。

15.4　抗硫酸盐水泥

根据国家标准 GB 748—83 规定,凡以适当成分的生料,烧至部分熔融,所得的以硅酸钙为主的特定矿物组成的熟料,加入适当石膏,磨细制成的具有一定抗硫酸侵蚀性能的水硬性胶凝材料,称为抗硫酸盐硅酸盐水泥。简称抗硫酸盐水泥。它是一种对硫酸盐腐蚀具有较高抵抗力的硅酸盐水泥,适用于一般受硫酸盐侵蚀的海港、水利、地下、隧道、引水、道路和桥梁基础等工程。

从硫酸盐侵蚀的原因可知,水泥石中的氢氧化钙和水化铝酸钙是引起破坏的内在因素。因此,水泥的抗硫酸盐性在很大程度上决定于水泥熟料的矿物组成及其相对含量。例如,研究者将各种熟料矿物以不同的配比,制成1:10标准砂浆的试棒,浸入硫酸镁溶液(浓度1.8%)中,定期测出其膨胀率来说明其侵蚀情况,实验结果如图15-3,图15-4所示。

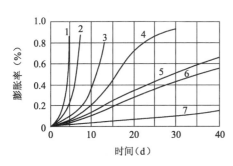

图15-3　水泥及熟料矿物在硫酸镁溶液中的膨胀情况(试体浸入前在水中养护8周)
1—80% C_3S + 20% C_3A;2—80% C_2S + 20% C_3A;
3—硅酸盐水泥;4—80% C_2S + 20% C_4AF;5— C_2S;
6 – C_3S;7—80% C_2S + 20% C_4AF

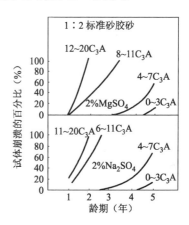

图15-4　 C_3A 含量及试件崩溃百分比的关系

由图可见, C_3S 或 C_2S 中掺有 C_3A 后,膨胀率就迅速增加。 C_3S 中掺入 C_4AF 虽然也会增加其膨胀率,但程度要小得多。而没有 C_3A 或 C_3S 的配合料(80% C_2S、20% C_4AF),则膨胀率最小。大量事实也说明,降低 C_3A 的含量,可以增加在硫酸盐中的耐蚀性。例如,图15-4是表示一系列不同 C_3A 含量的水泥在两种硫酸盐溶液中的试验结果。可以看出, C_3A 含量为0% ~ 3%的试体,在两种溶液中放置5年,都不曾发现有崩溃现象,而所有含11% ~ 20% C_3A 的试体,在两种溶液中不到两年,就都已完全崩溃。因此,应对熟料中 C_3A 含量进行一定的限制,是提高水泥抗硫酸盐能力的主要措施。

实践证明, C_4AF 的耐蚀性要比 C_3A 强,所以,用 C_4AF 来代替 C_3A ,也就是降低 C_3A ,相应提高 C_4AF 的含量,就能够在提高水泥抗硫酸盐能力的同时,还保证有足够的溶剂矿物,有利于烧成。有人认为, C_4AF 水化时,所形成的水化铝酸盐和铁酸盐的固溶体,硫酸盐对它的侵蚀速率则随着固溶体内 A/F 比的减小而有所降低,而且,如果有游离的水化铝酸钙存在,水化铁酸钙还能在其周围形成薄膜,因此,就使其具有较高的抗硫酸盐能力。还有人认为,在一般水泥中所形成的高硫型硫铝酸钙,在所掺石膏用尽以后,要转化成低硫型硫铝酸钙。而以后在硫酸盐液的作用下,这些低硫型硫铝酸钙还会再度转换为高硫型硫铝酸钙,随之产生体积膨胀,造成破坏。而在 C_3A 含量低的水泥中,高硫型不可能向低硫型转化,则是抗硫酸盐性能提高的主要原因。另一方面, C_4AF 含量过高时,即使 C_3A 含量较低,水泥的耐蚀性仍较差,所以 C_4AF 含量也不宜超过一定数量。

C_3S 在水化时要析出较多的 $Ca(OH)_2$,而 $Ca(OH)_2$ 的存在,又是造成侵蚀性的一个主要因素。所以降低 C_3S 的含量,相应增加耐蚀性较好的 C_2S,也是提高耐蚀性的措施之一。

由此可见,抗硫酸盐水泥熟料中 C_3A 和 C_3S 的含量必须加以限制。GB 748—83 规定,C_3S 和 C_3A 的计算矿物含量分别不应超过 50% 和 5%,C_3A+C_4AF 的含量应小于 22%,MgO 含量不得超过 5%,烧失量小于 1.5%,游离 CaO 小于 1%,水泥中 SO_3 含量应小于 2.5%,水泥细度在 0.080mm 方孔筛筛余应小于 10%,凝结时间和安定性的要求与硅酸盐水泥相同。抗硫酸盐水泥的强度等级分为 32.5 和 42.5 两个强度等级。见表 15-14。

表 15-14　各龄期强度均不得低于下表值

水泥强度等级	抗压强度 MPa			抗折强度 MPa		
	3d	7d	28d	3d	7d	28d
32.5	11.8	18.6	31.9	2.5	3.6	5.4
42.5	15.7	24.5	41.7	3.3	4.5	6.3

15.5　油井水泥

油井水泥专用于油井、气井的固井工程,又称堵塞水泥。在勘探和开采石油或天然气时,要把钢质套管下入井内,再注入水泥浆,将套管与周围地层胶结封固,进行固井作业,封隔地层内的油、气、水层,防止互相串扰,以便在井内形成一条从油层流向地面,隔绝良好的油流通道。见图 15-5。

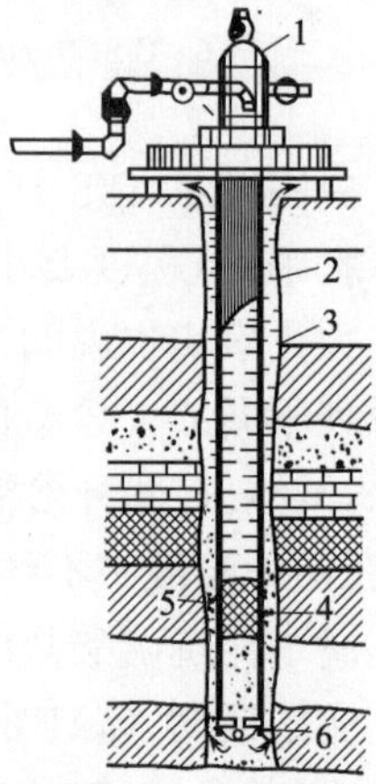

油井底部的温度和压力,随着井深的增加而提高,每深入 100m,温度约提高 3℃,压力增加 10~20atm。因此,高温高压,特别是高温对水泥各种性能的影响是油井水泥的生产和使用时最重要的问题。

油井水泥的使用特点如下:用水泥配成的净浆(水灰比为 0.5),用泵打入套管,流入管壁与岩石之间的缝隙中,要求在固井过程中水泥浆具有良好的流动性和合适的密度,待固井过程结束,能很快凝结,并且终凝和初凝之间的间隔时间要短,要求在短期内达到足够的强度,以防止水泥浆发生沉淀和水流穿孔等。油井水泥主要是承受抗折应力,其凝结硬化过程是在高温高压下进行的。在特殊情况下,对油井水泥还有特殊要求,如抗硫酸盐腐蚀、堵缝隙等。

温度和压力对水泥水化、硬化的影响,温度是主要的,压力是次要的。因此,井深不同,对水泥的性能就有不同的要求。

图 15-5　油井水泥
固井示意图
1—通水泥泵;2—水泥浆;
3—泥浆;4—木塞;5—井壁

根据国家标准 GB 202—78 和部标准 JC 241—78、JC 237—78,油井水泥分为 45℃、75℃、95℃和高温油井水泥四个品种,分别用于不同井深的油、气井。

油井和气井的情况是十分复杂的,没有一种油井水泥能满足各种不同深井条件所能遇到的全部要求,所以只有根据实际情况,生产和使用不同种类的油井水泥。由于我国石油工业的迅速发展,钻井速度和钻井深度急剧增加,因而对不同品种的油井水泥规定了不同的技术标准。油井水泥的使用范围见表 15-15。

表 15-15　油井水泥的使用范围

井　类　别	井　深	井　温	适用的油井水泥
浅　井	1 500m 以下	45℃以下	45℃油井水泥
中　井	1 500～2 500m	75℃以下	75℃油井水泥
中深井	2 500～3 500m	～90℃	95℃油井水泥
深　井	3 500～4 500m	110℃～135℃	高温油井水泥
超深井	4 500～7 000m	150℃～180℃	高温油井水泥

15.5.1　45℃油井水泥

45℃油井水泥一般适用于井深 1 500m 以内的油、气井固井工程。

根据行业标推 JC 241—78 规定,凡以适当矿物组成的硅酸盐水泥熟料和适量石膏磨细制成的一种适用于 45℃井温条件下油、气井固井工程用的水硬性胶凝材料,称 45℃油井水泥,其技术指标如下:

1. 水泥浆流动度不得小于 185mm。

2. 水泥浆表观密度不得小于 1.80。

3. $45 \pm 2℃$、常压下,初凝 1h 30min～3h 30min,终凝时间为初凝后不迟于 1h 30min。

4. $45 \pm 2℃$、常压下,48h 抗折强度不低于 3.44MPa。

45℃油井水泥要解决的主要矛盾是缩短凝结时间并保持流动性良好。凝结时间主要受熟料矿物组成的制约,而且在一定程度上凝结时间和流动度也受粉磨工艺的影响。

具有较快凝结时间的 45℃油井水泥,由于井温不高,可采用两种方案以达到要求。一种方案为高铁和高饱和比方案。如 KH 在 0.90 以上,C_3S 在 55% 以上,Fe_2O_3 在 5% 以上,C_3A 在 6% 以下。例如,C_3S 58%,C_2S 17.9%,C_3A 4.9%,C_4AF l6.6%。磨制 45℃油井水泥,比表面积控制在 3 400cm^2/g 以上。另一方案为高铝低饱和比方案,如 KH 0.85% 以下,C_3S 40% 以下,C_2S 30% 以上,C_3A 8%～13%,水泥的比表面积 3 400cm^2/g。

15.5.2　75℃油井水泥

75℃油井水泥一般适用于井深 1 500～2 500m 油、气井固井工程。

国家标准 GB 202—78 规定:凡以适当矿物组成的硅酸盐水泥熟料和适量石膏磨细制成的一种适用于 75℃井温条件下油、气井固井工程用的水硬性胶凝材料,称为 75℃油井水泥,其技术指标如下:

1. 水泥的流动度不得小于 195mm。

2. 水泥浆表观密度不得小于 1.80g/cm^3。

3. $75 \pm 3℃$、常压下,初凝 1h 45min～3h 30min,终凝在初凝后不迟于 1h 30min。

4. $75 \pm 3℃$、常压下 48h 抗折强度不得低于 5.5MPa。

生产 75℃油井水泥,配料方案基本上是采用高铁、高饱和比、低铝方案,只是各厂条件不同,熟料率值及矿物组成含量略有区别。一般熟料率值控制如下:

$KH = 0.89～0.93$　　　　　　　　　　$n = 2.05～2.25$

$P = 0.64～0.75$　　　　　　　　　　　f-CaO < 1.5%

C_3S 50%～57%　　　　　　　　　　　C_2S 18%～21%

C_3A 1%～2%　　　　　　　　　　　　C_4AF～18%

177

增加水泥比表面积,水泥分散度大,水化速度加快,水泥浆析水性减小,流动度降低,凝结时间缩短,水泥强度增加。

不同成分的石膏有其适宜的石膏加入量,在一般情况下,增加石膏掺量,流动度有所改善,凝结时间延长,强度增加。石膏过量时效果均不明显。

磨制75℃油井水泥时,允许均匀地加入不超过水泥重量15%的能改善水泥性能的活性混合材料。掺用的混合材料除粒化高炉矿渣外,其余必须经过试验确定。

15.5.3 95℃油井水泥

95℃油井水泥,一般适用于井深2 500～3 500mm的油、气井固井工程。

国家标准GB 202—78规定:凡以适当矿物组成的硅酸盐水泥熟料和适量石膏磨细制成的一种适用于95℃井温条件下油、气井固井工程用的水硬性胶凝材料,称为95℃油井水泥,其技术指标如下:

1. 水泥流动度不得小于220mm。

2. 水泥浆表观密度不得小于1.80g/cm^3。

3. 95±3℃、常压下,初凝3h～4h 30min,终凝在初凝后不迟于1h 30min。

4. 95±3℃、常压下48h抗折强度不得低于5.4MPa。

95℃油井水泥,宜采用不含铝酸盐矿物的贝利特熟料,这种熟料以C$_2$S为主要成分,系贝利特高铁低饱和比方案,其熟料率值和矿物组成控制如下:

$KH = 0.730.77$ $n = 2.5 ～ 2.75$

$P < 0.64$ f-CaO $< 0.5\%$

C$_3$S 18%～28%   C$_2$S 50%～60%

C$_4$AF 15%～16%

如:C$_3$S 18.8%,C$_2$S 60.6%,C$_4$AF 15.6%,C$_2$F 1.87%。

为了防止出窑熟料粉化,必须在熟料中掺入1%～2%的石膏作稳定剂。

这种熟料的特点是含大量的C$_2$S,不含C$_3$A,因此,水泥浆具有良好的可泵性,强度高,凝结缓慢和良好的抗侵蚀性能力等。

粉磨水泥时,石膏掺入量为2%,水泥比表面积为2 700～3 000cm^2/g。这种水泥在95℃的条件下,具有5h左右的初凝时间和大于6.1MPa的两天抗折强度,并且有良好的流动性。当C$_2$S含量控制在40%～50%时,凝结时间显著缩短,初凝为3h左右。所以选择适宜的矿物组成是保证95℃油井水泥技术性能的关键。

15.5.4 高温油井水泥

高温油井水泥一般适用于井深5 000～7 000m(井温150～180℃)的油、气井固井工程。使用时必须采用缓凝剂,增加注井时的可泵时间,以保证固井水泥的安全进行。

根据部颁标准JC 23—78的规定:凡以适当矿物组成的硅酸盐水泥熟料、适量石膏和石英质材料共同磨细制成的一种适合于高温(150～180℃)油、气井固井工程用的水硬性胶凝材料,称为高温油井水泥,其技术指标如下:

1. 水泥流动度不得小于200mm。

2. 水泥浆表观密度不得小于1.80g/cm^3。

3. 在温度(150～180)±3℃、压力400kg/cm^{2}的水热条件下,初凝应大于30min。如无高温高压凝固釜,暂按95±3℃、常压下进行试验,其凝结时间应为:初凝3h～4h 30min,终凝在初凝后不迟于 1h 30min。

4. 在温度（150～180℃）±3℃、压力 39.3MPa 水热条件下，48h 抗折强度不得低于 4.42MPa。如无高温高压养护釜，暂按 95±3℃、常压下进行试验，其强度不得低于 3.92MPa。

高温油井水泥是由适当比例的无铝酸盐贝利特熟料（或普通油井水泥熟料），二水石膏和 20%～25% 的石英共同粉磨制成的；当需要掺入减轻剂（为了适当降低水泥表观密度并改善其保水性，在磨制过程中可掺加水泥质量 8% 的膨润粉）时，则需要采用分别粉磨法。

为了适应井温 200℃ 以上、井深在 6 000m 以上的超深井的要求，可以采用矿渣-石英砂水泥，矿渣-膨润土水泥，赤泥-石英砂水泥，菱苦土-石英砂等超深井水泥。水泥中的 CaO 与 SiO_2 之比应在 0.60～0.85。在 200～300℃，500～1 500atm 下，形成低碱性水化硅酸钙，如 C—S—H（Ⅰ型），硬硅酸钙石（C_5S_5H）具有很高的强度，并且具有很好的抗盐性，对 NaCl、$MgSO_4$ 等溶液（总含盐量在 30g/L 以下）都有很好的耐蚀性。菱苦土-石英砂（$MgO-SiO_2$）水泥，在高温高压下生成水化硅酸镁，在 250℃ 和 500atm 时也有很高的强度，在高盐溶液中的耐久性也很好。

超深井水泥不得用于浅井、中浅井、深井的固井工程。

为了适应油、气井十分复杂的情况，必须采用相适应的油井水泥，另外，还可以加入各种外加剂，以改变油井水泥的性能。如：为了延长储存期，可加入憎水剂，如胺基醇（NH_2-R-CH_2-OH）、合成鞣酸（丹宁），可使水泥储存六个月后，凝结和强度仍达到要求。为了延缓凝结，可加入各种缓凝剂，如磺化木质素盐、甲基纤维素、铁铬盐、硼酸、酒石酸、丹宁、磺甲基丹宁、糖类、淀粉等。有些缓凝剂，如铁铬盐、磺化木质素会起泡，还要加消泡剂。缓凝剂的加入量要通过试验确定，加得过多，会使水泥长期不凝结。多数有机缓凝剂的作用是在水泥颗粒表面形成保护膜，起延缓水泥颗粒与水的水化作用。但在较深的油井内，很多有机缓凝剂会分解，其缓凝效果会急剧下降，所以大部分缓凝剂不能在井温超过 100～110℃ 的井内使用。

在复杂的层质高压井中，要用表观密度为 2～2.26g/m³ 的重质黏土浆，为了提高固井质量，要用表观密度为 2.45～2.60g/m³ 的重质水泥浆，以便于将泥浆顶出管内及管外隔套，这种重质油井水泥是在普通油井水泥中掺入 40%～50% 重密度物质，如铁矿石、菱镁矿、重晶石粉。在有裂隙或多孔的地层，水泥浆与泥浆表观密度相差过大，容易造成水泥浆流失或挤垮地层，或堵塞低压油气层，在这种情况下，要用低表观密度油井水泥。这时，在普通油井水泥中掺入轻质掺合料，如火山灰、硅藻土、粉煤灰、膨胀珍珠岩、轻质沥青、膨润土等，但一般会使强度降低较多。

当井壁有裂缝时，在固井过程中往往会产生水泥浆流失，为了堵塞水泥浆流失的通道，在油井水泥中加入部分纤维质外加剂，如石棉、棉子工业废纤维，纤维工业废纤维等，加入量为水泥质量的 2%～3%。采用纤维质油井水泥固井时，在井壁很快形成一层网膜，然后水泥浆很快沉积在井壁，可以迅速堵塞裂缝和缝隙。

用普通油井水泥封固天然气井时，气井有时会漏气。这是由于水泥浆硬化时产生收缩而形成微裂缝所引起的，为了防止收缩和漏气，可采用膨胀油井水泥。

由于钙矾石在高温高压下会分解破坏，起不到膨胀剂的作用，在 45℃、75℃ 油井水泥中，可加入经 900～950℃ 煅烧过的氧化镁，其加入量小于 5%，7d 的膨胀值可达 0.1%～0.2%。也可加入经 1 150～1 250℃ 煅烧的生石灰，其加入量小于 10%，同时加入 5%～10% 无定型二氧化硅（硅藻土、火山灰等）或高炉矿渣。CaO 在 90℃ 下水化，在前 6h 产生明显的膨胀，然后膨胀减小，36h 后膨胀结束。在 75℃、400atm 下，两天的膨胀值可达 0.2%。

有些油井的地下水中含有硫酸盐,这时要求采用抗硫酸盐油井水泥。采用低 C_3A 或无 C_3A 和 C_3S 含量较低的熟料,掺入一定量的火山灰混合材(粉煤灰、火山灰、硅藻土等)制成的油井水泥,可以具有很好的抗硫酸盐特性。

15.6　大坝水泥

大坝水泥包括低热和中热水泥,是水泥热较低的水泥品种,适用于浇制水工大坝、大型构筑物和大型房屋的基础等。

由于混凝土的导热率低,水泥水化时放出的热量不易散失,如建造大体积混凝土坝时,坝身内部温度可达 30～60℃ 或更高,而外部冷却较快,内外可有几十度的温差,从而引起有害的内应力,使坝身产生裂缝,因而促使腐蚀加速,致使混凝土的耐久性下降。为了消除大体积混凝土内部的温升,可以采用人工冷却或预先将集料(砂子和石子)冷却。合理地采用低热水泥,是在保证强度不致下降过多的条件下,尽可能降低水泥的水化热与放热速度,减小水化热与强度的比值,可以降低人工冷却措施的费用。

降低水泥的水化热和放热速率,主要是选择合理的熟料矿物组成和粉磨细度以及掺入适量的混合材。

实践表明,选择合理的矿物组成,是生产大坝水泥的关键,它对水泥的主要性能起着决定性的作用。水泥熟料矿物的水化热见表 15-16。

表 15-16　水泥熟料矿物的水化热　　　　　单位:J/g(cal/g)

矿　物　名　称	48h	完　全　水　化
C_3S	418(100)	502(120)
C_2S	—	259(62)
C_3A	627(150)	866(207)
C_4AF	167(40)	418(100)

其他反应的放热量如下(单位 J/g,括号内数值的单位为 cal/g):

$$CaO + H_2O = Ca(OH)_2 \qquad\qquad 1161(279)$$
$$MgO + H_2O = Mg(OH)_2 \qquad\qquad 845(203)$$
$$CaSO_4 \cdot 1/2H_2O + 1/2H_2O = CaSO_4 \cdot 2H_2O \qquad\qquad 142(34)$$
$$C_3AH_6 + 3C\overline{S}H_2 + 19H = C_3A \cdot 3C\overline{S}H_{32} \qquad\qquad 612(147)$$

由以上数据可知,各水泥熟料矿物的水化热及放热速率具有下列顺序:

$$C_3A > C_3S > C_4AF > C_2S$$

因此,为了降低水泥的水化热和放热速率,必须降低熟料中 C_3A 和 C_3S 的含量,相应提高 C_4AF 和 C_2S 的含量,但是 C_2S 的早期强度很低,所以不宜增加过多,C_3S 含量也不应过少,否则,水泥强度发展过慢。因此,在设计大坝水泥熟料矿物组成时,首先应着重减少 C_3A 的含量,相应增加 C_4AF 的含量,但不应超过 20%。C_3S 控制在 40%～55%,$C_3S + C_2S > 75\%$。C_3A

控制在 $3.5\% \sim 5.5\%$，$C_4AF < 20\%$。表 15-17 列出了我国大坝水泥熟料矿物组成的几例。

表 15-17　大坝水泥熟料矿物组成　　　　　　　　　单位:%

编　号	矿　物　组　成			
	C_3S	C_2S	C_3A	C_4AF
1	50.4	20.0	5.5	17.7
2	48.2	28.3	5.0	14.3
3	51.2	25.3	4.1	14.2

增加水泥的粉磨细度，水化热也增加，尤其是增加早期的水化热，但水泥磨得过粗，强度会下降，每立方米混凝土中的水泥用量要增加，水泥的水化热虽下降，但混凝土的放热量反而增加。所以大坝水泥的细度，一般与普通水泥相接近。

在水泥中掺加活性混合材，如粒化高炉矿渣，可以有效地降低水化热。例如掺入 50% 的矿渣，使水泥的 3d 水化热下降 45%，7d 水化热下降 37%。掺入矿渣水泥的强度虽有所下降，但下降的程度远较水化热的降低为小。

根据国家标准 GB 200—80 规定，大坝水泥有三个品种，即硅酸盐大坝水泥(大坝水泥熟料加石膏磨细而成)、普通硅酸盐大坝水泥(掺有小于 15% 的粒化矿渣或火山灰质混合材)和矿渣硅酸盐大坝水泥(水泥中含有粒化矿渣 20% ~ 60%，允许用不超过混合材总量 1/3 的粉煤灰代替部分粒化矿渣，但代替数量最多不得超过 15%)。

硅酸盐大坝水泥和普通硅酸盐大坝水泥分 42.5、52.5 两个强度等级，矿渣大坝水泥分 32.5、42.5 两个强度等级。

大坝水泥熟料中的 C_3A 含量不得超过 6%，在生产矿渣大坝水泥时，允许放宽到 8%。大坝水泥熟料的 C_3S 含量应为 40% ~ 55%。生产普通大坝水泥和矿渣大坝水泥时不进行规定。

三种大坝水泥的各龄期水化热的上限值列于表 15-18。

表 15-18　各龄期水化热的上限值　　　　　　　　　单位:J/g

水泥强度等级	硅酸盐大坝水泥		普通大坝水泥		矿渣大坝水泥	
	3d	7d	3d	7d	3d	7d
32.5	—	—	—	—	187(45)	229(55)
42.5	250(60)	291(70)	229(55)	271(65)	187(45)	229(55)
52.5	250(60)	291(70)	229(55)	271(65)	—	—

大坝水泥中 MgO 含量不得超过 5%，指标与用于生产普通硅酸盐水泥的熟料相同。大坝水泥中的三氧化硫含量不得超过 3.5%。大坝水泥熟料中的碱含量，以 Na_2O ($Na_2O + 0.658K_2O$)表示不得超过 0.6%。在生产矿渣大坝水泥时，允许放宽到 1.0%，熟料中的游离氧化钙含量不得超过 0.8%，在生产普通大坝和矿渣大坝水泥时，允许放宽到 1.2%。

大坝水泥的初凝不得早于 60min，终凝不得超过 12h。

根据大坝建筑的特点，对于在坝身外部和坝身内部使用的水泥还有不同的要求。例如，在溢流面，水位变动区域等复面层，遭受到干湿、冻融、水流和泥砂冲刷的作用，不仅希望水化热较低，而且更要求有强度高、抗磨、抗冻、抗蚀以及干缩小等技术特性。一般采用强度等级较高的硅酸盐大坝水泥和普通硅酸盐大坝水泥为宜，而在坝身内部使用时，几乎不受外界条件变化的影响,主要要求水化热低,故用矿渣大坝水泥反而有利。

低热微膨胀水泥,是我国研制成功的用于大坝工程的一种低热水泥,它是由粒化高炉矿渣、硅酸盐水泥熟料和石膏共同粉磨而成。其配合比介于石膏矿渣水泥和矿渣硅酸盐水泥之间。净浆线膨胀为 $0.2\% \sim 0.3\%$ 左右,7d 水化热小于 $167J/g(40Cal/g)$,其主要水化物为钙矾石和水化硅酸钙凝胶。该水泥主要用于大坝工程。

低热微膨胀水泥的主要成分为粒化高炉矿渣,因此,成本较低,该水泥的 7d 水化热低于矿渣大坝水泥的指标,并且具有微膨胀性能,对防止大体积混凝土的干缩开裂有重要作用。

15.7 白色和彩色水泥

白色和彩色水泥主要用于建筑装饰工程的粉刷和雕塑,并可制造有艺术性的各种彩色、白色混凝土或钢筋混凝土等装饰部件。

硅酸盐水泥熟料的颜色主要是由于氧化铁引起的,随着 Fe_2O_3 含量不同,水泥熟料的颜色也就不同。当 Fe_2O_3 含量在 $3\% \sim 4\%$ 时,熟料呈暗灰色;Fe_2O_3 含量在 $0.45\% \sim 0.7\%$ 时,熟料呈淡绿色;Fe_2O_3 含量降至 $0.35\% \sim 0.4\%$ 时,熟料即呈略带淡绿色,接近白色。因此,白色硅酸盐水泥(简称白水泥)的生产主要是降低 Fe_2O_3 的含量。此外,氧化锰、氧化铬和氧化钛等着色氧化物也会对白水泥的颜色产生显著的影响,故也不宜存在,或者仅允许含有极少量。石灰质原料通常应选用较纯的石灰岩或白垩。黏土质原料则可用高岭土或含铁低的砂质黏土。生料的制备以及熟料的粉磨,均应在没有铁及氧化物玷污的条件下进行,所以磨机衬板应用花岗岩、陶瓷或优质耐磨钢板制成,并以硅质卵石或相近的材料作为研磨体,而所有铁质输送设备也必须仔细油漆,防止铁屑混入。燃料最好用无灰分的气体(天然气)或液体燃料(重油)。如采用煤粉,则其灰分含量要小,灰分中 Fe_2O_3 的含量也要低。由于生料中的 Fe_2O_3 含量极少,因而要求极高的煅烧温度($1\,500 \sim 1\,600℃$)。如在生料中掺入萤石作矿化剂($0.25\% \sim 1.0\%$),也有利于熟料的煅烧。

白水泥熟料的饱和系数与普通硅酸盐水泥熟料的类似,但白水泥硅率较高($n = 4$),铁率很高($P = 20$ 左右),白水泥由主要矿物成分 C_3S、C_2S。C_3A 所组成,而 C_4AF 极少(不多于 $1\% \sim 1.5\%$),Fe_2O_3 的含量不超过 $0.3\% \sim 0.45\%$。但是,实际上很难得到完全不含着色化合物的熟料,即使 Fe_2O_3 含量很少,仍会使水泥呈淡绿色。

为了提高水泥的白度,需将熟料从 $1\,250 \sim 1\,350℃$ 急速冷却至 $500 \sim 600℃$。所以在工厂生产时,在回转窑的冷却带立即喷水冷却,以达到提高白度的作用。另外,还可将熟料放在特殊的设备中进行漂白处理,使其在 $800 \sim 900℃$ 时受还原介质(不含氧气而含部分 CO)的作用,将 Fe_2O_3 还原为颜色较浅的 Fe_3O_4 或 FeO 的矿物,然后在隔绝氧气的条件下冷却至 $200℃$ 以下。在生料中加入适量 NaCl、KCl、$CaCl_2$ 或 NH_4Cl 等氯化物,使在煅烧过程中生成挥发性的 Fe_2Cl_3,从而使 Fe_2O_3 含量降低,以达到提高白度的目的。但在干法生产时,废气温度高,氯化物在与氧化铁作用之前就已挥发完,故该法只有在湿法生产中才有效。此外,在生料中掺入适量 $BaCO_3$ 或 $BaSO_4$ 烧成含有 BaO $6\% \sim 12\%$ 的熟料,由于 Ba^{2+} 能置换 Ca^{2+} 并使铁与含钡化合物结合,以钡铁铝酸盐和三钡铝酸盐的形式出现,因此能提高熟料的白度指标,并且对熟料矿物的加速形成也有相当帮助。

为了保证水泥的白度,粉磨熟料时加入的石膏,其粉末的颜色应比白水泥的白度高,所以一般采用优质的纤维石膏。同时水泥的细度越高,水泥的白度也越高,故白水泥一般要求磨得较细。

国家标准 GB 2015—80 规定水泥细度在 0.080mm 方孔筛筛余不得超过 10%,比表面积一般控制在 $4\,000 \pm 100cm^2/g$,熟料中 MgO 应小于 4.5%、水泥中 SO_3 应小于 3.5%。磨制水泥时允许掺入不损害水泥性能的助磨剂,加入量不超过水泥质量的 1%,允许掺入不超过水泥质量 5% 的石灰石。

白色水泥的强度等级分为 32.5 和 42.5 两个强度等级,其指标与普通硅酸盐水泥相同。白度分为四个等级:

等级	一级	二级	三级	四级
白度(%)	84	80	75	70

白水泥的白度系指将水泥试样装入压样器中,压成表面平整的白板,其表面对红、绿、蓝三原色的反射率,以相当于照射 MgO 标准白板的百分反射率表示。标准白板使用优级纯 MgO (质量符合 HG3-1294-80)制备,其光谱反射率以 98% 计。

彩色水泥可用白水泥熟料、石膏和颜料共同粉磨而成。所用的颜料要求对光和大气能耐久,分散度要细,既能耐碱,也不会对水泥起破坏作用,并且还要不含有可溶性盐。常用的颜料有:氧化铁(红、黄、褐、黑)、二氧化锰(黑、褐色)和炭黑(黑色)等。但制造红、褐、黑等较深色的水泥时,也可以用一般硅酸盐水泥熟料来磨制。

此外,由于电炉还原渣具有白色的特点,也可用来生产白色钢渣水泥。其生产方法是将白色电炉还原渣与适量煅烧石膏共同粉磨而成,也可加入适量白色粒化高炉矿渣共同磨细制成。这种白色钢渣水泥的最大缺点是早期强度较低,水泥强度等级不很稳定。

另外一种生产方法是在白色硅酸盐水泥生料中,加入少量金属氧化物做为着色剂,直接烧成彩色熟料,然后再磨制成彩色水泥。例如,加 Cr_2O_3 可得绿色;加 CoO 在还原火焰中得蓝色,而在氧化焰中则得玫瑰红色;加 Mn_2O_3,在还原焰中即得淡黄色,在氧化焰中即得浅紫红色等。颜色的深浅则随着色剂的掺量(0.1% ~ 2.0% 不等)而变化。

此外,在铝酸盐水泥生料中,也可掺入各种着色剂,烧成彩色的铝酸盐水泥熟料,然后磨细制成铝酸盐彩色水泥。这种水泥熟料具有颜色品种较多,色泽鲜艳、早期强度高的特点。

15.8　道路水泥

在黏土路面、碎石路面、石板路面、沥青路面、水泥混凝土路面等公路建筑中,以水泥混凝土路面最为优良。水泥路面因其不易损坏,使用年限比沥青路面长很多倍,路面阻力小,抗油类侵蚀性强,养路简单,维修费用低,且路面损坏后尚可作其他公路之基础,故无论在前苏联和欧美,各国公路的发展方向皆为水泥混凝土路面。他们生产的水泥有一半左右用于道路工程。在我国,随着改革、开放的深入,城乡经济的发展,高速公路、城乡公路也将进一步发展,道路水泥的需用量将大大增加。

用于道路的水泥混凝土路面,要求耐磨性好、收缩小、抗冻性强,有高的应变性能,抗冲击好,有高的抗折和耐压强度以及较好的弹性。道路水泥混凝土路面之所以要具备上述特性,是由于公路和其他建筑不同,它经受着高速车辆的摩擦,循环不定的负荷,载重车辆的冲击和震荡,起卸货物的骤然负荷,路面与路基的温差和干湿度差产生的膨胀应力,冬季的冻融等因素干扰,这些皆足以使水泥混凝土路面的耐久性降低,也就意味着对道路水泥有着更高的特殊要求。

道路水泥的这些特征,主要是依靠改变熟料的矿物组成、粉磨细度、石膏加入量和掺入外加剂来达到。

道路水泥特性对熟料矿物含量的要求:

1. 强度高。要求熟料中 C_3S 和 C_3A 含量高。C_3S 强度发展较快,早期强度较高,且强度增进率较大,28d 强度可达到一年强度的 70%~80%,就 28d 或一年强度来说,在四种矿物中它最高。而 C_3A 早期强度发展最快,它的强度在 3d 内就大部分发挥出来了,但绝对值不高。

2. 收缩小。要求熟料中 C_3S 和 C_4AF 含量高,因 C_2S 和 C_3A 收缩最大,所以宜少含。

3. 耐磨性好。要求熟料中 C_3S 和 C_4AF 含量高,因 C_4AF 抗冲击性能和抗硫酸盐性能较好。

综合上述要求,制造道路水泥以高铁、高阿利特水泥为宜,一般应具有如下组成:

C_3S	52%~60%
C_2S	12%~20%
C_3A	<4%
C_4AF	14%~24%
f-CaO	<1%

15.9 砌筑水泥

我国目前的住宅建筑中,砖混结构仍占很大的比例,相应地砌筑砂浆就成为需要量很大的一种建筑材料。因而,如何在砖混结构的建筑工程中,开展节约水泥、节约能源、降低造价的活动,就具有十分重要的现实意义。

我国建筑施工配制的砌筑砂浆,往往采用 32.5 级和 42.5 级水泥,而常用的砂浆标号为 50 号和 25 号,水泥强度等级和砂浆标号的比值,大大超过了一般认为的技术经济原则。为了满足砌筑砂浆和易性的要求,往往需要多用水泥,结果造成砌筑砂浆超标号、浪费水泥的现象。因此,生产低标号的砌筑水泥就十分必要。

根据 1983 年制定的国家标准,砌筑水泥的定义如下:凡由活性混合材加入适量的硅酸盐水泥熟料和石膏,经磨细制成的水硬性胶凝材料,总称为砌筑水泥。

活性混合材可采用矿渣、粉煤灰、煤矸石、沸腾炉渣、沸石等。

以矿渣为主要组分的砌筑水泥,称为矿渣砌筑水泥,其矿渣掺入量不得少于 70%;以火山灰质混合材为主要组分的砌筑水泥,称为火山灰质砌筑水泥,其混合材的掺入量不得少于50%;以粉煤灰为主要组分的砌筑水泥,称为粉煤灰砌筑水泥,其粉煤灰掺加量不得少于40%。三种混合材允许相互代替,当代替量不超过混合材总掺加量 1/3 时,水泥名称不变。当超过 1/3 时,则应在砌筑水泥名称前冠以两种混合材的名称。

根据 GB 3183—82 规定,砌筑水泥分为三个强度等级,即 12.5、17.5、22.5(在实际生产中,也可达 32.5),其各龄期的强度指标值列于表 15-19。

表 15-19　砌筑水泥强度指标

强度等级	抗压强度(MPa)		抗折强度(MPa)	
	7d	28d	7d	28d
12.5	5.5	12.5	1.2	2.4
17.5	7.6	17.5	1.6	3.4
22.5	9.8	22.5	2.0	4.4

　　生产砌筑水泥所用的硅酸盐水泥熟料,可用回转窑生产,也可用立窑生产,熟料中 MgO 含量不得超过 6%。若采用钢渣、化铁炉渣、赤泥、磷渣、窑灰等活性混合材生产砌筑水泥,必须经过试验。在粉磨砌筑水泥时允许采用助磨剂,掺入量不得超过 1%。掺入其他外加剂时,必须通过试验。

　　对砌筑水泥的品质要求如下:

　　1. 水泥中的 SO_3 含量,不得超过 4%;

　　2. 水泥细度,以 0.08mm 方孔筛筛余计,不得超过 10%;

　　3. 水泥的凝结时间,初凝应大于 45min,终凝应小于 12h;

　　4. 水泥的安定性试验,必须合格。由于水泥的早期强度较低,安定性试饼可允许延长湿气养护时间,但不得超过 3d。

　　强度试验时,试块允许湿养 3d 后脱模下水。

　　砌筑水泥的粉磨方式,可采用分别粉磨后再混合,也可以先进行分别粉磨,然后再进行混合粉磨,或直接混合粉磨。具体采用哪种方式,要根据各组分物料的性能和粉磨设备而定。当生产粉煤灰砌筑水泥时,采用下列流程比较合理。

生产粉煤灰砌筑水泥时,一般可采用下列配比:硅酸盐水泥熟料 30% 左右,石膏 4% ~ 5%,其余为粉煤灰。

　　粉煤灰中要求 $SiO_2 + Al_2O_3$ 含量大于 70%,28d 抗压比大于 1.05,烧失量不超过 10%。

　　粉煤灰砌筑水泥的和易性良好,泌水性较小,使用操作方便,成本较低,配制同体积、同标号砂浆,采用粉煤灰砌筑水泥,可节约水泥熟料 13% 以上。

　　砌筑水泥适用于工业与民用建筑的砌筑砂浆,内墙抹面砂浆及基础垫层等。允许用于生产砌块及瓦等,一般不用于配制混凝土,但通过试验,允许用于低强度等级混凝土,但不得用于钢筋混凝土等承重结构。

15.10　防辐射水泥

　　对于原子核反应堆辐射最为有效的防护是轻原子核物质和重原子核物质的配合。反应堆的防护问题包括三个方面:

　　1. 慢化快中子;

2. 俘获已慢化的或最初的慢中子；

3. 吸收所有种类的 γ 射线和 X 射线。

慢化中子物质的能力与其本身的质量数成反比，因此，氢原子是很好的中子减速物质；而吸收 γ 射线和 X 射线的能力是随原子量的增大而增大的，所以钡水泥和锶水泥可以用于制造原子反应堆的混凝土。表 15-20 表示出钡水泥混凝土防止 X 射线的能力与其他物质的比较。

表 15-20　各钟防 X 射线物质所需隔板的厚度

防护物质种类	在下列电压下的最低厚度(mm)	
	60kV	200kV
铅　板	0.9	4
钡水泥混凝土	7	29
铅玻璃	8	34
普通水泥混凝土	65	270

钡水泥和锶水泥是以 BaO、SrO 代替了硅酸盐水泥中的 CaO，其主要矿物是 $3BaO \cdot SiO_2$ 和 $3SrO \cdot SiO_2$，它们的化学组成如下：

表 15-21　钡水泥和锶水泥的化学组成

水泥品种	化　学　组　成　(%)							
	SiO_2	Al_2O_3	Fe_2O_3	CaO	BaO	SrO	MgO	K_2O
钡水泥	6~10	3~5	2~6	0~3	75~84	—	0~2	—
锶水泥	10~15	4~7	3~6	0~3	—	71~76	0~1.2	1~2

原料为钡、锶的碳酸盐($BaCO_3$、$SrCO_3$)或硫酸盐($BaSO_4$、$SrSO_4$)、高岭土、石英砂和铁矿石。其生产工艺流程和硅酸盐水泥完全相同，但煅烧温度较高，烧成温度在 1 550℃左右。

防辐射用的混凝土，除用钡、锶水泥外，还可用镁质水泥(即索列尔水泥)、石膏矾土膨胀水泥(即铝酸盐膨胀水泥)。因为它们硬化后的含水量大，即含有氢原子比较多，所以防辐射的能力也比较强。

防辐射用的混凝土，一般希望具有以下特性：密度高、相当高的含氢量、氢含量基本上不受温度的影响、水化热小、比热大、导热性高、热膨胀性小、弹性模量低、收缩率小、抗拉强度高。

从经济效果看，采用重混凝土较为经济，胶结料采用普通硅酸盐水泥或镁质水泥，集料采用重晶石($BaSO_4$)、磁铁矿(Fe_3O_4)、褐铁矿($2Fe_2O_3 \cdot 3H_2O$)、针铁矿($Fe_2O_3 \cdot H_2O$)、海绿石英岩、蛇纹石、赤铁矿(Fe_2O_3)、铬铁矿等重集料。采用金属铁作集料时，能使混凝土的表观密度达到很大。这种类型的铁质集料包括碎优质钢片、碎钢片和金属屑等。

15.11　耐酸水泥

耐酸水泥是一种能抵抗酸类侵蚀作用的水泥，广泛应用于化学工业的构筑物中，如塔、储酸槽、结晶器、沉降槽、中和器等。它具有原材料充足，能利用地方性材料，生产也比较简单等优点。

耐酸的材料很多,近年来出现了许多品种的有机胶泥,如环氧胶泥、呋喃胶泥、聚醋酸乙烯胶泥等,都已应用于防腐蚀工程中。但是,水玻璃耐酸胶泥与这些胶泥相比,仍不失为一种优良的耐酸材料,其主要优点是:

1．耐酸性强,特别是对强氧化性酸,如浓硫酸、浓硝酸等,有足够的化学稳定性。

2．耐所有的有机溶剂。

3．耐高温,一般能耐 300℃ 以上的高温。当用耐火砖粉作粉料时,则可耐 1 000℃ 以下的高温。

4．原料易得,成本低廉。

水玻璃型耐酸水泥是由粘结剂(硅酸钠或硅酸钾水溶液)、耐酸填充料和凝固硬化促进剂所组成的混合物拌和而成。通常市售的耐酸水泥是耐酸填料和硬化剂的粉状混合物,使用时,再用适量的胶结剂拌匀。

15.11.1 粘结剂

通常采用硅酸钠水溶液,工业上称为水玻璃,它的通式是 $R_2O \cdot nSiO_2$(R_2O 表示 Na_2O 或 K_2O),n 表示其组成中 SiO_2 的摩尔数与 R_2O 的摩尔数之比称为水玻璃的模数,范围可由 1.1 至 4.2,一般在 $2.0 \sim 3.5$。硅酸钠的密度为 $1.3 \sim 1.5 g/cm^3$,溶液常呈青灰色、黄绿色或黄色,最好是无色透明的溶体,其透明度受溶液内少量悬浮体的影响而呈混浊。配制耐酸水泥时,宜采用模数为 $2.6 \sim 2.8$、表观密度为 $1.38 g/cm^3$ 的水玻璃。

15.11.2 填充料

填充料种类很多,粉碎的天然耐酸材料,如中性长石、石英角斑岩、石英岩,致密长石、辉绿石、粉状石英、陶瓷粉等,或人造石质材料,如铸岩石等,都可以用作水玻璃型耐酸水泥的耐酸填充料。根据所用填充料的种类不同,可分为石英耐酸水泥、辉绿石耐酸水泥等。对于填充料的要求是耐酸性强,耐酸度应大于 93%,对水玻璃有良好的吸附能力。作为耐酸衬里时,要与其他材料有较强黏附能力,细度要求 0.08mm 方孔筛筛余不超过 15%,900 孔/cm² 筛筛余不超过 1%。但是,细度也不宜过细,否则水玻璃用量要相应增加,会引起收缩增大,耐蚀性下降。

15.11.3 凝固和硬化促进剂

在多数情况下,用氟硅酸钠(Na_2SiF_6)为凝固和硬化的促进剂。氟硅酸钠是制造过磷酸钙的一种副产品,为白色结晶粉末,在水中溶解度极小(17℃时为 0.56%),其水溶液因水解作用的结果呈酸性反应。在水中溶解度小及能产生水解作用的性质使它能成为水玻璃凝固和硬化促进剂。因为溶解度小,就不会引起反应过快而失去和易性,但能起水解作用,故可与水玻璃起反应。通常氟硅酸钠的用量为水玻璃量的 15%,由于它的溶解度小,故必须将其粉磨成很细的粉末才能使用,其细度要求在 0.08mm 方孔筛筛余不超过 10%。

配制耐酸水泥时,其组成范围一般为粉状填充料 $940 \sim 960 g$,凝固和硬化促进剂 $40 \sim 60 g$,水玻璃用量为每千克干混合物 $250 \sim 350 mL$。制备耐酸水泥时,必须注意搅拌均匀,试体养护须保持在 $20 \sim 30℃$ 的干空气中,养护温度不应低于 10℃,否则强度将显著下降。

水玻璃耐酸水泥的硬化过程,大致分为两个阶段:

1．硅酸凝胶的生成和析出;

2．硅酸凝胶脱水缩聚,把分散的颗粒裹成一个紧密的整体。

第一阶段,硅酸凝胶的生成和析出,其反应式如下:

水玻璃水解生成硅胶和 NaOH:

$$Na_2O \cdot nSiO_2 + (2n+1)H_2O = 2NaOH + nSi(OH)_4$$

氟硅酸钠水解生成硅胶、氟化氢和氟化钠：

$$Na_2SiF_6 + 4H_2O = 2NaF + 4HF + Si(OH)_4$$

生成的 HF 和 NaOH 作用，生成 NaF 及弱电解质 H_2O

$$NaOH + HF = NaF + H_2O$$

以上反应可写成总的反应式：

$$2[Na_2O \cdot SiO_2] + Na_2SiF_6 + (4n+2)H_2O = 6NaF + (2n+1)Si(OH)_4$$

除此之外，空气中 CO_2 亦能与水泥石表面发生碳酸化反应：

$$Na_2O \cdot nSiO_2 + 2nH_2O + CO_2 = Na_2CO_3 + nSi(OH)_4$$

反应生成的硅胶沉积在填充料表面，使粉状填料颗粒表面形成一层硅酸薄膜，由于硅胶本身具有粘结性，可将填充料相互胶结起来，所以硅酸凝胶的生成和析出，是水玻璃耐酸水泥产生早期强度的原因。

在第二阶段，生成的硅酸凝胶脱水缩聚，由单分子结构变成线型结构、网状结构，最后变成空间结构，把分散的颗粒进一步地聚裹成一个坚硬的整体，使粉料间的摩擦力迅速增加，因此，硅酸凝胶的脱水缩聚，是水玻璃耐酸水泥后期强度增长的原因。

水玻璃耐酸水泥是一种化学硬化型材料，其凝结和硬化主要决定于水玻璃与硬化促进剂发生化学反应的速度和程度。因此，它的技术性能与水玻璃的质量（模数和密度）和氟硅酸钠的掺入量有很大关系。

当水玻璃的密度一定时，水玻璃模数高，就表明水玻璃中氧化硅的含量高，因而胶结能力也较强，强度也较高。当水玻璃的模数相同时，密度大，说明配制胶泥所用水玻璃的固体物质含量较多，产生的凝胶物质较多，因而耐酸水泥的强度也较高。但考虑到工作稠度、线收缩率、耐蚀性等的影响，水玻璃的模数过高或过低都不合适。试验结果表明，当胶泥中氟硅酸钠掺入量为 15% 时，水玻璃的模数可采用 2.4~3.0，最宜是 2.6~2.8，水玻璃的表观密度以 1.38~1.42g/cm³ 为佳。

水玻璃耐酸水泥的耐稀酸能力差，耐浓酸能力强，如对浓硫酸、浓硝酸，有足够的化学稳定性，这是因为酸液浓度高、黏度大、破坏能力小的缘故，而且酸液与未参与硬化反应的水玻璃作用析出硅酸凝胶，有利于强度的增长。另外，还有密实性不高、抗渗透性差、收缩大等主要缺点。收缩是由于硅酸凝胶的收缩而引起的。由于水玻璃与氟硅酸钠反应生成的可溶性钠盐会逐渐被水溶出，使其内部形成许多孔隙，同时，硅酸凝胶脱水时，水分蒸发也使耐酸混凝土内部形成许多微孔，所以抗渗性差。有些国家掺入一些亚麻仁油、鲸鱼油、酚醛树脂、尿素（聚胺）树脂等以改善水玻璃硬化体的耐水性和脆性。

水玻璃耐酸水泥具有足够的机械强度和抵抗酸类侵蚀的能力，可制成耐酸的大块混凝土和耐酸构件。在化工、冶金、造纸、制糖和纺织等工业部门的一般耐酸工程中，可以用作制备耐酸胶泥、耐酸砂浆和耐酸混凝土。在食品工业中使用时，应该考虑到氟硅酸钠的毒性。

硫磺水泥是以硫磺、耐酸填料和增韧剂按一定比例熔融混合，浇筑成型制成的热塑性抗腐蚀胶凝材料。填充料一般用石英粉，要求耐酸率在 98% 以上，细度在 0.08mm 方孔筛筛余小于

15%。增韧剂用聚硫橡胶(多硫化钙和甲醛缩聚而成)或聚氯乙烯树脂,有时再掺些环氧树脂以减少硫磺水泥在浇筑后的收缩裂缝,提高粘结力,实际上也是增韧剂。

我国生产的硫磺水泥的配比为:硫磺58%、石英粉40%、聚硫橡胶2%、外加0.5%的环氧树脂。

硫磺水泥的热稳定性较差,使用温度一般不超过90℃。由于含硫磺较多,材料性脆、易燃,故不能用于强烈振动和接触火种的地方,不能用于受强氧化性酸(如浓度40%以上的硝酸)、强碱、能溶解硫磺的溶剂侵蚀作用的工程。用于受氢氟酸或氟硅酸作用的工程,应用炭质粉(如石墨)代替硅质粉(如石英)作填料。

15.12　耐高温水泥

近些年来,耐高温水泥的发展十分迅速,品种不断增加,与耐火集料配合可制成耐高温混凝土。

耐高温混凝土具有非定型、不煅烧、整体性、现场浇灌、使用方便、可以浇制复杂形状、能延长炉衬使用寿命、提高筑炉作业的机械化程度、加快施工速度、降低劳动强度等优点。

耐高温混凝土已广泛应用于石油、冶金、化工、电力、建材和机械工业部门的各种窑炉上。美国等国的耐高温混凝土已占耐火砖的一半,耐高温水泥还可制成轻质保温隔热材料和定型制品等。我国已研制成以铝酸盐水泥、磷酸盐、水玻璃、镁质水泥和白云石耐火水泥为胶结剂的耐高温混凝土。在各种窑炉和热工设备上应用最广泛的是铝酸盐水泥、磷酸盐、水玻璃和硅酸盐水泥耐火混凝土四大品种。硅酸盐水泥耐高温混凝土的使用温度较低,若与矾土熟料粉混合并采用优质耐火集料,最高使用温度也可达 1 400 ~ 1 500℃。

15.12.1　磷酸和磷酸盐胶结料

用磷酸直接拌和耐火粉料和集料配制的混凝土称磷酸耐火混凝土。将磷酸与金属氧化物反应生成磷酸盐(例如,磷酸和氢氧化铝反应生成磷酸铝),磷酸铝溶液作胶结剂胶结耐火粉料和集料,称为磷酸铝耐火混凝土。

磷酸有正磷酸(H_3PO_4)、焦磷酸($H_4P_2O_3$)和偏磷酸(HPO_3)三种形式。正磷酸是稳定型,所以配制耐火混凝土主要采用正磷酸(简称磷酸)。市场上出售的磷酸浓度为85%的水溶液,常稀释成40% ~ 60%浓度后使用。磷酸属于中强酸,对人体和衣服有腐蚀作用,因此,常制成无毒的磷酸铝作胶结剂。在大批量生产和施工时,采用磷酸作胶结剂比较方便。

我国目前用得最广泛的为正磷酸和磷酸二氢铝(即酸式磷酸铝)。它们的胶结性能与集料中氧化物的阳离子种类密切有关。当与弱碱性氧化物反应时,可生成较强的胶结性能;与强碱性氧化物反应,由于反应速度过快,呈多孔疏松结构;与酸性或中性氧化物(如 $Al_2O_3 \cdot SiO_2ZrO_2$、Cr_2O_3)在常温下一般不发生反应,需采用加热处理或掺加促进剂,才能使耐火混凝土获得强度。

磷酸盐耐火混凝土所采用的耐火粉料和集料有:耐火黏土熟料、矾土熟料、硅质熟料、镁质熟料以及刚玉、莫来石、锆英石、氧化铝、铬渣、碳化硅等。轻质集料可采用膨胀珍珠岩、氧化铝空心球等。

磷酸及磷酸盐耐火混凝土的特点是热震稳定性好,抗压强度高,并且稳定,荷重软化温度较高,抗熔渣侵蚀性及抗冲击性能好。缺点是成本较高。

磷酸及磷酸盐耐火混凝土常用的配合比是耐火粉料 30% ~ 40%,耐火集料 70% ~ 60%,外加 11% ~ 14% 磷酸或磷酸铝溶液,外加 2% ~ 3% 高铝水泥作为促进剂。粉料要求 80% 通过 0.08mm 方孔筛,集料粒径小于 15mm。最常用的集料为高铝质和耐火黏土质集料。磷酸铝的制备采用磷酸溶液(浓度为 50%):$Al(OH)_3 = 7:1$。

制备混凝土时,先将粉料和集料拌和均匀,然后加入约 3/5 胶结剂进行搅拌,并静置一段时间,使集料和粉料中夹杂的金属铁等杂质与胶结剂充分反应,排出氢气,以避免混凝土成型后产生鼓胀和结构疏松。然后加入促进剂拌和均匀,再加入剩余的胶结剂并拌和均匀,然后浇筑成型,1d 后拆模,在空气中养护 3d 后使用。

用磷酸和磷酸铝胶结高铝质和黏土质耐火集料的耐火混凝土,其荷重软化开始温度约为 1 200℃,4% 变形的荷重软化温度一般均大于 1 400℃,其温度范围较宽。

磷酸和磷酸盐耐火混凝土在升温过程中的变化如下:

常温:磷酸盐起胶结作用;

~250℃:脱水,生成焦磷酸或焦磷酸盐;

250 ~ 450℃:继续脱水,形成偏磷酸或偏磷酸盐;

450 ~ 800℃:耐火混凝土组织结构趋于稳定;

800 ~ 1 500℃:聚合,多缩聚合磷酸盐;

1 500 ~ 1 760℃:分解成 P_2O_5,和 Al_2O_3,与集料反应,形成陶瓷胶结。

磷酸和磷酸铝耐火混凝土可用于多种工业窑炉和热工设备作衬料,性能优于其他类型胶结剂的耐火混凝土及耐火砖。

粉料和集料采用刚玉、铬渣、碳化硅等,耐火度可达 1 800℃ 以上,荷重软化点开始温度超过 1 600℃,热震性、抗渣性、耐磨性好,通常用于高温、耐磨、耐渣侵蚀等部位,如高炉出渣口、出铁口等部位,见表 15-22。

表 15-22　磷酸及磷酸铝耐火混凝土的性能

配　合　比	胶结剂	42.5% 磷酸 12	磷酸铝 13
	耐火粉料	二级矾土熟料 30	二级矾土熟料 30
	耐火集料	一级矾土熟料 70	一级矾土熟料 70
	促进剂	高铝水泥 2.5	高铝水泥 2
3d 抗压强度(MPa)(kg/cm²)		16.8(171)	15.6(159)
烘干抗压强度(110℃)(MPa)(kg/cm²)		29.3(299)	34.2(349)
烧后抗压强度(MPa)(kg/cm²)	1 000℃	24.2(249)	28.0(286)
	1 200℃	32.9(336)	45.6(465)
	1 400℃	29.1(297)	40.5(413)
高温抗压强度(MPa)(kg/cm²)	1 000℃	28.9(295)	28.6(292)
	1 200℃	9.3(95)	8.3(85)
耐火度(℃)		1 740	> 1 790
荷重软化温度,℃ 开始		1 180	1 250
4% 变形		1 400	1 455
20 ~ 1 200℃ 膨胀系数($\times 10^{-61}$/℃)		5.82	6.48

1 400℃烧后线变化(%)		+ 0.65	+ 0.65
导热系数[W/(m·K)][kcal/(m·h·℃)]	800℃	0.879(0.755 4)	1.241(1.067 1)
	1 000℃	1.164(1.000 7)	1.444 2(1.239 5)
	1 200℃	1.433(1.232 4)	1.777 6(1.527 2)
热震性,次 800℃~水冷		> 50	> 50
显气孔率(%)		18.4	19.6
容积密度(g/cm³)		2.34	2.60
烘干容积密度(kg/cm³)		2 370	2 640

15.12.2 水玻璃耐火混凝土

用于制作水玻璃耐火混凝土的为钠水玻璃。模数一般为 2~3。水玻璃耐火混凝土的配合比,要根据工程要求及原材料等条件而定,一般配合比如下:水玻璃用量为料粉和集料总量的 13%~16%,每 1m³ 混凝土一般不超过 400kg,粉料为水玻璃质量的 150%~200%。粉料越细越好,0.08mm 方孔筛筛余不应大于 30%。集料为粉料和集料总量的 70%~75%,砂率为 0.45~0.55。根据工程的要求,合理选择集料的品种和级配。

用水玻璃胶结耐酸集料,可制成具有较好耐酸性能的耐火混凝土。常用的耐酸集料有耐火黏土砖、叶腊石、安山岩、石英。

水玻璃胶结剂在常温下硬化后,除反应产物硅胶 $Si(OH)_3$ 和 NaF 外,还有未反应完的硅酸钠和 Na_2SiF_6。水玻璃硬化体加热时,在 300℃ 之前主要为脱水作用,300~600℃ 时 $Na_2O \cdot SiO_2$ 结晶,硅酸凝胶减少,800℃ 时,$Na_2O \cdot SiO_2$ 晶体长大,有液相出现,纯 $Na_2O \cdot SiO_2$ 的熔点为 874℃,$Na_2O \cdot SiO_2$ 与 $Na_2O \cdot 2SiO_2$ 的低共熔点为 846℃,800~1 000℃,各组分相继熔融,~1 000℃ 在较大温度范围内逐渐软化。

采用不同种类的粉料及耐火集料,混凝土的高温强度及荷重软化温度也不同,表 15-23 为不同粉料时混凝土的荷重软化温度。

表 15-23　不同粉料时混凝土的荷重软化温度

粉 料 种 类	荷重软化温度(℃)		软化温度范围(℃)
	开始点	4%变形	
耐火黏土熟料粉	1 010	1 090	80
石英粉	820	870	50
镁砂粉	1 070	1 590	540

思 考 题

1. 高铝水泥的特点是什么?与它的矿物组成及化学成分有何关系?

2. 高铝水泥的生产方法有几种?试根据它们的特点合理地选择其生产方法?

3. 高铝水泥的性质与硅酸盐水泥有何不同?使用上要注意哪些问题?

4. 硅酸盐快硬水泥和硫铝酸钙型快硬水泥在水化硬化特点上有何异同之处?

5. 氟铝酸钙型快硬水泥和无水硫铝酸钙型水泥在水化特点和使用性能上有何相同之点?

6. 各类油井水泥的技术性能是什么？在生产上应如何控制？

7. 生产白色和彩色水泥在工艺上主要控制哪些因素？

8. 何为自应力？自应力是怎样产生的？它与水泥中的强度组分和膨胀组分有何关系？怎样才能获得较高的自应力？

9. 膨胀水泥和自应力水泥有哪几种类型？它们在膨胀机理上有何相同之处？

第 16 章　混凝土和砂浆

混凝土是以胶凝材料,水和粗、细集料按适当比例拌和均匀,经浇捣成型后硬化而成。如不用粗集料,即为砂浆。通常所称的混凝土,是指以水泥、水、砂和石子所组成的普通混凝土,现为建筑工程中最主要的建筑材料之一,在工业与民用建筑、给水与排水工程、水利以及地下工程、国防建设等方面都有广泛应用。配制混凝土是各种水泥最主要的用途。

在混凝土中,水和水泥拌成的水泥浆是起胶结作用的组成部分。在硬化前的混凝土,也就是混凝土拌和物中,水泥浆填充砂、石空隙,并包裹砂、石表面起润滑作用,使混凝土获得施工时必要的和易性,在硬化后,则将砂石牢固地胶结成整体。砂、石集料在混凝土中起着骨架作用,因此又有骨料之称。普通混凝土结构如图 16-1 所示。

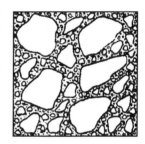

图 16-1　普通混凝土
结构示意图

混凝土有很多优点:改变胶凝材料和集料的品种,可配成适用于不同用途的混凝土,如轻质混凝土、防水混凝土、耐热混凝土以及防辐射混凝土等;改变各组成材料的比例,则能使强度等性能得到适当调节,以满足工程的不同需要;混凝土拌和物具有良好的塑性,可以浇制成各种形状的构件;与钢筋有很好的粘结力,能和钢筋协同工作,组成钢筋混凝土或预应力钢筋混凝土,从而使其广泛用于各种工程。但普通混凝土还存在着容积密度大、导热系数高、抗拉强度偏低以及抗冲击韧性差等缺点,这有待进一步研究。

配制混凝土时,必须满足施工所要求的和易性,在硬化后则应具有足够的强度,以安全地承受设计荷载,同时还须保证经济耐久。值得注意的是,混凝土的质量主要是由组成材料的品质及其配合比例所决定的,而搅拌、成型、养护等工艺因素也有非常重要的影响。

按照在标准条件下所测得的 28d 抗压强度值(MPa),混凝土可划分为不同的强度等级(C)、如,C7.5、C10、C15、C20、C25、C30、C35、C40、C45、C50、C55、C60 等。

现在,混凝土正向高强度发展,现场浇筑的 C100 级混凝土已达实用阶段。

16.1　混凝土的组成材料

混凝土的主要组成材料为水泥、细集料(砂)、粗集料(石子)和水。

16.1.1　水泥

拌制混凝土所用水泥的品种,应按工程要求,混凝土所处部位、环境条件以及其他技术条件选定。水泥的强度等级必须与混凝土的强度相适应。配制低强度混凝土,最好选用低强度等级水泥。当采用的水泥强度等级过高时,可适当掺加混合材料,以节省水泥,改善性能,掺加的数量宜通过试验确定。

16.1.2 集料

集料有粗、细之分。凡是粒径在 5mm 以上的为粗集料,粒径在 0.15～5mm 之间为细集料。粗集料常用的有卵石(砾石)与碎石两种。卵石有河卵石、海卵石及山卵石。碎石是将各种硬质岩石经轧碎而成。细集料最常用天然砂,是由岩石风化后所形成的粗细不等、由不同矿物颗粒组成的混合物,按产源分有河砂、海砂及山砂三种,通常采用河砂。

为保证混凝土的强度要求,集料都必须质地致密,具有足够的强度。常见的以石英颗粒为主的砂子,通常可满足要求。将碎石和卵石制成 5cm × 5cm × 5cm 的立方体试块,其水饱和状态下的抗压强度与混凝土要求强度的比值,对高强度混凝土(＞C30)不宜小于 200%,一般混凝土不宜小于 150%,但在任何情况下,岩浆岩、变质岩和沉积岩的抗压强度分别应不低于 80MPa、60MPa 和 30MPa,也可将一定粒度的石子装入圆筒,测定其在规定压力下被压碎的数量作为间接推测强度的参考。

拌制混凝土所用的集料要求洁净。有害杂质主要有:黏土及淤泥、云母、有机物、硫酸盐及硫化物等。黏土及淤泥易包裹于砂粒表面,阻碍水泥与砂的粘结,除降低混凝土强度外,还将减小混凝土的抗冻性和抗渗性。尤其当有黏土团块存在时,后果更为严重。云母不仅影响和易性,且对强度不利。有机物、硫酸盐和硫化物,对水泥均有侵蚀作用,所以都不宜超过规定的限值,不过,有些杂质如泥土、贝壳、杂物等可在使用前采用冲洗、过筛等措施将其清除。

碎石和山砂的颗粒都具有棱角,其表面粗糙,与水泥粘结较好。而卵石、河砂、海砂,其颗粒都呈圆形,表面光滑,与水泥的粘结较差。因而在水泥用量和用水量相同的情况下,前者拌制的混凝土和易性较差,强度较高。而后者拌制的混凝土和易性好,但强度稍低。另外,粗集料中如果针、片状颗粒过多,也会使混凝土强度降低,对于一般混凝土,其含量就不宜超过 25%。

在混凝土中,不仅砂石颗粒的表面需要水泥浆来包裹,并且砂石之间的空隙也要用水泥浆来填充。为此,希望砂石的粗细颗粒配合得当,由中粒填充粗粒的空隙,再由细粒填充剩余的空隙,尽量减少空隙率(图 16-2)。同时,从降低集料颗粒总的表面积、减少包裹用水泥浆的观点出发,颗粒的粒度以粗一些的较好。平常所称的砂、石级配,就是指砂石的空隙率和总表面积两方面情况的综合。在混凝土工程中所谓级配好,就是指空隙率低,总的表面积也小,这样可以节省水泥。如单从一方面考虑减小空隙率或总表面积,而不是两者兼顾,则仍然得不到级配良好的集料。

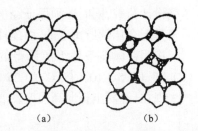

图 16-2　集料级配示意图
(a)级配极差;(b)级配良好

砂的粗细程度和颗粒级配,一般常用筛分析的方法进行测定,常根据级配区判别砂子的颗粒级配,而用细度模数表示砂子的粗细。筛分析的方法,是用一套孔径为 10.0mm、5.0mm、2.5mm、1.25mm、0.63mm、0.315mm 和 0.16mm 的一套标准筛,按筛孔大小,顺序叠好,然后将定量干砂试样依次过筛。称得余留在各个筛上的砂质量,并从 5.0mm 筛开始计算出各号筛上的筛余百分数 a_1、a_2、a_3、a_4、a_5、a_6,即各筛上的筛余量占试样总质量的百分率。再将各筛筛号和比该筛孔粗的所有分级筛余百分率相加,得出各筛的累计筛余百分率 A_1、A_2、A_3、A_4、A_5 和 A_6。表 16-1 为某试样计算实例。

表16-1 筛分析计算实例

筛孔尺寸 (mm)	分 计 筛 余		累计筛余 (%)
	(g)	(%)	
5.00	25	$5(a_1)$	$5(A_1)$
2.50	70	$14(a_2)$	$10(A_2)$
1.25	70	$14(a_3)$	$33(A_3)$
0.63	90	$18(a_4)$	$51(A_4)$
0.315	120	$24(a_5)$	$75(A_5)$
0.16	100	$20(a_6)$	$95(A_6)$
小于 0.16	25	5	

根据各筛上的累计筛余百分率可以计算细度模数(M_s),公式如下:

细度模数

$$M_s = \frac{(A_2 + A_3 + A_4 + A_5 + A_6) - 5A_1}{100 - A_1} \qquad (16\text{-}1)$$

如将上列数据代入,则:

$$M_s = \frac{(19 + 33 + 51 + 75 + 95) - 5 \times 5}{100 - 5} = 2.77$$

细度模数越大,表示砂子越粗,普通混凝土用砂的细度模数范围为 0.7~3.7。按细度模数可将砂区分为:粗砂:$M_s = 3.1 \sim 3.7$;中砂:$M_s = 2.3 \sim 3.0$;细砂:$M_s = 1.6 \sim 2.2$;特细砂:$M_s = 0.7 \sim 1.5$。

表16-2 砂子级配区的规定

筛孔尺寸 (mm) ＼ 累计筛余 (%)	级 配 区		
	1 区	2 区	3 区
10.00	0	0	0
5.00	10~0	10~0	10~0
2.50	35~5	25~0	15~0
1.25	65~35	50~10	25~0
0.63	85~71	70~41	40~16
0.315	95~80	92~70	85~55
0.16	100~90	100~90	100~90

各号筛的累计筛余,如能符合表 16-2 中任何一个级配区所列出的规定范围,即可以认为砂粒间粗、中、细搭配基本良好。空隙率低,总表面积也不会太大,就称级配合格。除 5mm 或 0.63mm 筛号外,表中累计筛余百分数还允许稍超出分区界线,不过其总量不应大于 5%。为了进一步分析级配情况,可画出筛分曲线;以累计筛余百分率为纵坐标,筛孔尺寸为横坐标,将表 15-2 所列的规定范围画成级配区(图 16-3)。

位于 1 区、2 区或 3 区范围内的砂子,均可拌制混凝土,位于 2 区者粗细适中、级配较好,是较理想的砂子。1 区砂的粗粒较多,宜于配制水泥用量较多的富混凝土或流动性较小的低塑性混凝土;而位于3区的砂偏细,配制成的拌和物黏度略大,保水性较好,但混凝土干缩较大,当水泥用量较多、砂量又较大时,混凝土表面易于产生微裂。若筛分曲线越出3区进入左上方,则进入特细砂范围。如将表16-1筛分结果画图,结果正处于图16-3所示的级配区3,由于正处于2区范围之内,符合第2级配区的规定,因此能满足配置一般混凝土的级配要求。

石子的级配,有连续级配和间断级配两种。连续级配自最大的粒径开始,由大到小各级相连,其中每一级石子都占有适当的数量。例如一般的天然鹅卵石,连续级配的石子因大小颗粒搭配较佳,混凝土拌和物的和易性好,不易发生离析现象,所以比较常用。间断级配的石子,其大颗粒与小颗粒的尺寸之间,有相当大的空档。由于剔除了中间颗粒,因而能减少相互间的干扰,大颗粒间的空隙,可由细得多的石子来填充,使其组合密实,降低空隙率(图16-4),从而可节约水泥。但间断级配却容易使混凝土拌和物产生分离现象,增加施工中的困难。

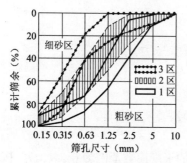

图16-3　砂子的1、2、3级配区

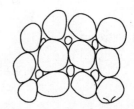

图16-4　间断级配示意图

石子的级配也通过筛分试验来确定,所用标准筛的孔径为2.5mm、5.0mm、10mm、15mm、20mm、25mm、30mm、40mm、50mm、60mm、80mm及100mm等。普通混凝土所用的碎石和卵石的颗粒级配应符合表16-3的规定。其中的连续粒级多属连续级配,而单粒级则不含较小粒径的颗粒,是大部集中于某一粒径或两种粒径的石子,便于分级运储,主要用于通过适当组合以配得级配更为理想的集料。

表16-3　碎石或卵石的级配范围

级配情况	粒级(mm)	累计筛余,按质量计(%)											
		筛孔尺寸(圆孔筛)(mm)											
		2.5	5	10	15	20	25	30	40	50	60	80	100
连续粒级	5~10	95~100	80~100	0~15	0								
	5~15	95~100	90~100	30~60	0~30	0							
	5~20	95~100	90~100	40~70		0~10	0						
	5~30	95~100	90~100	70~90		15~45		0~5	0				
	5~40		95~100	75~90		30~65			0~5	0			
单粒级	10~20		95~100	85~100		0~15	0						
	15~30		95~100		85~100			0~10	0				
	20~40			95~100		80~100			0~10	0			
	30~60				95~100			75~100	45~75		0~10		
	40~80					95~100			70~100		30~65	0~10	0

196

石子粒级的上限称为该粒级的最大粒径。在级配均属合格的条件下，随着最大粒径的增加，石子的总表面积随之减少，所以在原则上应选用粒级较大的石子，以节约水泥。但又要注意搅拌、输送等施工条件以及结构物或构件的断面大小以及钢筋间距等情况。例如，我国混凝土结构工程施工及验收规范规定，粗集料的最大粒径不得超过结构截面最小尺寸的 1/4，同时不得大于钢筋最小净距的 3/4。对于混凝土实心板，允许采用最大粒径达 1/2 板厚的集料，但不得超过 50mm。较细的石子能改善混凝土本身的均匀性，在某些条件下，混凝土的强度会随石子最大粒径的减小而提高，产生所谓的"粒径效应"，而且对提高抗渗性能也有明显作用。所以在普通的结构混凝土中，所选用的石子不应过粗，一般不大于 40mm；而浇制高强度混凝土时，更应采用粒径较细的粗集料。同时，为防止在运输堆放过程中粗细石子的分离，颗粒级配应该在现场进行检验为宜。

值得提出的是，我国幅员辽阔，资源情况不一，有些地区的砂、石不一定能完全符合标准的要求。但不少事实证明，对于质量稍次的砂、石，如果采取适当的措施，如调整水泥用量和砂石比例或掺加外加剂等，仍然可能配制成性能合格的混凝土。因此，对不能满足标准要求的砂、石，应按照既要保证工程质量，又要充分利用资源的要求，经过综合技术经济分析以及必要的试验，尽量使这些材料能得其所用，符合因地制宜、就地取材的原则。

16.1.3 拌和用水

凡是可以饮用的水，无论自来水或洁净的天然水，都可以用来拌制混凝土，水的 pH 值要求不低于 4，硫酸盐含量按 SO_4^{2-} 计算不得超过水量的 1%，含有油类、糖、酸或其他污浊物质的水，会影响水泥的正常凝结与硬化，甚至造成质量事故，均不得使用。海水由于对钢筋有促进锈蚀的作用，也不能用来拌制配筋结构的混凝土。

16.2　混凝土拌和物的和易性

混凝土的组成材料，经一定比例配合、拌和均匀所成的拌和物，必须具有良好的和易性，以便在一定施工条件下易于操作，并能获得质量均匀、密实的混凝土。因此和易性包含有流动性、可塑性、稳定性和易密性等几个方面的含义。

(1)流动性是指分散系统克服内阻力而产生变形的性能，也就是混凝土拌和物在本身自重或外力的作用下，是否易于流动的能力。

(2)可塑性是指塑性流动，也即产生非可逆变形，均匀密实地填满模板的性能，表示捣实、成型的难易程度。

(3)稳定性是指混凝土拌和物有足够的黏聚、保水能力，也就是水分不易泌出，集料不致下沉，各组成材料能够稳定地均匀分布，不分层离析的性能。泌水性大、保水性不佳的混凝土拌和物，硬化后密实性差。

(4)易密性的含义是混凝土拌和物在进行捣实或振动时，克服内在的和表面的抗力，以达到拌和物完全致密的能力。

由此可见，这几方面的内容既相互关联，又可能有一定的矛盾，而和易性则是上述四方面性质在一定具体条件下的综合。

16.2.1 和易性的测定和选择

目前,还没有能够全面反映和易性的测定方法。最普遍使用的是坍落度和工作度两种试验法。

1. 坍落度试验

将刚拌匀的混凝土拌和物均匀分布三层装入坍落度筒内,逐层用金属捣棒均匀插捣 25 次,顶面多余的拌和物用镘刀刮平,然后将筒小心垂直提起,使混凝土自由坍落。混凝土坍落的数值(mm)称坍落度,即可将其作为混凝土流动性的指标(图 16-5)。坍落度大,表示流动性大,同时还应观察混凝土拌和物的黏聚、保水以及含砂等情况。如,是整体下落还是突然崩坍,有无析水、流浆、集料分离等现象,并应注意在装入坍落度筒用插捣棒捣实的难易程度等,一般可全面地评定混凝土拌和物的和易性。

2. 工作度试验

适用于坍落度小于 10mm、较为干硬的混凝土拌和物。该法有贝尔纳(V. Bährner)提出,故又称维勃(VB)稠度试验。其试验装置如图 16-6 所示。将坍落度筒放置于圆柱筒的中心,按标准方法将坍落度筒填满拌和物,并提去坍落度筒后,再将透明圆盘轻放到混凝土锥体顶面,然后开启振动台,到透明圆盘盖满拌和物,盘底面完全被水泥浆所布满时为止。所需时间以秒计,即为维勃稠度值,或称 VB 秒。秒值越大,表示和易性越小。该法较适用于维勃稠度值在 5~30s 范围内比较干硬的混凝土拌和物,且集料的最大粒径不应超过 40mm。

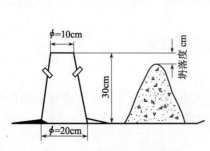

图 16-5 坍落度测定示意图

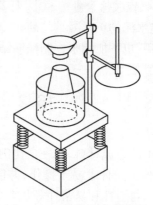

图 16-6 工作度测定示意图

按照坍落度或维勃稠度值的不同,可将混凝土拌和物分为若干类别(表 16-4)。

表 16-4 混凝土拌和物的分类

类　别	坍落度(cm)	维勃稠度值(s)	相应用水量(%)
超干硬	—	18~32	78
极干硬	—	10~18	83
干　硬	0~3	5~10	88
低塑性	3~8	3~5	92
塑　性	8~13	0~3	100
流　态	13~18	—	106

混凝土拌和物应具有的和易性,应根据构件截面大小、钢筋疏密度和捣实方法等因素综合选择。一般,当构件截面尺寸较小或钢筋较密,或采用人工捣实时,和易性可较大。反之,和易性应选择小些,实际工程中应依具体情况而定。

16.2.2 影响和易性的因素

影响和易性的因素很多,主要有:用水量和水灰比、砂率以及拌和后所经过的时间和温度等。此外,水泥的泌水性和保水性能对混凝土的和易性也有相当影响。

1. 用水量

当水泥用水量固定时,混凝土拌和物的流动性随着用水量的增加而提高。根据表16-5所列资料,也可对单位用水量作出初步估计。但是,在水泥用量不变的条件下,只增加单位用水量就要使强度随之降低。用水量过多,又会使拌和物的稳定性变差,产生严重的分层、泌水、流浆等现象,反而降低和易性,可能造成质量事故。实践中,为了保证混凝土的强度和耐久性,在变更用水量的同时,必须同时增加水泥用量,也就是增加水泥浆的数量,以保持水灰比不变,而达到提高和易性的目的。

表 16-5　混凝土用水量选用参考　　　　　　单位:kg/m³

所需坍落度(mm)	碎石最大粒径(mm)			卵石最大粒径(mm)		
	15	20	40	10	20	40
10 ~ 30	205	185	170	190	170	160
30 ~ 50	215	195	180	200	180	170
50 ~ 70	225	205	190	210	190	180
70 ~ 90	235	215	200	215	195	185

另一方面,从和易性角度考虑,所采用的水灰比不能过小,否则用一般的施工方法很难成型密实。反之,水灰比过大,黏聚性、保水性变差,甚至会产生严重的离析、泌水现象。不过,当混凝土用水量一定,水灰比在通常的使用范围内变化时,对拌和物流动性的影响不大。

2. 砂率

砂率指的是集料总质量中砂质量所占的百分数(砂质量/砂石质量),表示砂与石子的组合关系。在水灰比和水泥用量相同的条件下,混凝土拌和物和易性的高低,主要决定于集料表面水泥浆层的厚度。如砂率过小,虽然集料总表面积不大,但砂子不足以填充石子空隙,势必有较多的水泥浆代替砂子去填充空隙,因而使集料表面水泥浆层减薄,流动性仍然降低。因此,实际上存在一个最佳砂率。采用最佳砂率,能在水泥浆用量一定时,使拌和物获得最佳的和易性;或者能在水泥用量最少的条件下,获得要求的和易性。因此,对于混凝土量较大的工程,应通过试验找出最佳砂率。通常可参考表16-6所列数据,结合本单位对所用材料的使用经验,选用合理的数值。

表 16-6　混凝土的适宜砂率

水灰比	碎石最大粒径(mm)			卵石最大粒径(mm)		
	15	20	40	10	20	40
0.40	30 ~ 55	29 ~ 34	27 ~ 32	26 ~ 32	25 ~ 31	24 ~ 30
0.50	33 ~ 38	32 ~ 37	30 ~ 35	30 ~ 35	29 ~ 34	28 ~ 33

水灰比	碎石最大粒径(mm)			卵石最大粒径(mm)		
	15	20	40	10	20	40
0.60	36~41	35~40	33~38	33~38	32~37	31~36
0.70	39~44	38~43	36~41	36~41	35~40	34~39

3. 时间和温度

由于部分水被集料吸收或者参与了初始的水化反应,或拌和物受到风吹日晒,更要蒸发较多水分。因此,随着时间的延长,拌和物即逐渐变得干硬。图16-7为坍落度随时间变化的一例。拌和物的和易性也受到环境温度的影响(图16-8)。显然,在热天,为了保持一定的和易性,用水量要比冷天稍增多。又如对长距离运送的预拌混凝土,为使拌和物在高温下具有要求的坍落度,就需要适当增加用水量。

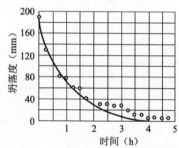

图16-7 坍落度与拌和后时间的关系
(配合比1:2:4;水灰比0.775)

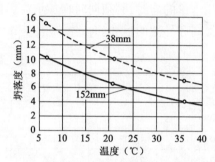

图16-8 温度对拌和物坍落度的影响
(曲线上数字为所用集料的最大粒径)

4. 水泥的泌水性和保水性

水泥的泌水性,又称析水性,是指水泥浆所含的水分从浆体中析出的难易程度。而保水性则是水泥浆在静置条件下保持水分的能力。上述时间对和易性的影响,实质上也包含着水泥泌水性和保水性的作用,在制备混凝土时,拌和用水往往比水泥水化所需的水量多1~2倍。在使用泌水性过大的水泥时,不但使混凝土拌和物在输送、浇捣过程中因泌出较多水分,和易性过快降低,而且在浇捣成型后凝结之前,多余水分还会从浆体中析出,上升到新浇混凝土的表面或滞留于粗集料及钢筋的下方(图16-9)。前者使混凝土产生分层现象,在混凝土结构中出现一些水灰比极大、强度差的薄弱层,破坏了混凝土的均匀性;后者则使水泥浆体和集料、钢筋之间不能牢固粘结,并形成较大孔隙。所以,用泌水性大的水泥所配制的混凝土,孔隙率较高,特别是连通的毛细孔较多,质量不均,其抗渗、抗冻、耐蚀等性能较差;再由于薄弱层的出现,更会使混凝土的整体强度降低。

提高水泥的粉磨细度,可使水泥颗粒更均匀地分布在浆体中,减弱其沉淀作用;另一方面,可加速形成浆体的凝聚结构,从而降低泌水性(图16-10)。但又不能粉磨过细,否则因浆体和易性降低太多,反而要增加用水量,提高水灰比,最终导致一系列性能变坏的不良后果。

在水泥中掺加软质的火山灰质混合材料,如硅藻土、膨润土或者微晶填料(如磨细的石灰石、白云石粉)等,尽管会使水泥的需水量增大,但泌水量与泌水速率均可减少。但掺入粒化高炉矿渣,则会使水泥的泌水性增加,所以矿渣硅酸盐水泥的泌水性应予更多注意。某些初凝时间较短的水泥,由于形成凝聚结构的时间缩短,泌水现象会明显减轻。另外,减少加水量,掺用松香酸钠等一类引气剂,也可减少泌水性。不过,在使用泌水性大的水泥时,如果能相应采取尽快排除泌出水分的措施,如吸水模板、真空作业或离心成型等工艺,再在泌水过程临近结束时使用二次捣实的方法,则可使实际的水灰比降低,相应提高强度,而且混凝土的密实性、均匀性也可得到一定改善。

图 16-9 泌水现象示意图

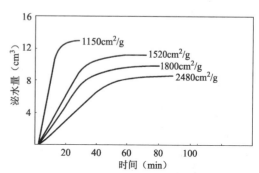

图 16-10 水泥的粉磨细度与泌水量的关系
(比表面是用华纳法利用沉降数据测得)

因此,在实际工作中,为了调整拌和物的和易性,应该尽量采用较粗的砂、石(特别是石子)的级配,尽可能降低用砂量。采用最佳砂率,再在上述措施的基础上,维持水灰比不变,适当增加水泥和水的用量,便可达到要求的和易性,但要适当注意所用水泥的泌水性和保水能力。在任何新的施工条件下,现场实测浇灌时的坍落度,必将更有实际意义。

16.3 混凝土的强度

强度是混凝土的最重要的力学性质。同时,混凝土的强度越高,刚性、抗渗性、抵抗风化和某些侵蚀介质的能力也越高。另一方面,强度越高,往往干缩较大,脆性更为明显。因此,通常用混凝土的强度来评定和控制混凝土的质量,或者作为评定原材料、配合比、工艺过程和养护条件等影响程度的指标。

16.3.1 混凝土的强度等级

混凝土拌和物在浇捣成型,再经一定时间的硬化后,应该达到规定的强度要求,普通混凝土的抗压强度较高,但抗拉强度较小,一般只为抗压强度的 1/15~1/8,因此常将抗压强度作为评定混凝土强度等级的根据,

根据我国国家标准《混凝土强度检验评定标准》(GBJ 107—87)的规定,混凝土的强度等级按立方体抗压强度标准值划分,采用符号 C 与立方体抗压强度标准值(以 MPa 计)表示,如C20、C30、C40、C50、C60 等。所谓立方体抗压强度标准值,是指对按标准方法制作和养护的边长为 150mm 的立方体试件在 28d 龄期,用标准试验方法测得抗压强度总体分布中的一个值,强度低于该值的百分率不超过 5%。另外,我国按抗压强度划分为不同的"标号"已有多年,例如 200 号、300 号或 400 号等,系根据标准条件下用 20cm 立方试体所测 28d 抗压强度极限的kg/cm² 值来确定的。混凝土标号与强度等级可用表 16-7 进行换算。

表 16-7　混凝土强度等级与标号的换算

混凝土标号	100	150	200	250	300	400	500	600
混凝土强度等级	C8	C13	C18	C23	C28	C38	C48	C58

采用标准试验方法测定其强度,是为了能使混凝土的质量有对比性。但是测定混凝土抗压强度的试块,也可以按粗集料的最大粒径而选用不同的尺寸。不过在计量抗压强度时,应乘以换算系数 K,以得到相当于标准试块的试验结果。换算系数 K 值见表 16-8。

表 16-8　试块尺寸要求及换算系数

集料最大粒径(mm)	试块尺寸(cm)	换算系数 K
30	$10 \times 10 \times 10$	0.95
40	$15 \times 15 \times 15$	1.00
60	$20 \times 20 \times 20$	1.05

采用非标准尺寸的试块时,必须进行换算的原因,是由于试块尺寸、形状的不同,对试压的结果有一定影响。混凝土试块在压力机上受压时,在沿加荷方向发生纵向变形的同时,也按泊松比效应产生横向变形。但是,试验机上下压板与试块的上下表面之间所产生的摩擦力,要对试块的膨胀起约束作用,对测得的强度值有提高的效果。越接近试块的端面,这种约束作用越大,所以通常称为"环箍效应"。而试体尺寸越高,环箍效应的作用越小,测得的强度值就越低。同样,横断面的棱柱体强度较立方体的强度为低。另一方面,试体尺寸较小时,测得的强度值就偏高。所以一定要乘上换算系数才能互相比较。同时,在实际的混凝土工程中,其成型、养护情况不可能与标准规定的条件一样,为了说明工程中混凝土实际达到的强度,往往以实际采用的成型方法制作混凝土试块,并放在与工程相同的条件下养护,再按所需的龄期进行试压,作为工地混凝土质量控制的依据。

16.3.2　水泥标号、水灰比与混凝土强度的关系

在配合比相同的条件下,所用的水泥标号越高,混凝土的强度越大。当水泥的品种和标号相同时,混凝土的强度主要取决于水灰比。混凝土的强度随水灰比的增大而有规律地降低。所用水灰比越小,混凝土的强度就越高。但水灰比过小,拌和物过于干硬,以致无法保证浇捣质量,使混凝土不太密实时,强度亦将下降(图 16-11)。

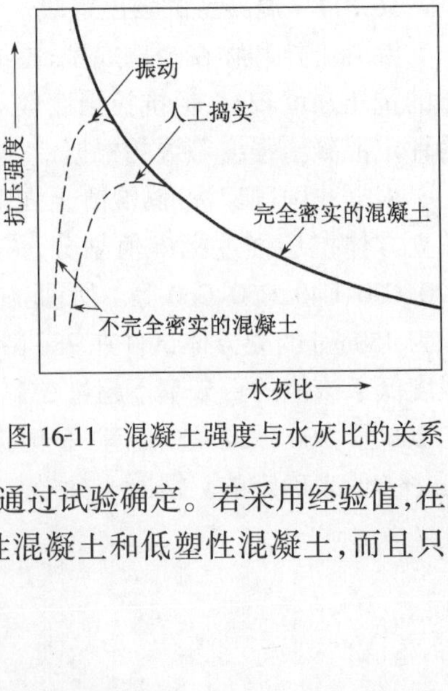

根据大量的试验结果,在常用的水灰比范围内(0.30~0.80),混凝土的强度与水泥强度、灰水比之间呈线性关系,可用如下直线型经验公式表示:

$$R_{28} = AR_\mathrm{C}\left(\frac{C}{W} - B\right) \tag{16-2}$$

图 16-11　混凝土强度与水灰比的关系

式中　R_{28}——混凝土 28d 抗压强度,MPa;

　　　R_C——水泥的活性,即实际强度,MPa;

　　C/W——灰水比,即水灰比的倒数。

该式系瑞士保罗米所提出,故也称保罗米公式。式中 A、B 是和集料质量、成型工艺等因素有关的系数,最好通过试验确定。若采用经验值,在采用碎石时,可取:$A = 0.48$,$B = 0.61$。但该式只适用于塑性混凝土和低塑性混凝土,而且只有

在原材料、工艺措施都相同的条件下,系数 A、B 才可作为常数。

利用现成的经验公式或其他线性关系图,可根据所用的水泥标号和水灰比来估计所配混凝土的强度,也可根据水泥标号和要求的混凝土强度来计算应采用的水灰比。但最好是结合工地的具体条件,进行不同水灰比的混凝土强度试验,整理出符合当地实际情况的关系式,才能更好地保证混凝土质量,取得较高的经济效益。还要强调的是,在实际施工中,水灰比是保证混凝土强度,有利施工操作的关键,必须认真掌握,不能任意变动。

16.3.3 水泥浆-集料界面对混凝土强度的影响

在混凝土硬化的过程中,由于硬化水泥浆和集料的弹性模量有所不同,温度、湿度所引起的变形性质也有差异,往往在水泥浆-集料界面上发生应力集中而产生微裂缝,同时,在集料的下方由于泌水而又会形成水隙。因此,混凝土在受荷前,集料和水泥浆界面上就已存在着许多微细裂缝。混凝土在外力作用下的变形和破坏,实质上就是这些微细裂缝的引发、延伸、汇合、扩大,直至破坏的过程。图 16-12 为反复荷重作用下,所出现的裂缝分布形式。明显可见,绝大部分的裂缝出现在水泥浆与集料的界面上,也就是最为常见的粘结面破坏,即某些集料颗粒与水泥浆分离,引起混凝土破坏。因此,除水泥标号与水灰比之外,混凝土的强度还与集料的性质直接有关。

试验证明,集料的形状、表面情况和刚度,在相当程度上影响着物理粘结强度的高低。表 16-9 为有关的一个研究结果。可见由表面光滑的卵石所制备的混凝土,与用同类岩石所得碎石集料混凝土相比,其界面上的粘结强度降低很多。

———— 界面裂缝
╫╫╫╫╫ 砂浆裂缝
┿┿┿┿┿ 集料裂缝

图 16-12 混凝土试件在反复荷重
(极限荷重的 70%、200 万次)
下的裂缝分布图

表 16-9 碎石、卵石与水泥浆体的粘结强度

岩 石 种 类	界面粘结强度[①](MPa)		比率(%)
	碎石	卵石	
石灰岩	7.38	4.96	67.2
砂 岩	8.62	5.10	59.2
玄武岩	6.55	4.48	68.4

①抗弯试验 120 个试件平均值;水灰比 0.35,龄期 7d。

进一步的研究表明,在水泥浆－集料界面内,由于泌水作用及集料表面效应,所具有的水灰比高于硬化水泥浆本体,从而在集料周围形成一层孔隙率较高的特殊过渡区域。同时,其组成和结构也有明显的不同,特点是在该区所生成的氢氧化钙和钙矾石晶体比较粗大,数量相对密集。尤其是氢氧化钙常依集料表面择优取向。所以,通常是紧贴集料表面有一较为致密的膜层,接着是水化产物疏松分布,以氢氧化钙、钙矾石为主的多孔部位,然后才是水泥浆本体(图 16-13)。因此,水泥浆－集料界面过渡区的存在,就成为混凝土承受荷载时导致破坏的薄弱环节,是使普通混凝土强度不但比集料而且比硬化水泥浆本体还要低得多的主要原因。

此外,在集料与水泥浆之间尚可能发生化学反应,根据化学结合的情况不同,使水泥浆与集料之间的粘结得到加强或者削弱。例如,据有关报道,对于石灰石集料,水泥中铝酸盐的水化产物会与其所含的方解石反应,在界面上生成水化碳铝酸钙 $C_3A \cdot CaCO_3 \cdot 11H_2O$;也有认为紧靠集料一侧的氢氧化钙会与集料表面反应生成 $CaCO_3 \cdot Ca(OH)_2 \cdot H_2O$ 一类的碱式碳酸钙,均可使界面得到增强,而碱－集料反应则是某些硅质集料与水泥中的碱发生有害反应,导致界面削弱的典型。

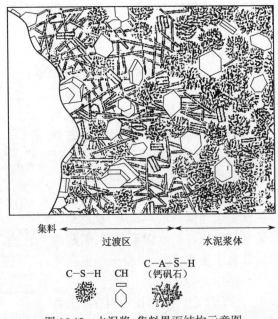

图 16-13　水泥浆、集料界面结构示意图

　　还值得注意的是,在具有代表性的混凝土中,构成界面区的硬化水泥浆体积在水泥浆体总体积中占相当大的比例。界面过渡区的宽度按氢氧化钙晶体的取向测得大约为 $50 \sim 100 \mu m$。当然,由于集料的性质各异,表面性质也有差别,特别是能使性能产生明显变化,即所谓以集料为中心的"效应圈"宽度会有所不同,因此,集料与水泥的品种可能有一个匹配的问题。根据具体条件选择合适的集料,掺用硅灰等活性混合材,使用外加剂或者对集料进行一定的加工预处理,调节效应圈内水泥浆体的性质,改善"过渡"所造成的薄弱环节,是有可能提高混凝土的强度和耐久性的。

16.4　混凝土的耐久性

　　混凝土在硬化后除要求具有设计的强度外,还应在周围的自然环境及工作条件下长年使用。强度和耐久性一直作为混凝土的两大基本性能,而在"水工"、"海工"等建筑中,耐久性常常比强度更为重要。

　　混凝土的密实程度是决定耐久性质的主要因素,由于普通混凝土所用的集料通常较为密实,混凝土内部的孔隙主要是在硬化水泥浆中形成的,特别是游离水分蒸发时所产生的相互连通的毛细孔网,对抗冻性、抗渗性的危害更大。同时,混凝土拌和物在浇捣后,不同程度地产生砂石下沉,水或沉浆上浮的泌水分层现象,不但会造成大量的毛细孔通道,而且在钢筋和石子底面,水分因上浮受到阻碍,可能积聚而成较大孔隙。此外,硬化水泥浆体的干缩也会使混凝土表面形成微细裂缝;施工时如拌和欠匀、浇捣不足,必然使混凝土的密实性严重降低。

在钢筋混凝土构件中,混凝土不仅要承受荷载所造成的应力,而且还要保护钢筋不受锈蚀。钢筋在锈蚀时,伴随着体积的增大(图 16-14),最严重的可达原体积的 6 倍以上,因而使周围的混凝土胀裂,甚至剥落,不但危害钢筋本身,同时也严重影响混凝土的耐久性。钢筋中常含有浓度不同的多种元素,或者由于加工等原因而引起的内部应力,都会使钢筋各部位的电极电位不同而形成局部电池,产生电化学腐蚀(图 16-14)。在阳极和阴极上所发生的化学变化主要为:

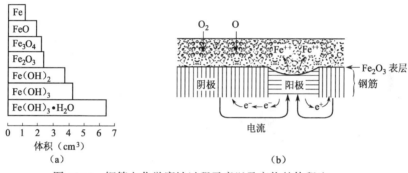

图 16-14　钢筋电化学腐蚀过程示意以及产物的体积比
(a)产物体积比;(b)电化学腐蚀

值得注意的是,如果在阴极上不再继续消耗电子,则上述的阳极过程也不会持续进行,所以阴极表面上有无空气和水的存在,就成为钢筋是否易于锈蚀的关键。同时,普通混凝土孔内溶液呈强碱性,pH 值达 12.5 左右;而在强碱溶液中的氧化铁却能在钢筋表面形成保护层,虽然厚度极薄,但却足够致密,足以阻止进一步的阳极过程。这就是通常认为的普通混凝土对钢筋有"钝化"效果,能起一定保护作用的原因。如果采用掺混合材料偏多或者 C_3S 等高碱矿物含量较少的水泥,由于浆体液相的碱度低,则钢筋锈蚀的问题就更应注意。另一方面,还应考虑到碳化的作用。图 16-15 所示为碳化对 pH 值影响的一例,可见经过长期碳化后,混凝土表面的 pH 值仅为 8,但离开表面 6mm 后,pH 值仍然在 11 以上,虽可说明对于品质良好的混凝土,只要有一层不太厚的保护层,就可以防止钢筋锈蚀。

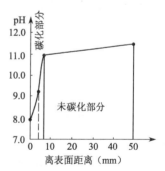

图 16-15　在大气中长期碳化后混凝土 pH 值的变化

但如混凝土密实度极差,CO_2 易于渗入内部,不但在较大范围内降低混凝土液相的碱性,甚至还会增加氢离子的数量,进一步加快上述的阴极过程。即:

$$CO_2 + H_2O = H_2CO_3 = 2H^+ + CO_3^{2-}$$

实践证明,湿度中等,也就是既不完全水饱和又非绝对干燥的混凝土,在时干时湿的条件下,硬化最为明显,钢筋也较易锈蚀。所以,普通混凝土对钢筋保护作用的好坏,主要取决于混凝土保护层的不渗透性和厚度,如能有效阻止水、二氧化碳和氧的进入,一般可避免钢筋锈蚀。另外,如果暴露于海水,或者由于使用某些外加剂而在混凝土内还有氯离子存在时，即使在 pH 值大于 11.5 的条件下，钝化保护膜也会因不稳定而失效破坏。据报道，在 1m³ 普通混凝土中，氯离子含量如果超过 0.6～0.9kg，就要促使钢筋锈蚀。同时，当含有较多数量的氯离子后，混凝土的吸湿性增大，从而提高了混凝土的电导率，也会加速电化学腐蚀的发展。所以就必须采用更为严密的防护措施。因此，为了保证耐久性，所用水泥的品种和标号，必须根据所处环境的具体要求，仔细选择。水灰比的大小，是决定混凝土密实性的重要因素，在有关规范中，都把控制最大水灰比作为保证混凝土耐久性的主要措施。同时，水泥用量是使混凝土获得足够水泥浆的必要保证，所以也常对最小水泥用量进行了相应的限制规定，如表 16-10 所示。

表 16-10　根据耐久性的需要，混凝土的最大水灰比和最小水泥用量

项次	混凝土所处的环境条件	最大水灰比	最小水泥用量（包括外掺混合材料）(kg/cm³)	
			钢筋混凝土、预应力钢筋混凝土	无筋混凝土
1	不受雨雪影响的混凝土	不进行规定	225	220
2	受雨雪影响的露天混凝土，位于水中及水位升降范围内的混凝土，在潮湿环境中的混凝土	0.7	250	225
3	寒冷地区水位升降范围内的混凝土，受水压作用的混凝土	0.65	275	250
4	严寒地区水位升降范围内的混凝土	0.60	300	275

注：1. 如用人工捣实时，水泥最小用量应增 25kg/cm³。
　　2. 严寒地区指最寒冷月份平均温度低于 -15℃ 的地区；而最寒冷月份平均温度处于 -5～-15℃ 的则为寒冷地区。

16.5　混凝土的配合比设计和工艺控制

混凝土的性能取决于不少因素，诸如水泥熟料的组成和岩相结构；水泥的细度和粒径分布；水泥浆体的流变性能和孔隙率；粗、细集料的化学、矿物组成；粒形和表面情况与级配等。这些因素都要影响到混凝土拌和物的和易性以及混凝土硬化后的孔隙率、强度、耐久性以及其他的物理力学性能（图 16-16）而在组成材料已定的条件下，决定混凝土各项性能的则主要是各组成材料之间的相对比例。

所谓混凝土的配合比，是指混凝土内各种组成材料的数量比例，通常有两种表示方法，一种是以每立方米混凝土中各项材料的质量来表示。例如，水泥 346kg，砂 556kg，碎石 1 297kg，水 180kg。另一种是以各项材料间的质量比例来表示。如上例经换算即为：水泥：砂：石 = 1：1.61：3.75，水灰比 = 0.52。此外，也有用材料体积比的方法表示的，但误差较大，只能用于小型工程。

混凝土配合比的设计可以分成三个主要环节。第一，以水泥和水配成一定水灰比的水泥浆，以满足要求的强度和耐久性；第二，将砂和石子组成空隙率最小，总表面积不大的集料，也就是要决定砂石比或砂率，以便在经济的原则下，达到要求的和易性；第三，决定水泥浆对集料的比例(浆集比),常以每立方米混凝土的用水量或水泥用量来表示。因此,合理地确定水灰比、砂石比和用水量,就能使混凝土满足各项技术经济要求,其相互关系如图 16-17 所示。

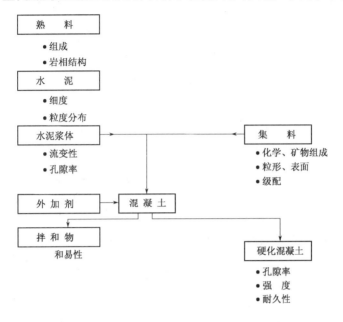

图 16-16　影响混凝土性能的若干主要因素

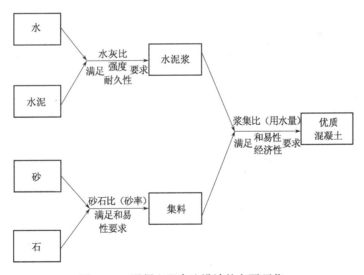

图 16-17　混凝土配合比设计的主要环节

设计混凝土的配合比时,一般都采用计算与试验相结合的方法。现以下列实例说明:

某民用建筑室内钢筋混凝土柱,断面最小尺寸 280mm,钢筋最小净距 35mm,混凝土的设计强度等级为 C30,坍落度要求 30～50mm,采用振捣器捣实。可供应的材料规格如下:

52.5 级普通硅酸盐水泥,密度 3.1g/cm³;42.5 级的矿渣硅酸盐水泥,密度 3.03g/cm³。

中砂,细度模数 2.80,级配合格,密度 2.65g/cm³;

碎石,连续粒级 5～20mm 和 5～40mm 两种,密度分别为 2.69g/cm³ 和 2.67g/cm³。

1. 选择水泥品种,确定混凝土试配强度(R)

因为是一般工程,两种水泥均可采用,但矿渣水泥的标号尚不足混凝土强度等级的 15 倍,故以 52.5 级普通水泥为宜。

由于在实际施工中各项原材料的质量会有波动,配料称量上总有误差,拌和、运输、浇捣及养护等工序也难始终如一,这一切都影响着混凝土质量的均匀性。因此,为了使设计的强度等级有 95% 的保证率,混凝土施工时的配制强度依下式计算:

$$R = R_{st} + 1.645\sigma \tag{16-3}$$

式中　R——混凝土的施工配制抗压强度,MPa;

　　　R_{st}——混凝土的设计强度等级,MPa;

　　　σ——施工单位按历史统计水平的标准偏差,MPa。如无近期混凝土强度统计资料时,则,对 C10 ~ C20,可取 $\sigma = 4.0$MPa;C25 ~ C40,可取 $\sigma = 5.0$MPa;C45 ~ C60,可取 $\sigma = 6.0$MPa。

现因施工单位缺乏系统的强度统计资料,故:

配制强度　　　　　　　$R = 30 + 1.645 \times 5 = 38.2$MPa

2. 确定水灰比

可按下式计算:　　　　　$R_{28} = 0.46R_C(C/W - 0.52)$

式中 R_C 为水泥的实际强度;若是新鲜水泥,也可在水泥标号的基础上乘以 1.13 的强度富余系数估算,$R_C = 52.5 \times 1.13 = 59.3$MPa

以配制强度 $R = 38.2$MPa 作为上式中的 R_{28},并将 $R_C = 59.3$MPa 一同代入,得水灰比 $W/C = 0.52$

3. 选取用水量(W),并计算水泥用量(C)

根据断面最小尺寸和钢筋最小净距,选择 5 ~ 20mm 的碎石。按所需坍落度 30 ~ 50mm,查表 16-5,初步选定:

每 1m³ 混凝土中水用量　　　　$W = 195$kg

因此,每 1m³ 混凝土中水泥用量　$C = \dfrac{W}{W/C} = \dfrac{195}{0.52} = 375$kg

4. 选取砂率(S_P,%)

一般可按集料品种、规格及水灰比值,在表 16-6 的范围内选用,如本例即为 32% ~ 37%,取 34%。

5. 计算砂石用量(S, G)

常用的有体积法和重量法

(1)体积法

假设理想的密实混凝土是:水泥浆填满砂的空隙,而水泥砂浆再填满石子的空隙,因此,四种材料紧密地相互填满:1m³ 混凝土体积中除夹入的少量空气之外,应当是四种材料密实体积之和,故又称绝对体积法。

$$\frac{C}{\gamma_C} + \frac{S}{\gamma_S} + \frac{G}{\gamma_R} + \frac{W}{\gamma_W} = 1\,000 - 10a \tag{16-4}$$

$$\frac{375}{3.1} + \frac{S}{2.65} + \frac{G}{2.69} + \frac{195}{1} = 1\,000 - 10a$$

式中　a——为混凝土含气量(%),在不使用含气型外加剂时,a 可取 1。

　　γ_C——水泥密度,g/cm^3;

　　γ_S——砂的密度,g/cm^3;

　　γ_R——石子的密度,g/cm^3;

　　γ_W——水的密度,g/cm^3。

因此:
$$\frac{S}{2.65} + \frac{G}{2.69} = 674$$

而
$$\frac{S}{S+G} = 34\%$$

故即可将上述两式联解求得:

砂用量 $S = 613$kg;石子用量 $G = 1\,190$kg

所以该混凝土的初步配合比为:

每 1m^3 混凝土中用量:水泥 375kg;水 195kg;砂 613kg;石子 1 190kg。

如以各组成材料间的质量比例表示,即为:水泥:砂:石子 = 1:1.61:3.17,水灰比 = 0.52。

(2)重量法

又称假定容积密度法。由于混凝土拌和物的湿容积密度一般仅在 2 400 ~ 2 500kg/m^3 之间波动,因此可以先假定混凝土的湿容积密度(γ_h),再扣除水和水泥的用量,即可求得砂、石的总质量:

$$S + G = \gamma_h - W - C \tag{16-5}$$

即:
$$S + G = 2\,400 - 195 - 375 = 1\,830\text{kg}$$

砂率仍取:
$$S_P = \frac{S}{S+G} = 34\%$$

即可求得:

砂用量: $S = 622$kg;

石子用量: $G = 1\,208$kg。

这样计算得的初步配合比为:

每 1m^3 混凝土中用量:水泥 375kg;水 195kg;砂 622kg;石子 1 208kg。

其质量比例即为:水泥:砂:石子 = 1:1.66:3.22,水灰比 = 0.52。

但要注意,所采用的水泥用量和水灰比,必须满足表 16-10 中的有关规定,否则应改用表上所列的限值,才能保证必要的耐久性。

以上求出的各材料用量,是借助于经验公式或有关数据通过计算而得,用以拌制成的混凝土不一定能与原设计要求完全相符。因此,也应按初步配比称取少量材料试拌,进行校核,并加以调整,使其符合原设计要求。另外,实验室的条件与实际工程又会有差异,必要时还应进行进一步的调整。

还要注意的是,混凝土的质量除取决于选择适宜的组成材料及正确确定配合比外,还将取决于施工工艺过程中各环节的质量控制是否严格。

水泥质量的波动对混凝土质量的影响很大。对于每一批水泥,都必须经过试验鉴定后才能使用。在运输、保管过程中应避免受潮变质或混杂错用等现象。集料的含水量是引起水灰比变化的一个重要因素,必须经常测试并及时调整,以定出符合当时实际情况的施工配合比。

拌和时,应当经常检查称量设备,以保持投料的准确性。拌和的均匀性常以搅拌时间来控制,并应经常进行和易性检验,如有较大差异,通常应注意用水量、或者集料的含水量、级配是否发生了较大的变动,并应立即进行调整。

在运送过程中,混凝土拌和物常易产生分离、泌水、砂浆流失、流动性减小等问题,必须严加控制。如有必要,还可适当调控配合比例,或在浇筑地点重新搅拌。

浇筑混凝土时,必须限制卸料的高度和速度,尽量维持竖向下落,使之均匀灌入,避免分离现象产生,然后用振动器或手工按顺序全面进行捣实,要控制在某个位置上的振捣时间,过量的振捣作用,反而会产生分层离析等不均匀现象,对于流动性较大的混凝土拌和物就更易产生此类问题。

在混凝土浇捣完毕以后,养护必须在一定的时间内维持合宜的温度和湿度。图 16-18、图 16-19 分别表明养护条件对混凝土强度的影响,自然养护时,一般在混凝土凝结后就用稻草、麻袋或砂子等覆盖,定时浇水。使用普通水泥的混凝土,浇水保湿的时间不少于 7d;而矿渣水泥和火山灰水泥的混凝土,则不应少于 14d,也可待混凝土表面游离水蒸发后即可涂刷密封剂,进行密封法养护。

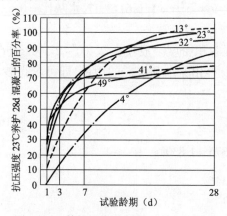

图 16-18　养护温度对混凝土强度的影响

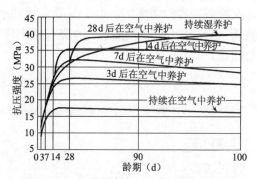

图 16-19　湿养护条件对混凝土强度的影响

也可用湿热蒸汽养护混凝土,加速硬化。在温度低于 100℃ 的常压蒸汽中进行 16~20h 的养护后,其强度一般可达到正常养护条件下 28d 强度的 70%~80%。对矿渣水泥或火山灰水泥,较适宜的养护温度为 90~95℃。用普通水泥的则宜采用较低的养护温度,否则 28d 及以后的强度可能降低过多。另外,还有不用蒸汽或少用蒸汽的各种干热养护法,有升温较快、缩短养护周期的优点。但如果混凝土失水过多,后期强度会降低较大。

混凝土的拆模,应在其达到必要的强度之后进行,具体的拆模时间,原则上应根据试件的强度试验来决定,并且试件的养护应尽可能与结构物的养护条件相同。但如果试件的尺寸小,易受温度和干燥的影响,应予以注意。

16.6　混凝土外加剂

为了改善混凝土的性能,节约水泥,在配制混凝土时还可掺用各种外加剂,虽然掺量不多,但能明显提高技术经济效果,因此受到国内外的普遍重视。近年来发展很快,外加剂几乎已成为混凝土的第五种组成。

混凝土外加剂的种类繁多,可分为无机外加剂和有机外加剂两大类。无机外加剂主要是一些电解质盐类,而有机外加剂大多是表面活性物质。较为常用的有减水剂、调凝剂和引气剂三大类。

16.6.1 减水剂

在水泥加水拌和后,通常会产生一些絮凝状结构,其中截留了不少拌和水(图16-20a)。为使混凝土拌和物获得要求的和易性,就不得增加拌和水量。减水剂是一种表面活性物质,其分子具有亲水和憎水两个基团。当加入混凝土拌和物后,它溶于水,并从溶液中向界面富集,显著降低界面能。而且憎水基团吸附于水泥颗粒,亲水基团指向水,组成定向排列的吸附层,使水泥颗粒表面带上相同电荷,在电性斥力的作用下,水泥颗粒就不致聚集(图16-20b)。还由于减水剂定向吸附以后,极性水分子再吸附在亲水基团上,使水泥颗粒四周的溶剂化层显著增厚,增加了滑动能力,使水泥颗粒更易分散。由于上述几方面的综合作用,絮凝状结构就不易形成,部分游离水当然就不可能被包裹在絮凝结构中间,从而能有效增加拌和物的和易性。因此,如果保持原要求的和易性不变,则可大幅度减少拌和用水,降低水灰比,提高混凝土的强度,而抗渗性和抗冻性等也能相应得到改善。同时,由于减水剂对水泥的分散作用,使得水泥颗

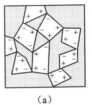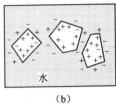

图16-20　减水剂使水泥颗粒分散的示意图

粒与水接触的表面增多,水化较易充分,对混凝土强度的提高也有相当帮助。这时,如果保持原设计要求的强度不变,则可减少水泥用量,达到节约水泥的目的。

常用的混凝土减水剂有:木质素磺酸钙、MF减水剂、建1减水剂、NNO减水剂、三聚氰酰胺甲醛树脂等多种。

木质素磺酸钙属木质磺酸盐系减水剂,我国现以亚硫酸纸浆废液为原料,经发酵处理,脱糖烘干而成,为粉末状。又称M型混凝土减水剂,也称木钙粉。日本同类产品的商品名称为"普蜀里"。M型减水剂适宜掺量为0.25%左右,减水率10%~15%,28d强度可提高20%以上;对混凝土有缓凝作用,初凝时间约要延缓1~3h。用量过多时,会抑制水泥的水化,影响凝结及早期强度的发展,同时会因引入过多气泡而导致抗压强度的降低。此外,在低温下使用时,混凝土早期强度较低,也是值得注意的问题。

MF减水剂的学名为次甲基α-甲基奈磺酸钠,是一种高效减水剂,又称超塑化剂。其原料主要为提炼煤焦油时的副产品,再经磺化等加工处理而成,通常为褐色粉末或棕蓝色液体。适宜掺量为0.3%~0.7%,减水率达15%以上,混凝土1d强度可提高25%~100%,28d强度则能增加8%~30%。MF也为引气型减水剂,引入的空气量可达6%~8%,但采用高频振捣或掺入消泡剂可消除其影响。

建1减水剂的主要成分与MF减水剂相同,一般为棕黑色液体。适宜掺量为0.5%~1.0%,减水率可达20%以上。混凝土1d强度能提高50%~100%,28d强度可提高10%~30%。建1减水剂引气量低于MF减水剂,且成本较低。

NNO减水剂学名为亚甲基二萘磺酸钠,和MF、建1减水剂都属同一类型,常成淡黄色粉末或棕黑色液体。适宜掺量0.5%~0.8%,减水率15%~18%,3d强度可提高60%,28d强度能增加30%。NNO掺入混凝土后产生的气泡较大,且不稳定,易破灭。

三聚氰酰胺甲醛树脂,又称阴离子密胺树脂。减水率很高,可达20%以上,最高可达30%。

它既不引进空气,又能加速水泥水化,可提高混凝土的早期强度,故为早强型减水剂。当掺量为1.5%时,1d和28d强度分别可提高80%和40%以上,因此能节约水泥25%左右。而且,耐久性、抗化学侵蚀性以及与钢筋的粘结力等都能有所改善。但成本高,应用受到限制。

此外,磺化焦油与MF等减水剂的作用和性质大致相似,而制糖生产过程中残留的糖蜜,既有减水效果又有缓凝作用,也都可根据情况酌情选用。

16.6.2 引气剂

引气剂又称加气剂,是一种憎水性表面活性剂,溶于水后加入混凝土拌和物内,在搅拌过程中能产生大量微小气泡。图16-21所示为某种阴离子表面活性剂在加入水泥浆后引气的作用机理。气泡尺寸一般在 $50 \sim 125 \mu m$ 之间,分散均匀,并且由于表面活性剂定向吸附在气泡表面,使液膜较为坚固而不易破灭。气泡的存在,能减少砂粒间的接触,不但提高了拌和物的流动性,而且也能改善稳定性,减少泌水。同时,由于混凝土中毛细管通道被气泡所隔绝,阻碍了水分的迁移,又因为变形能力增大,故能明显地提高抗渗、抗冻、抗裂以及抗冲击方面的能力。因此,引气剂的使用,通常可作为提高混凝土耐久性的有效措施,对于水泥用量少的贫混凝土效果更为显著。

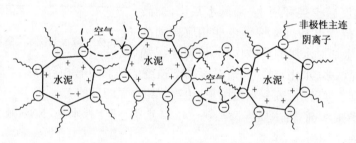

图16-21　引气剂作用机理示意一例

不过,在相同水灰比的条件下,大量微气泡的产生要使混凝土强度略为降低。一般含气量每增加1%,强度约降低3%～5%。但是,由于改善了和易性,用水量及水灰比可以降低,特别是对贫混凝土的强度将得到补偿且有富余。

目前,国内应用最多的引气剂有:松香热聚物、松香皂和烷基苯磺酸钠等,此外还有脂肪醇硫酸钠及烷基磺酸钠等。引气剂的掺量极微,一般为水泥重的 $(0.5 \sim 1.5)/10\,000$。也可与减水剂、促凝剂等复合使用,以取得较好效果。

16.7　特种混凝土

在普通混凝土的基础上,已经发展出许多品种的混凝土,在一定程度上从不同侧面改进了普通混凝土的缺点,以满足各种工程的特殊需要。实际上,利用不同品种的水泥,即可配制成相应的特种混凝土。例如,用膨胀水泥和自应力水泥可配制成膨胀混凝土和自应力混凝土,用耐高温水泥可配成耐热混凝土或耐火混凝土等。本节则简要介绍在集料或工艺措施等其他方面更具特色的混凝土,主要有轻集料混凝土、多孔混凝土、纤维混凝土以及聚合物混凝土等。

16.7.1 轻集料混凝土

普通混凝土的主要缺点之一是容积密度与导热性过大。而轻集料混凝土的干容积密度不大于 1 900kg/m³,是用比普通砂石轻的集料与一般的硅酸盐水泥配制而成,其结构如图 16-22 所示。

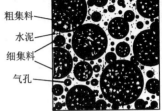

图 16-22　轻集料混凝土结构示意图

按来源,轻集料可分为两大类。

①天然轻集料:以天然的多孔岩石经破碎加工而成,如浮石、火山渣等。

②人造轻集料:以黏土、页岩、珍珠岩等地方材料或者粉煤灰、煤矸石、矿渣等工业废料,经过高温烧胀或烧结成多孔结构而得。如粉煤灰陶粒、煤矸石陶粒、黏土陶粒、页岩陶粒以及膨胀珍珠岩、膨胀矿渣珠、煤渣等。其中发展较快、使用较广泛的是各种陶粒。

大部分轻集料表面粗糙,吸水率大,因而会降低拌和物的流动性。轻集料在成型时易有漂浮现象,会导致分层离析,较宜用振动成型、加压振动施工。另一方面,低流动性的轻集料混凝土,由于轻集料吸水作用非常明显,甚至可以立即脱模。另外,由于轻集料表面多孔构造过多过大,以致吸水太快时,拌和物易于立即变为干涩而使成型困难,甚至影响水泥水化,故在设计配合比时,还应根据轻集料吸水率的大小以及初始的吸水速率,考虑必要的附加水量,或者在施工时对轻集料进行预湿处理。

与普通混凝土相比,轻集料由于具有较强的吸水作用,就不会在表面上形成冰膜,在其周围一般不存在疏松、多孔的过渡圈;更由于表面极不规则而且有众多孔隙,界面上的水化产物晶体就很少有定向排列现象;同时,在凝结硬化过程中,轻集料又会放出水分,可供水泥继续水化的需要,从而形成"自动真空"作用,也有助于水泥浆和轻集料的紧密结合。因此,在一般的轻集料混凝土中,水泥浆和集料的界面粘结良好,由于粘结力不够而使混凝土破坏的可能性大大减少。所以,轻集料本身的强度常是决定混凝土强度的一个主要因素。

与普通混凝土基本相同,轻集料混凝土的强度等级划分为:CL5.0、CL7.5、CL10、CL15、CL20、CL25、CL30、CL35、CL40、CL45 和 CL50 等。还可按干容积密度从 800kg/m³ 到 1 900 kg/m³,以 100kg/m³ 的级差划为 11 个容积密度等级。依照其用途则可分为:

①保温用:合理的强度等级在 CL5.0 左右,容积密度小于 800kg/m³,主要用于保温的围护结构或热工构筑物。

②结构兼保温用:强度等级在 CL5.0 ~ CL15 间,容积密度小于 1 400kg/m³,主要用于配筋或不配筋的围护结构。

③结构用:强度等级在 CL15 以上,容积密度小于 1 900kg/m³,主要用于承重的配筋构件、预应力构件或构筑物。

16.7.2　多孔混凝土

多孔混凝土中不用粗集料,通常也无细集料。实质上是水泥或其他胶结材料的硬化浆体,但内部充满着大量细小封闭的气孔(图 16-23)。这一类轻混凝土容积密度小,具有良好的隔热保温效果,能有效减轻建筑自重。

根据产生气孔的方法,多孔混凝土分为:加气混凝土和泡沫混凝土两种。

加气混凝土是用含钙材料(水泥、石灰)、含硅材料(石英砂、粉

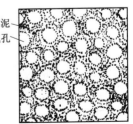

图 16-23　多孔混凝土结构示意图

煤灰、粒化高炉矿渣等）、发气剂作为原材料,经过磨细、拌和、成型和蒸压养护等工序生产而成。一般是采用铝粉作为发气剂,与含钙材料所提供的氢氧化钙反应,放出氢气,使料浆形成多孔结构。

还可采用双氧水作发气剂,或采用机械加气的方法。还能用常压蒸汽养护的方法,但性能较差。

泡沫混凝土是由水泥浆和稳定的泡沫拌和后结硬而成。常用的泡沫剂为松香胶泡沫剂,由松香、碱和动物胶按一定方法配成。此外,尚有水解性血泡沫剂,系用动物血经处理而得,使用时先将泡沫剂用水稀释,在专用的搅拌机内搅拌,即能形成大量较稳定的泡沫。然后将泡沫倒入预先拌成的水泥浆中仔细拌匀,浇灌成型,再经养护即成。配制自然养护的泡沫混凝土,所用水泥的标号不宜低于 42.5 级,否则强度太低。通常采用蒸汽养护或蒸压养护,以缩短养护时间,提高强度,而且还能掺用粉煤灰或粒化高炉矿渣等,以节省水泥。甚至可以完全不用水泥,例如用粉煤灰、石灰和石膏作为胶结材料,这样所制成的泡沫混凝土常称为泡沫硅酸盐。

多孔混凝土的强度取决于容积密度的大小、胶结材料的质量及养护方式,抗压强度一般为 5 ~ 15MPa,容积密度通常在 300 ~ 1 200kg/m³ 之间,在其他工艺因素相同的条件下,强度与容积密度几乎成线性关系。但多孔混凝土中所配的钢筋较易锈蚀,特别是在湿度高或者在干湿交替的环境下更为严重。为此,应将钢筋用沥青、树脂、橡胶乳液,或再配以硅酸盐水泥等进行适当处理。

多孔混凝土大多用于绝热保温,还可用作防火隔层,其耐火性比普通混凝土强,尚有可锯、可钉的优点。根据容积密度和强度的不同,多孔混凝土分为隔热用和承重隔热用两类。可制成砌块、屋面板、内外墙板和保温管等制品,由于生产上有较多的优越性,其中的加气混凝土的发展尤为迅速。

16.7.3 纤维混凝土

纤维混凝土是以普通混凝土或砂浆为基体,外掺各种纤维材料而制成。其目的是增强混凝土的抗裂性和抗冲击能力,提高韧性,故又称纤维增强混凝土。常用的纤维材料有:钢纤维、玻璃纤维、合成纤维以及石棉等,虽然就增强效果而言,分散的短纤维要比连续的长纤维差,但由于其施工较为方便,所以应用较多。

掺入适当的纤维,可以显著提高混凝土的抗拉和抗弯强度,同时亦使其极限变形能力明显增加。而且均匀分散的纤维还有一定的阻裂作用,能够有效延缓裂缝的扩展(图 16-24)。例如图 16-25 为水泥砂浆中掺用短钢丝(直径 0.25mm,长 25.4mm)后的试验情况。当掺量为 4%时,材料的抗裂性约增加 2 倍,抗弯强度极限增加 3 倍,而且破坏特征也有变化,由脆性断裂明显地转变为塑性破坏。

图 16-24　纤维阻裂示意图

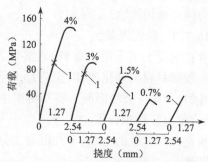

图 16-25　钢纤维砂浆的抗弯试验
1—出现第一条裂缝的时间;2—原砂浆

钢纤维的优点是同水泥的粘结性能良好,抗冲击性强,还可以适当改变纤维外形,充分发挥增强效果。但由于钢纤维在混凝土中任意分布,无足够的保护层时有较易锈蚀的问题。玻璃被拉制成纤维后,其抗拉强度显著提高,但一般不耐碱,在硅酸盐水泥水化产物的作用下,强度会明显下降。提高玻璃成分中的锆、钛等的含量,可制成抗碱玻璃纤维,在纤维表面涂以树脂等被覆材料或者采用低碱度水泥(如硫铝酸盐水泥、铝酸盐水泥等),都已取得了一定成效。尼龙、聚丙烯和聚乙烯等纤维的耐碱性很好,而丙烯酸和聚酯纤维则极差。合成纤维的弹性模量比硬化水泥浆体低得多,只能用于提高韧性和抗冲击、爆炸荷载等能力;而且耐热性差,低温呈脆性,同水泥的粘结力也不佳。石棉具有较高的耐碱性和抗拉强度,对水泥的水化产物有很大的吸附性,是最早应用的天然纤维材料。还值得注意的是碳纤维的弹性模量和钢相同,抗拉强度比预应力钢丝还高,而质量仅为钢的 1/5,且抗蚀性良好;不过其价格昂贵,目前尚难以在建筑上较多应用。

纤维混凝土在要求高抗拉能力和减少开裂的场合,或者因构件形状复杂无法配制普通钢筋时,可能特别有效。例如玻璃纤维增强水泥(GRC),可用喷射、浇筑、挤压或压制等方法制得各种曲面的薄板或壳体。但其长期耐久性仍处于考察阶段,仅限于用作非承重构件,如墙面板、遮阳、下水管衬、农用设施等。至于钢纤维混凝土则主要用于抗震、抗冲击、耐磨等要求高的构筑物上(如飞机场跑道),也可用作隧道内衬等。用聚丙烯纤维增强时,虽不会提高抗拉或抗弯强度,但能大幅度提高抗冲击强度,甚至可达 30 倍以上。而石棉纤维增强的产品,则有屋面瓦、墙面板、压力管和排污管等各种石棉水泥制品。

16.7.4 聚合物混凝土

聚合物混凝土是一种有机、无机复合的材料,可分为聚合物浸渍混凝土(PIC)、聚合物水泥混凝土(PCC)和聚合物胶结混凝土(PC)等三种。

聚合物浸渍混凝土是将已硬化的混凝土为基材,经干燥后浸入有机单体,然后再用加热或放射线照射的方法使浸入混凝土孔隙内的单体聚合而成。单体可用甲基丙烯酸甲脂(MMA)、苯乙烯(S)、丙烯腈(AN)以及聚脂-苯乙烯(P-S)等,还要加入催化剂、交联剂等助剂。由于聚合物填充了混凝土内部的孔隙和微裂缝,可以形成连续的空间网络而相互穿插(图 16-26),不但能提高混凝土的密实度,而且可显著改善水泥浆与集料的粘结。因而具有高强、耐蚀、抗渗、耐磨以及抗冲击、耐冻等优良的物理力学性能。与基材相比,抗压强度能提高 2~4 倍。例如用抗压强度为 35MPa 的普通湿凝土制成的聚合物浸渍混凝土,其抗压强度可达 140~190MPa。而且弹性阶段延长,弹性模量提高,约为基材的 2 倍。聚合物浸渍混凝

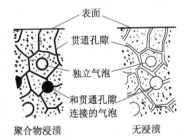

图 16-26 聚合物浸渍
混凝土示意图

土按其浸渍深度可分为:完全浸渍和局部浸渍两种,前者适用于制作高强浸渍混凝土,后者通常用以改善面层性能。聚合物浸渍混凝土特别适用于要求高强度、高耐久性的特殊工程,在抗腐蚀方面,有时可起到普通钢材所起不到的作用。例如:海中采油平台、桩、柱等海洋构筑物;化工厂管道、底座、地面等作为耐蚀材料;寒冷地区的露天构筑物;水坝坝面以及桥墩等水工结构等。

聚合物水泥混凝土的制备方法与聚合物浸渍混凝土不同,是在混凝土拌和时将聚合物或单体一起掺入,与一般外加剂的使用方式基本相似。因此,工艺较简单,便于现场使用。最早

采用的是天然橡胶乳液,现在更多的是使用聚醋酸乙烯、苯乙烯或聚丙烯酯类的水悬浮体。硬化时,一般认为聚合物和水泥之间并不发生化学作用。水泥从乳液或悬浮体中吸收水分,使其脱水而逐渐凝固,水泥的水化产物则被聚合物所包裹而形成互相填充的空间网状结构。还可采用加入单体然后利用催化剂加速聚合的方法。也有将聚合质粉末直接掺入,待混凝土初始硬化后,再加热使聚合物熔化渗入混凝土孔隙,经冷却而成。聚合物水泥混凝土的主要优点是粘结性能好,抗渗性、耐蚀性和耐磨性高;而强度的提高则较少,不如聚合物浸渍混凝土显著。适用于桥梁面层或路面,化工厂地面、防水层以及修补工程等。

聚合物胶结混凝土中不用水泥,而是完全用聚合物作胶结材料,又称塑料混凝土。最常用的是环氧树脂,也有用聚酯树脂或酚醛树脂等。环氧混凝土的主要优点是可以很快达到高的强度,并且有良好韧性,对多种材料具有极高粘结力,抗化学侵蚀性强,耐磨性好,而且还具有良好的绝热性和电绝缘性等。主要用于修补普通混凝土、结构混凝土构件的彼此粘结以及混凝土表面的防腐蚀等。但目前价格太贵,只适用于侵蚀条件特别恶劣的场合。

16.8 砂　浆

砂浆的组成材料与混凝土基本相同,只是没有粗集料,可以作为细粒混凝土对待。因此,有关混凝土和易性、强度及耐久性等性质变化的规律,也基本上适用于砂浆。但砂浆常以薄层使用,而且往往又都是涂抹在砖石等多孔的吸水性底面上,从而在材料、性质等方面的要求,也就不尽相同。

按所用的胶凝材料分,有水泥砂浆、石灰砂浆及混合砂浆等几种。常用的混合砂浆则为水泥石灰砂浆和石灰黏土砂浆。根据用途,可分为砌筑砂浆和抹面砂浆两类。砌筑砂浆用来砌筑砖石,其作用是将砖石胶结成一个整体,并使上层砖石所承受的荷载得以均匀地传至下层。抹面砂浆一方面保护建筑物免受外界的侵蚀,同时还起一定的装饰作用。

在砌筑砂浆中,水泥的标号宜为砂浆强度等级的 40～50 倍,最好使用砌筑水泥。否则应掺配粉煤灰等混合材料,以降低水泥用量,改进砂浆的和易性,所用砂子的最大粒径,一般不应超过灰缝厚度的 1/5～1/4。还可掺加塑化剂或微沫剂,配成微沫砂浆,可进一步节约水泥。

砂浆和易性的好坏,取决于砂浆的流动性和保水性。砂浆流动性的大小,以标准圆锥体在砂浆中沉入深度的厘米数表示,见图 16-27。沉入度越大,表示砂浆的流动性越大。砌砖砂浆的沉入度约为 7～10cm,砌筑混凝土板块或天然石材的砂浆的沉入度约为 7～10cm,砌筑混凝土板块或天然石材的砂浆可在 5～7cm 之间,并应视当时天气条件进行适当调整。保水性是指砂浆保持水分的能力,保水性不好的砂浆,容易泌水离析,涂抹在多孔砖石表面上时,将发生强烈的失水现象,很快变得干稠,不但会影响砂浆的正常硬化,而且还要减弱砂浆与底层的粘结力,降低砌体强度。砂浆的保水性可用分层度表示。将新拌砂浆置于一定尺寸的容器中,先测定其沉入度,静置 30min,取容器下部 1/3 部分的砂浆,

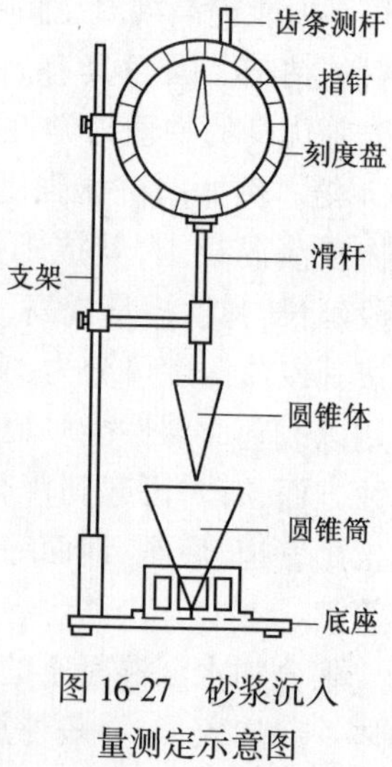

图 16-27　砂浆沉入量测定示意图

齿条测杆
指针
刻度盘
滑杆
支架
圆锥体
圆锥筒
底座

再测定其沉入度,前后两次所测沉入度之差即为分层度。砂浆中胶凝材料用量越多,则保水性越好,水泥砂浆的保水性一般较差。掺入石灰、黏土、塑化剂或微沫剂,能提高砂浆的保水性。分层度大于2cm的砂浆,在一般施工条件下不宜使用。

砂浆的强度是以边长70.7mm立方体试件,按照标准条件养护28d的抗压强度(MPa)平均值确定。砌筑砂浆的强度等级可分为:0.2、0.4、1、2、3、5、7.5、10、15及20,一般建筑常采用2.5~10级砂浆,简易工程多用0.4~2.5级砂浆,只有特别重要的砌体,才用10级以上的砂浆。

影响砂浆强度的因素与混凝土的基本相同,主要取决于水泥的强度和水灰比。砂浆强度与水灰比之间也同样有良好的线性关系。但砂浆通常砌筑在砖等多孔表面上,经过底面吸水以后,水灰比改变很多。在此情况下,也可能使水泥用量成为决定砂浆强度的一个重要因素。因此,砂浆的强度规律最好通过实验确定。而试配的砂浆强度应比设计的强度等级高出15%。

抹面砂浆要求比砌筑砂浆有更好的流动性和保水性,并应保证与基面有较强的粘结能力。因此胶结材料用量较多,对材料的要求也较为严格,石灰浆在使用前要放置1~2个月充分消解,熟石灰与砂子等均应过筛除去粗粒杂质。如有需要,适当提高水泥用量,使灰砂比为1:2~1:3;或再掺入氯化物金属盐类、水玻璃或金属皂类等防水剂,可配得具有较高抗渗性的防水砂浆,一般可用于水池、地下室、沟渠、隧洞、堤坝等工程。

思 考 题

1. 什么叫集料级配? 对砂石为什么有级配要求?
2. 什么叫混凝土拌和物的和易性? 怎样评定? 提高混凝土拌和物和易性的措施有哪些?
3. 什么是砂率? 与和易性的关系如何?
4. 水灰比和集料与混凝土强度的关系怎样?
5. 混凝土耐久性的含义是什么? 影响因素有哪些?

第 17 章　水泥生产中的环境保护

17.1　环境与环境保护的基本概念和基本知识

17.1.1　环境

1. 什么是环境

人类和一切生物都不可能脱离环境而生存,每时每刻都生活在环境之中,并不断地受着各种环境因素的影响,人类自诞生以来,就开始从周围环境中获得生活资料和生产资料,随之也就开始了改造环境的工作。环境的变化,也影响着人和生物的变化,如人类的进化,由猿到人,不断地改造环境,也就不断地进化;又如恐龙的灭绝,也是由于环境变化而导致的,所以环境是非常重要的。1972 年在斯德哥尔摩召开的联合国人类环境会议的宣言中指出:"人类既是他的环境的创造物,又是他的环境的创造者,环境给予人以维持生存的东西,并给他提供了在智力、道德、社会和精神方面获得发展的机会。人类在地球上的漫长和曲折的进化过程中,已经达到了这样一个阶段,即由于科学技术发展的迅速加快,人类获得了以无数方法和在空前的规模上改造其环境的能力。人类环境的两个方面,即天然和人为的两个方面,对于人类的幸福和对于享受基本人权,甚至生存权利本身都是必不可缺的。"

环境是一个极其复杂的、辩证的自然综合体,一切生物都要适应环境而生存。人类不但要适应环境,而且还要利用、支配和改造环境。一般可将环境分为社会环境和自然环境。人类的社会性是人与其他生物的根本区别之一,因此,也应重视社会因素对人类健康所起到的重要作用和影响。社会制度、经济状况、职业分工、文化卫生情况等属于社会环境,但我们这里着重讨论的不是与社会环境有关的问题。

人类的自然环境,就是指环绕在我们周围的各种因素的总和。人类和生物都生活在地球的表层,这个有生物存在的地球表层叫做生物圈。生物圈的范围包括了约 11km 厚度的地壳和约距地面 15km 以下的大气层。在这个范围内有空气、水、土壤和岩石,为生命活动提供了必要的物质条件;人类的环境是由大气圈、水圈、岩石圈和生物圈所共同组成的物质世界,即自然世界。

自然环境是人类和一切生物赖以生存和发展的物质基础,生物与自然环境之间有着密切的相互作用和相互影响的关系,人和生物是地球和环境进化到一定阶段的必然产物。

2. 环境问题

所谓环境问题是指:由于人类活动作用于人们周围的环境所引起的环境质量变化,以及这种变化反过来对人类的生产、生活和健康的影响问题。人类有目的、有计划地利用和改造环境就能积累经验、提高认识,从而进一步指导行动,这无疑会不断地改进人类利用和改造环境的活动。但与此同时,也往往会产生一些相应的消极的副作用,即不同程度地污染和破坏环境。

218

被污染和破坏了的环境也会再作用于人类的生活和生产,造成人为的环境问题。这种环境问题是会长期存在的,要解决环境问题就要调节人类社会活动与环境的关系,但要真正实现这种调节必须具备下列条件:

(1)掌握自然生态规律与经济规律;

(2)以环境制约生产,运用规律改造环境;

(3)全面规划、合理布局,有计划地安排社会生产力,使发展生产与保护环境的关系协调;

(4)要提高人类对环境价值的认识。

17.1.2　环境保护

环境保护就是人们在生产、生活过程中,注意减小或消除对环境的污染,所以需要对环境污染有所了解。

1. 环境污染

由于人为的或自然的因素,使环境中本来的组成成分或状态以及环境发生了变化,扰乱并破坏了生态系统与人们的正常生活条件,对人体健康产生了直接、间接、或潜在的影响,就称为环境污染,它主要是指有害物质对大气、水体、土壤和食物的污染,并达到危害的程度,以及噪声、恶臭、放射性物质等对环境的损害。由于工农业的发展,特别是在 20 世纪 50 年代,环境污染问题引起了人们的重视,因此,工农业的大发展也带来了环境污染问题。

造成环境污染的原因大体上可分为三个方面,即化学的、物理的和生物的。化学原因指的是某些单质或有机物及无机化合物进入环境,如水泥厂、玻璃厂的烟气,生产玻璃钢所用的树脂、稀释剂等;物理的原因是指由粉尘、固体废弃物等对环境的破坏,如水泥厂、玻璃厂的粉尘,玻璃纤维厂的废玻璃纤维,非金属矿山的尾矿废石,各种破坏性辐射线、噪声、废热等,生物的原因是指各种病菌或霉菌对环境的侵袭。进入环境并可引起环境污染或环境破坏作用的物质叫做环境污染物,目前它的来源主要有:生产性污染物、生活性污染物、放射性污染物。

2. 环境污染的危害

人类活动不断影响和改变着自然环境,人类在利用环境的同时,也使环境遭到恶化与破坏。如黄河流域是我国古代文明的发源地,农业比较发达,但由于肆意掠夺土地,砍伐森林,自然环境遭受严重破坏,水土流失越来越严重,每到洪水季节,雨水直接冲刷土壤,携带大量泥沙,致使黄河经常泛滥。解放后,经大力治理,黄河才不再危害人民。

18 世纪中叶产业革命后,人类进入资本主义的大机器生产时期,蒸汽机的发明与广泛使用,给社会带来前所未有的巨大生产力,人类征服自然的能力也大大增强。工厂集中建在大城市中,使城市的规模越来越大,城市人口高度集中,工厂任意排放"三废",使江、河、湖、海受到严重污染,空气中烟雾弥漫,垃圾堆积如山。工业城市的扩大,并且不断出现新的工业城市,新的污染源增多,污染范围也不断扩大,致使局部环境受到严重污染。如英国的泰晤士河水生物从 1850 年起绝迹,致使泰晤士河水曾被叫做"魔鬼汤"。

随着资本主义工业的发展,近几十年来,生产不断集中于越来越大的企业,同时,资本主义工业不断地从城市迁往农村,形成新的城市,出现了城市的恶性扩展。由于工业不断集中,工厂任意排放大量的有害物质,从而加剧了对社会生活方面的危害和自然环境的污染,进而造成城市环境恶化的恶性循环。如二次大战后原西德工业(289 个工厂)大部分集中在莱茵河流域,据统计每年有 35 亿 m^3 水从莱茵河取走,这些水被使用后,约有五六千万吨携带着酸、染料、铜、镉、汞、洗涤剂、杀虫剂及各种固体污染物和其他化学药剂等 1 000 种以上污染物的水又排入莱茵河,使这条河被称为"欧洲最大的下水道",造成河水污浊、严重缺氧、鱼类死亡、不能饮用。

工业集中,使社会生产方面的危害也越来越大,蒸汽机和新工具把手工业变成现代化工业,社会更加两极分化,大量无家可归的人拥挤在肮脏狭窄的贫民窟里,成为传染病的发源地。

目前,世界各地的科学家不断地发出下列警告:氯氟烃的大量生产和使用,导致大气臭氧层不断遭到破坏;大气中二氧化碳浓度不断增加,已引起全球温室效应;海水污染,海洋生物锐减,海平面不断上升;二氧化硫大量排放,酸雨危害明显增加;森林大量砍伐,水土严重流失,地表沙漠化日益严重;水体受到污染,淡水资源短缺;环境恶化,野生动物不断灭绝;人口大量增加,资源和能源日趋匮乏等。1990 年 4 月 22 日,全世界 130 多个国家和地区的环境保护组织联合开展规模空前的"1990 年地球日"活动。这是继 1970 年 4 月 22 日发起的第二次地球日活动。

环境的破坏和污染,有个发现和认识的过程。目前各国政府相继建立环境保护机构,颁布环保法令、条例和排放标准,拟订近远期治理规划,设立研究机构,并在大学开办相应的专业和课程。在美国、法国、原西德、日本等一些主要工业国家,从 1975 年以来,环境污染有了下降的趋势。如原西德从 20 世纪 60 年代末开始,在莱茵河沿岸修建了 100 多个污水处理厂,使莱茵河的污染基本得到控制,鱼类恢复生产;又如日本在 20 世纪 50~60 年代环境污染严重,20 世纪 70 年代后期,政府狠抓环境治理,采取了一系列有效的措施,使现在的日本在世界上成了环境治理和环境保护的楷模。

17.2　水泥生产中的环境污染

水泥工业不容乐观的污染问题由来已久,目前我国水泥年产量已突破 6 亿 t,约占全球总产量的 1/3,在数量上堪称世界水泥大国了,但这 6 亿 t 的产量却是由数千家水泥厂、数万座窑炉来完成的,平均每个厂的生产规模约 10 万 t,不足先进国家平均规模的 1/10。若将我国水泥行业所有窑炉的烟囱和粉磨设备的排气筒按间距 1km 排列,其长度足可以绕地球赤道两周。我国水泥工业污染情况及存在的严重危害主要表现在以下几个方面:

17.2.1　粉尘排放仍很严重
粉尘是水泥工业的主要污染物。在水泥生产过程中,需要经过矿山开采、原料破碎、黏土烘干、生料粉磨、熟料煅烧、熟料冷却、水泥粉磨及成品包装等多道工序,每道工序都存在不同程度的粉尘外溢,其中烘干及煅烧发生的粉尘排放最为严重,约占水泥厂粉尘总排放量的70%以上,每年所排放的一千余万吨粉尘,不仅造成环境的严重污染,同时造成了资源的巨大浪费。

17.2.2　有害气体排放量大
我国水泥工业也是 SO_2、NO_x 等多种有害气体的排放大户。这些气体具有很强的毒性,不仅可以直接毒害人体,也可以通过形成酸雨或酸雾间接毒害人体,并大面积损害农作物、森林和植被,对生态环境造成危害,同时对露天工程的寿命也有严重影响。据报道,我国已有近一半的国土面积成了酸雨高发区。而高硫燃料的采用是 SO_2 大量排放的根本原因,落后的生产工艺则是 NO_x 大量产生的罪魁祸首。

为了便于煅烧,近年来在水泥立窑上普遍推广了矿化剂技术,但由于萤石的掺入,使立窑的废气当中又增加了 HF 等诸多毒性氟化物,其对环境质量的不良影响已日益突出,这类氟化物容易在植物的体内及叶面沉积,不仅使植物自身受害,还将对以该植物为食的人畜或其他动物造成明显危害。

此外,水泥厂也是 CO_2 的排放大户,因为在熟料烧成过程中,$CaCO_3$ 的分解和煤的燃烧均有大量 CO_2 产生。据测算,每生产 1t 水泥约产生 1t CO_2 气体。也就是说,我国水泥工业每年要排放 5 亿 t 的 CO_2 进入大气。但由于 CO_2 对人体无直接危害,故一直未引起足够注意,然而 CO_2 却是一种促使气候变暖的温室气体,大气中 CO_2 成分高了,将导致气温上升,人类有可能因无法适应这一变化而遭受灭顶之灾。

17.2.3 重金属等污染物自由排放

我国水泥行业还在大量使用镁铬砖作窑炉耐火材料,而作为耐火材料的镁铬砖在先进国家早已被限制使用,原因是它在使用过程中易同硫结合形成六价铬盐。该化合物是一种对皮肤有腐蚀作用的高毒性物质,人接触一定时间后,先会引发大骨节病,然后进一步发展成为癌症。由于六价铬盐极易溶于水,因此一旦管理不善,则会造成水源污染,人们将通过饮用遭污染的水而受到毒害,同时该物质也可通过粉尘随尾气排放出来污染空气,被吸入后会引起慢性中毒。

有关镁铬砖使用及其残渣处理,德国等工业发达国家都有一套严格的环保法规来加以制约,而我国对在水泥工业回转窑上使用镁铬砖仍未加任何限制,对其废渣的处置更是随意。相关厂家每次拆换下来的废砖大多露天堆放,一旦遇上下雨,大量高毒性铬盐便随雨水渗入地下或进入江河湖泊,使水源在神不知鬼不觉中遭受严重污染,对此却很少有人去理会。

德国等发达国家除对铬及铬盐的排放有法规加以限制以外,对其他一些重金属,如 Pb、Sb、Sn 等的排放也有严格的法规限制。但在我国限制水泥行业重金属污染物排放的法规,目前仍处于几乎空白的状态。同时,国内对水泥工业的一些排放物尚缺乏足够认识,如对包括重金属及其化合物在内的诸多排放物,其对人及环境的危害性亦缺乏专门的、深入的研究,对其潜在的危害更是知之甚少,这是水泥工业环保工作面临的新课题。

除此之外,水泥生产过程中的噪声污染、废渣的处理也是环境保护中必须面对的问题,值得引起我们水泥工作者的注意。

17.3 水泥生产中环境污染的防治与控制

水泥厂主要污染是大气污染源,从大气污染源的发生过程来分析,控制与防治大气污染主要是控制污染源的问题,污染源得到控制,也就基本上解决了污染问题。因此,我们应该把控制和防治大气污染的工作重点放在解决污染源方面。

17.3.1 控制大气污染源的途径

控制水泥厂大气污染源需要解决好大气污染源的排放途径问题,合理的排放途径,可以降低污染浓度,减少大气污染。在水泥厂控制大气污染的途径主要有以下几种。

1. 合理布局

厂址选择应考虑地形条件,生产区与生活区要有一定间隔距离,使工厂区排出的污染物有一个扩散稀释的空间,而不直接排入生活区对居民健康造成危害。

工厂应设在城市主导风向的下风向区域,以减少废气对居民的危害。

2. 用高烟囱和集合烟囱排放

利用高烟囱将烟尘排入大气,可以强化污染物在大气的扩散能力,使污染源附近地面的污染物浓度降低。

集合烟囱就是几个排气设备使用一个烟囱的方法,可以大大提高排烟出口温度(一般可以达到130℃以上),这样,烟囱口的排烟速度可达到30～50m/s,冒出来的烟呈环状吹上高空,扩散效果好,可以使矮烟囱起到高烟囱的作用。

3. 改革生产工艺,综合利用"废气"

通过改革生产工艺,可以力求把一种生产中排出的废气作为另一生产中的原料加以利用,这样就可以达到减少污染物的排放和变废为宝的双重效益。如生料磨利用窑尾废气作烘干介质。

4. 进行技术更新,改善燃烧过程

解决污染问题的重要途径之一是减少燃烧时的污染物排放量。通过改善燃烧过程,以使燃烧效率尽可能提高,污染物排放尽可能减少。这就需要对燃烧设备进行技术更新;对旧的燃料加以改革,以使燃烧效率提高,燃烧中产生的污染物质减少或得以回收利用。如:回转窑应用多风道喷煤嘴进行喷燃。

17.3.2　控制水泥厂污染的技术措施

经过理论研究和技术实践,在解决水泥厂大气污染方面已经创造了许多方法和技术措施用以解决各种大气污染问题。下面简单介绍几项控制大气污染的技术和设备。

1. 粉尘及煤尘治理

(1)除尘的意义

在水泥生产过程中,如矿山的采掘、原料的破碎、烘干、粉磨及运输,都不可避免地会产生粉尘,如不采取有效的防尘措施,就会污染环境,影响人们的身体健康和工农业生产。

工业粉尘对人体的主要危害,是它进入人体肺部,影响呼吸系统机能,可导致粉尘肺病。其中尤以含活性二氧化硅的粉尘危害更大,它能导致矽肺病。

粉尘污染空气后,落到运转的机件中,会加速各种机件的磨损,影响生产设备的使用寿命及运转率,降低设备的精度及可靠性。建筑物也会因积尘过多而加重负荷,周围农作物也会受不同程度的影响而减产。

工业粉尘如果不回收,将增加原料、燃料和动力的消耗,提高产品的成本。在一般情况下,水泥生产中飞扬的物料量可能占处理物料量的6%～12%,如果不设法回收,经济上的损失也是很可观的。

综上所述,搞好防尘和收尘工作,是保护人体健康、提高生产效率、降低生产成本的重要问题。国务院及有关部委相继颁布了一系列环保和防尘的政策、法令和标准。各部门、各工厂、各岗位都应保证排出的气体符合国家标准的要求。

水泥厂大气污染物排放标准见附录一。

(2)收尘系统的选择

收尘系统一般分独立式、集中式及分散式三种。

①独立式是指通风罩、连接管、收尘器、风机及电动机等,均安装在一独立机组内,结构很

紧凑。集中式收尘系统是当有多个吸尘点(三个以上)时,将其连接起来,用同一收尘器的收尘系统。

②分散式收尘系统是指只连接 1~2 个吸风点的系统。当吸尘点相距较远或各工艺设备在不同时间工作,以及各点粉尘性质不同时,常采用这种系统。

③集中式收尘系统又可分为枝状式和集合管式两种。

枝状式收尘系统的收尘器和风机与主干管相接,而主干管连接各支管及收尘点。这种系统的优点是设备维护管理及粉尘的回收比较方便,造价较低。缺点是启动运行及调节比较困难,管道易堵塞,局部支管的变动会影响整个系统的工作。

集合管式收尘系统。它是将所有收尘支管集中连接在集合管上,然后再与收尘器、风机相接。集合管内的风速一般不大于 3m/s,液体阻力小,风量分配较匀。其优点是:①关闭任何局部吸风支管对其他吸风管及整个系统无重大影响;②局部吸风管的风量可有一定的调节范围。

(3)收尘器选型

收尘器的种类有多种,如沉降室、旋风收尘器、袋收尘器、电收尘器等。其中沉降室一般作粗净化用,旋风收尘器可作中净化用,其他几种可作中净化和细净化用。在水泥厂应用最广的是旋风收尘器、袋收尘器和电收尘器。电收尘器和袋收尘器的收尘效率都较高,而前者的流体阻力较小,运转费用较低,但一次投资较高。旋风收尘器的效率较低,但结构简单,维护工作量少,投资省。一般用旋风收尘器作第一级收尘,用袋式收尘器或电收尘器作第二级收尘或单独作一级收尘。

收尘器的选型,除必须了解气体的性质、粉尘浓度等因素外,还应当考虑工艺过程及设备特点,以及工厂具体条件。例如,回转窑窑尾废气系统的收尘,因处理的废气量大,含尘浓度高、粒度小,一般采用电收尘器,小型干法回转窑也可采用袋收尘器;以磨机出口气体为主要尘源时,气体中粉尘浓度高,回收的粉尘往往是半成品或成品,一般采用旋风收尘器和袋式收尘器组成两级收尘系统,也可采用旋风和电收尘器的两级收尘系统。

有关水泥厂主、附属设备的收尘器选型及几种常用收尘器的技术经济数据,可参阅表17-1、表 17-2。

表 17-1　水泥厂主要设备的收尘条件与收尘器选型

名　　称	处理风量 (m^3/kg)	含尘浓度 (g/m^3)	气体温度	水分 (体积%)	露点 (℃)	收尘级数及选型
悬浮预热器窑	2~2.5	60~80	350~400	6~8	35~40	增湿塔、电收尘
立　窑	2.5~3.5	5~15	5~190	6~20	40~55	沉降室
篦式冷却机	2.5~4.5	2~20	100~200			电收尘
生料磨	0.4~1.5	10~150	90	10	45	旋风收尘或电收尘
水泥磨	0.4~1.5	50~300	90~100		25	旋风收尘或电收尘

表 17-2　水泥厂部分附属设备的收尘及选型

名　　称	处理风量(m^3/kg)	含尘浓度(g/cm^3)	收尘级数及选型
鄂式破碎机	5~6	10~15	袋式或旋风
圆锥破碎机	3.5~6	10~15	袋式或旋风
锤式破碎机	4~10	15~75	袋式或旋风

名 称	处理风量(m³/kg)	含尘浓度(g/cm³)	收尘级数及选型
反击式破碎机	8～13	40～100	袋式或旋风
包装机	6～12	50～60	袋式
皮带机	800～2 000	20～30	旋风或袋式
斗提机	600～2 000	20～30	旋风或袋式
水泥库、生料库		0～10	旋风或袋式

(4)水泥生产工艺设备的除尘

水泥生产过程的主要尘源有水泥窑、冷却机、磨机、包装机以及物料输送设备。其主要收尘环节如下：

①回转窑的收尘

水泥厂回转水泥窑窑尾烟尘的主要特点有：粒径细(平均粉尘粒径 1～30μm)；湿度大；烟气温度高且波动大；以及粉尘入口浓度高，回转窑废气的含尘浓度一般为：湿法窑 20～60g/m³，立波尔窑 10～30g/m³，悬浮预热器窑和预分解窑 60～80g/m³。所以一般回转窑收尘多采用一级电收尘系统。悬浮预热器窑和预分解窑在采用电收尘时，要设置增湿降温系统(增湿塔)，以提高电收尘器的收尘效率。电收尘器的电场风速，湿法窑和立波尔窑一般采用 1.0m/s，悬浮预热器窑和预分解窑一般采用 0.7～0.9m/s。

电收尘器有立式和卧式两种，目前多趋向于采用卧式。

回转窑电收尘器须设置遥控的温度计和一氧化碳气体分析仪等监测仪表，当超温、超浓度时，将自动报警或切断电收尘器电源，以防燃烧和爆炸。

为了使电收尘器能长期高效地运转，需考虑以下问题：供电可靠性(多电场应分场供电)，电场气体分布均匀性，保持石英套管的干燥与清洁，保持极板适当间距，定时有效振打清灰，良好密闭锁风，方便维护与检修等。

目前，国内水泥厂大部分选用静电除尘器除尘，其特点是：运行阻力低，超负荷运行能力强，操作管理相对省事。但是静电除尘器必须对烟气进行调质处理以提高其除尘效率，如果粉尘排放控制要求严格(即达到小于 50mg/m³ 的水平)，即使静电除尘器的设备投资和运行费用大幅度增加，也难以达到粉尘的排放要求。因此，近年来北美、韩国等不少大型水泥厂都纷纷将静电除尘器改造为布袋除尘器。另外，对现有水泥生产厂家来说，不但要求能控制粉尘排放，而且希望能不断地增加产量，降低生产能耗，减少生产成本。许多应用实例表明，在水泥厂回转水泥窑窑尾烟气净化除尘器选用 GORE-TEX® 薄膜滤袋后，无论在技术、环保还是经济效益等方面效果都十分显著。

②熟料冷却机的收尘

筒式冷却机无废气排出，不需收尘。篦式冷却机排出的气体含尘浓度一般为 10～20g/m³，其中粒径在 10μm 以下尘粒约占 15%，尘粒的密度较大，一般用旋风收尘器组或复式旋风收尘器。由于采用一级旋风收尘器往往达不到排放标准，而采用袋式收尘器，其体型又相当大，占地较多，故有条件的工厂可采用电收尘器。

③立窑的收尘

立窑废气的含尘浓度，机械立窑在 5～15g/m³ 之间，粉尘颗粒较粗，大于 10μm 的颗粒约占

70%~85%。由于立窑废气的湿度大、温度低，所以不宜采用袋式收尘器，目前多采用沉降室或旋风收尘器。但因收尘效率不高，其排放浓度多超过国家标准，近几年来，有的厂曾试用常规电收尘器，又由于内部构件腐蚀严重而停用，或因立窑烟气条件变化频繁，收尘效率不高，排放浓度仍超标准而停用。因此立窑电收尘器的设计，需适应立窑的具体条件。设计时应注意以下几点：①立窑烟气温度较低，容易产生硫化物及水的腐蚀，收尘器的构件需采取一定的防腐措施；②立窑的操作条件波动较大，使烟气的温度、湿度、含尘量、烟气成分等发生大的变化，在设计收尘系统时，需考虑适应这种条件；③简化收尘系统及收尘器的结构，减少设备及维修费用。

④煤粉制备系统的收尘

煤粉制备系统的粉尘治理比较困难，长期以来，都未得到妥善解决。有的厂采用湿法的水膜除尘，虽能获得较高的收尘效率，但煤泥和污水处理困难。有的厂采用常规袋式收尘器，多因静电作用使煤粉燃烧，烧坏滤袋，维修工作量很大，使收尘器难以长期正常工作。

经多年研究改进，目前煤磨系统的收尘，可用专用的煤磨电收尘器或防静电袋收尘器。

a. 专用的煤磨电收尘系统

煤粉制备系统采用电收尘器，需妥善地解决煤粉的燃烧和爆炸问题，为此可采取以下几种措施：

• 消除产生煤粉燃烧和爆炸的因素

通常燃烧和爆炸必须具备三个条件：即可燃物浓度、氧气浓度及着火温度。

氧气浓度：当煤磨利用窑尾废气作烘干介质时，废气中氧含量低，有抑制燃烧的作用。当烘干介质采用熟料冷却机的热风时，其氧含量约21%，应采取其他防燃措施。

着火温度：煤粉制备系统排出烟气的温度通常在60~80℃，远低于煤粉的着火温度。但电收尘器内难免产生火花放电，它能引燃或引爆；另外，收尘器内存有煤粉沉积滞留，它能与氧气逐渐氧化放热，甚至自燃。因此电收尘器应尽量避免火花放电及防止煤粉滞留。

可燃物质：煤粉的易爆性与它的挥发物含量，水分、灰分的高低，煤粉细度，气体中的煤尘浓度及温度有关，一般挥发物愈高，煤粉愈细，愈容易自燃或爆炸，气体中煤粉的浓度是影响爆炸的一个重要因素。实验证明，当煤粉浓度小于 $100g/m^3$ 及大于 $2\ 000g/m^3$ 时，均不会发生爆炸。所以，为了防止煤粉电收尘器内的燃烧和爆炸，可从控制煤粉的浓度和防止煤粉在收尘器内聚积两方面着手。可采用以下具体措施：

第一，在气体进入电收尘器之前，安装一台高效率旋风收尘器，其收尘效率要求达到90%以上，这样煤磨系统粗分离器排出的气体的含尘浓度约在 $300~700g/m^3$，可据物料水分的不同选定。含尘浓度约在 $30~70g/m^3$ 之间，低于爆炸下限浓度，使进入电收尘的烟尘浓度远离燃爆区。

第二，采用火花放电电压较高的电极结构，并配置一套具有无火花自动跟踪特性的硅整流器，防止火花放电。

第三，收尘器内部构件，如梁、框架、轴承等，都焊防尘板。板的斜度大于70°，以防煤粉聚积。

第四，下部灰斗的斗壁溜角应大于70°，同时为防止结露，灰斗下半部斗壁安装加热器，并用恒温控制器控制。为防止灰斗积料，斗壁还可安装震动器。

第五，采用浅斗型回转下料器，避免煤粉黏附在叶轮上。

第六，为防止电收尘器开车时因内部构件温度过低，致使烟气中煤粉及水气冷凝黏附在构件上,收尘器应装设一套预加热装置。

• 加强对电收尘器内 CO 及温度的检测

为确保安全,除上述防燃防爆措施外,还应加强对收尘器的检测。可在电收尘器的出口处装设一台 CO 检测装置,只要收尘器任何地方发生燃烧现象,烟气中 CO 便会升高,当 CO 含量增高至比正常值高 700~1 000ppm 时,便发出警报,以便及时采取措施。

在收尘器的进、出口和灰斗等处安装温度计,检测收尘器内的温度也是一个重要手段。正常时,电收尘器内的温度约 70~90℃,如果气温升至 120℃以上时,便发出警报,以便及时采取措施。

• 设置卸压阀及配置 CO_2 灭火装置

一旦发生燃烧或爆炸,气体从卸压阀泄出,并喷射 CO_2 灭火,以减少损害。

• 加强操作维护

煤磨投产前,可在磨内粉磨一些石灰石粉并送入收尘系统,使收尘器内有可能沉积粉尘的地方,先沉积满石灰石粉,以防止磨煤时煤粉的沉积自燃。

电收尘器在启动前,应先启动预热装置,防止煤粉及水汽冷凝黏附。

稳定操作电压、稳定各项操作参数。

定期检查维护卸压阀、CO 检测装置、CO_2 灭火装置及测温计。

定时检查及记录各电场的电流、电压、温度、CO 值,保证收尘器正常运行。

b. 煤磨防静电袋收尘器

煤粉制备系统的收尘器,也可采用专用的袋式收尘器,尤其是在系统风量较小时较为合适。含煤烟气往往以相当大的风速进入收尘器,由于与滤袋的强烈摩擦会产生静电,当静电量积聚到一定程度时,便会引起煤粉的燃烧,所以煤磨防静电袋收尘器需采用能消除静电的滤袋。其办法是在滤袋内编织有导电性能良好的金属纤维或其他导电纤维,使在滤袋上产生的静电能及时地消除。收尘滤袋的清灰可以采用脉冲高压清灰,也可采用其他方式。

⑤烘干机、烘干磨的收尘

回转烘干机排出气体的含尘浓度,当烘干矿渣或块煤时,常在 10~50g/m³ 之间,当烘干黏土时,达 50~150g/m³ 之间。废气中的水分常在 10%~20% 之间,其露点温度约为 50~60℃。石灰石及黏土粉尘的比电阻,当废气中水分在 5% 以下,温度在 100℃以上时,比电阻值过高。但实际生产中废气水分在 10%~20% 时,烘干机粉尘比水泥窑粉尘更适合于采用电收尘器。在建设大型回转烘干机时,可采用 1~2 级收尘,第一级选用旋风式收尘器,第二级采用电收尘器。因废气中水分高,除尘系统应注意保温,防止结露、堵塞。

如果被烘干物料水分低,废气中水分也低,这时就可选用袋式收尘器。如果废气中含尘浓度不高,就可采用一级收尘系统。

原料烘干兼粉磨的磨机排出气体的含尘浓度较高,常在 50~150g/m³ 之间,一般采用二级收尘,第一级为旋风收尘器,第二级为电收尘器或袋式收尘器。利用悬浮预热窑或预分解窑的废气作烘干介质的烘干磨,其出磨气体可直接进入窑的电收尘器内,不再进入增湿降温系统。

⑥磨机的收尘

磨机的收尘,包括水泥磨和生料磨的收尘,其排出气体的含尘浓度与磨机的形式、流程、磨内风速大小及磨尾锁风状况有关,多数在 80g/m³ 以下,也有达 200g/m³ 以上的。

磨内的通风量,根据工艺要求确定,一般是通过磨机有效断面风速来计算。

磨机收尘器的选型,对于含尘浓度在 $80g/m^3$ 以下时,一般可采用袋收尘器或电收尘器的一级收尘系统。但当气体含尘浓度高时,需采用适于处理高浓度的收尘器,或者采用二级收尘系统。

当采用电收尘器,而物料中水分低、出磨气体温度又高时,水泥粉尘的比电阻将超过临界值,对此应予注意。

一般水泥磨收尘系统可不考虑保温,但当混合材中水分大或收尘管道较长等情况时必须考虑保温。

⑦破碎机、输送机及储库的收尘

破碎机中锤式和反击式破碎机产生的粉尘大,含尘浓度高,所需处理的风量也较大,颚式、锥式、辊式破碎机的粉尘则较少。破碎机的收尘,一般采用一级收尘系统。收尘器的形式可根据物料水分的不同选定。石灰石水分常在 1% 左右,熟料很干燥,破碎机可选用袋式收尘器。黏土质原料、煤和石膏的破碎机,也可按水分大小而分别选用旋风收尘器或袋式收尘器,当物料水分达 6% 以上,破碎时基本无粉尘时,则可不设收尘器。

破碎系统的收尘一般可不考虑保温。

水泥厂中各种输送机和储库,其收尘风量不大,但却很分散,近年来较多地采用小型收尘器就地收尘,就地排灰。例如,胶带输送机的转运点常用小型袋式收尘器或小型简易静电收尘器,物料库顶常用小型库顶收尘器进行收尘。

有关附属设备收尘的抽风量,较难确切计算。它与下列因素有关:物料的粒度与水分;物料的下落高度与下冲速度;物料的温度及输送量;设备或物料转运点的密封程度等。

斗式提升机的抽风量,可按提升机有效断面风速等于 2m/s 进行估算。

皮带输送机输送热的扬尘物料时,其转落点应使用密封罩,从罩内抽出的风量,应使罩子不严密处的空气泄漏速度达 1.5 ~ 2m/s。

振动筛收尘的抽风量,应使罩子不严密处吸入空气的速度不小于 0.4m/s。

2. 有害气体治理

(1) CO_2 气体的控制

根据水泥生产工艺,从理论上分析水泥生产中削减排放二氧化碳的措施和效果。

①水泥生产通常排放的二氧化碳量

水泥生产排放的二氧化碳包括:由生产水泥的主要原料石灰石中的碳酸钙分解生成水泥熟料必需的氧化钙的同时生成的二氧化碳;煅烧水泥熟料和烘干原料用燃料燃烧产生的二氧化碳。

普通硅酸盐水泥熟料含氧化钙65%左右,根据化学反应方程式:

$$CaCO_3 = CaO + CO_2 \uparrow$$

每生成 1 份 CaO 同时生成 0.785 7 份 CO_2,所以每生产 1t 水泥熟料生成 0.511t CO_2。

水泥厂用的燃料煤发热量为 22 000kJ/kg 时,约含有 65% 左右的固定碳,根据化学反应方程式:

$$C + O_2 = CO_2$$

碳完全燃烧时,每吨煤产生 2.38t CO_2。

水泥生产过程所用燃料分为熟料烧成用燃料和原燃料烘干用燃料,熟料烧成用燃料的多少与生产水泥熟料的生产工艺及规模有关。烘干用燃料的多少与对余热的利用程度和原燃料的自然水分有关,不考虑烘干物料对余热的利用,按原燃料的自然水分为 18%,生产 1t 熟料需烘干 0.5t 左右原燃料计算,烘干用煤约为 0.02t。

生产 1t 熟料需 0.161～0.296t 煤,煤燃烧产生 0.383～0.704t CO_2。加上生成熟料时碳酸钙分解产生的 CO_2,每生产 1t 水泥熟料排放 0.894～1.215t CO_2。一般地说,每生产 1t 水泥熟料排放约 1t CO_2。按此计算,我国 2004 年生产 7 亿 t 以上的水泥熟料,排入大气中的 CO_2 超过 7 亿 t。

②减排二氧化碳措施

a. 改变原料种类或熟料化学成分

• 用含有 CaO 但不产生 CO_2 的物质作原料

不产生 CO_2 又含有 CaO,且对水泥熟料形成无不利影响的物质在天然原料中很难找到,但是其他工业的废渣中往往含有 CaO 而不会产生 CO_2,如化工行业的主要化学成分为 $Ca(OH)_2$,1t 无水电石渣含 0.54t CaO,用电石渣作为生产原料,则可减排 0.424t CO_2。另外,高炉矿渣、粉煤灰、炉渣中都比黏土中含有更多的 CaO,能减少配料中石灰石的比例。上述废渣每提供 1t CaO 则减少排放 0.785 7t CO_2。另外,上述废渣作为原料生产水泥还能降低熟料烧成温度,从而降低煤耗,也可起到减排 CO_2 的作用。成都建材设计研究院和合肥水泥研究设计院分别设计了四川宜宾 30 万 t 电石渣水泥厂和安徽皖维高新材料股份有限公司年处理 18 万 t 工业废渣(其中湿排电石渣为 7.5 万 t)水泥厂,都取得了安全运行、达标达产的良好效果,明显地减排 CO_2。若全用电石渣提供水泥熟料中的 CaO,生产每吨水泥熟料可减排 0.511t CO_2。

• 降低水泥熟料中 CaO 的含量

现行硅酸盐水泥熟料要求含有较高的硅酸三钙(C_3S),因此,熟料的化学成分中 CaO 含量在 65% 左右,若在保证水泥熟料性能的前提下,降低熟料化学成分中 CaO 的含量,可减少生产水泥熟料需要的碳酸钙用量,有助于减排 CO_2。水泥熟料中 CaO 含量每降低 1%,生产 1t 水泥熟料可减排 7.857kg CO_2。目前,国内外进行低钙水泥熟料体系的研究和开发,即降低熟料组成中 CaO 的含量,相应增加低钙贝利特矿物的含量,或引入新的水泥熟料矿物,可有效降低熟料烧成温度,减少配合生料的石灰石的用量,降低熟料烧成热耗。低钙高贝利特水泥是以贝利特矿物(C_2S)为主,其含量在 50% 左右,该水泥与通用硅酸盐水泥同属硅酸盐水泥体系,其烧成温度为 1 350℃ 左右,比通用硅酸盐水泥低 100℃,在水泥性能上,低钙硅酸盐水泥 28d 抗压强度与通用硅酸盐水泥相当,后期强度高出通用硅酸盐水泥 5～10MPa,在水泥熟料生产过程中,比现行硅酸盐水泥熟料少排 10% 左右 CO_2。贝利特硫铝酸盐水泥可把熟料中 CaO 降到 45%,生产每吨熟料比现行硅酸盐水泥熟料少排 CO_2 约 0.16t。

b. 改变燃烧方法

在立窑生产中,要保持稳定的热工制度,使窑内底火稳定,防止塌边、偏火、卡窑等现象出现,另外还要注意配煤的准确、均匀,成球的质量,通风的均匀,以保证燃料的完全燃烧,尽量减少烟气中 CO 的含量。

回转窑生产中要维持生产平稳,使生产波动小,调整合理的风煤比,既可消烟,又可降低燃料的耗量。

(2) SO_2 气体的控制

①选择合适的原料

水泥窑本身具备较强的 SO_2 去除能力。大量 CaO 的存在以及硫碱结合的特点使水泥窑去除 SO_2 的效率可达到 99%。但是,原料中若存在硫化物和有机硫等物质,SO_2 的去除效率将降至 50%。因此,选择合适的原料是控制 SO_2 排放量的有效办法之一。

②使用低硫燃料

在生产的源头就要控制煤中硫的含量,一般在预分解窑中控制硫≤3%。

3. 噪音治理

(1)噪音的危害

噪音是一类引起人烦躁、或音量过强而危害人体健康的声音。

噪音给人带来生理上和心理上的危害主要有以下几方面:

①损害听力。有检测表明:当人连续听摩托车声 8h 以后,听力就会受损;若是在摇滚音乐厅,30min 后,人的听力就会受损。

②有害于人的心血管系统,我国对城市噪音与居民健康的调查表明:地区的噪音每上升一分贝,高血压发病率就增加 3%。

③影响人的神经系统,使人急躁、易怒。

④影响睡眠,造成疲倦。

(2)水泥厂噪音源及控制

在水泥生产过程中,主要产生噪音的设备有鼓风机、磨机、破碎机等,要防止噪声,首先要了解噪声的类型、设备使用情况、声源的大小,根据不同情况,采用不同的措施,达到综合治理的目的。

如鼓风机发出的噪声有气动性噪声和机械噪声,为了防止鼓风机噪声,应利用消声、吸声防气动性噪声的特性,在风机的进风口加隔声设备,在风机的进、出风管加消声器。根据阻尼、隔振防机械噪声的特性,在风机的机壳和风管上刷上阻尼材料,在风机的机脚处加隔振材料等。

破碎机、磨机产生的噪声除了机械振动所致外,主要是破碎材料与机械的撞击产生的,因此除了采用上述方法外,应给工人佩戴个人防护装置。

还可以通过建隔音间、隔音罩和隔音墙等措施,总之应使噪音全部符合《工厂企业厂界噪声标准》GB 12348—90 的标准限值。

《工厂企业厂界噪声标准》GB 12348—90 见附录二。

4. 废渣治理

在矿山开采境界内,在各安全平台上种植爬山虎、槐树和棕树等植物以恢复植被。

建立永久排渣场,用于生产排废和采矿区表层剥离的部分排废。平时对排渣场进行排水处理和分层夯实维护,防止垮塌和泥石流。待矿山闭坑后进行植被恢复。

矿石含土较多时,尽量选出矿石,将余下的黏土堆到安全平台上用于恢复植被。高镁夹石和辉绿岩等矿石中的有害成分应分类堆放,处理后用于公路的维护和保养。

17.4 水泥工作者的责任及对策

水泥工业的污染再也不能任其自由泛滥下去,借鉴欧美发达国家水泥工业清洁生产的经验,结合我国国情,就水泥工业污染之重症,水泥工作者应做到:

17.4.1 转变陈旧的观念

陈旧的观念常常导致人们不思进取,固步自封。有不少人认为水泥厂粉尘弥漫是与生俱来的,大量排尘乃正常现象,他们的理由在于水泥厂本身就是制造石头粉的地方,排尘在所难免。其实这是一种坐井观天式的表现。经过科技工作者的不懈努力,水泥厂污染防治技术已经成熟,姑且不谈工业发达国家水泥厂已经发展成为与环境相容的绿色产业,看看国内以北京水泥厂为代表的一些新型干法水泥厂,不就实现了清洁生产吗?以山东淄博水泥厂为代表的少数立窑厂不也实现了文明生产吗?因此,认为水泥行业污染不可救药的老观念必须转变,事实证明,水泥厂完全可以发展成为对人和环境无公害的花园式工厂。

也有很多人认为治理水泥厂污染费用过高,企业难以承受,其实并非如此。水泥厂有许多污染本身就是管理不善造成的,对于这部分污染,只需树立公德意识,加强管理,而无须资金投入就能消除或大为减轻。就立窑厂而言,环保达标后,每吨水泥一般只是增加成本 3~5 元,即使成本更高一些,也是值得的。当前我国水泥的价格本身就背离其价值,因为水泥成本构成中没有计入污染环境的代价,一旦要求全面达标,各厂成本将同步上升,按照市场经济的规律,水泥的价格也必然会相应上涨,这时环境的价值就得到体现了。

17.4.2　普及环保知识,扫除"环保盲"

我国水泥厂基本建在农村或郊区,受害最大的人群是从业人员及周边农民,这些人文化层次一般都较低,环保意识、自我保护意识差,面对重度污染通常是习以为常、麻木不仁。因此很有必要对这部分人加强环保知识教育,使他们认识到污染的危害性,明白呼吸清洁空气是他们生存的一项基本权利。这些受害者一旦清醒过来,将对那些只顾赚钱,不顾环境,不顾周边群众健康的水泥厂形成一股巨大的社会压力。

17.4.3　加大污染治理力度

我国有关水泥行业污染物的排放标准,相对于欧美等国宽松许多,但为何长期实现不了达标排放呢?处罚力度不够是其主要原因之一。环保部门一直采取收取排污费的办法来对付超标排放的企业,只要交足了排污费,企业就可以排污了。

污染环境不仅是一种损人利己的不道德行为,也是一种违法行为。因此,对那些该治理而不治理,或虽经治理仍不能达标的排污企业,必须坚决关停。对长期超标排污企业的负责人或业主,必须坚决严肃处理,乃至绳之以法。同时,也有必要追究那些污染问题比较突出,长期得不到解决的地区主要官员的行政乃至法律责任。

17.4.4　改变现行的管理体制,使环保法规不再是一纸空文

水泥工业污染发展到今天这种程度,不能不承认我们的环保管理体制存在一定的漏洞。由于作为具体执法单位的地方环保部门属于当地政府的一个普通机构,在执法过程中容易受地方政府所左右,使环保法规失去了法律的严肃性,并造成各地执法尺度宽松不一的局面。不可否认,有一些地方政府存在严重的地方保护主义和官僚主义思想,置百姓疾苦于不顾,环保部门一味迎合地方长官片面追求所谓的经济增长而急功近利的心理,因此很有必要改变现行管理体制,将地方各级环保部门从地方政府中分离出来,直属于中央政府领导,以避免执法时受制于地方政府,并为全国各地同时严格执法,统一尺度创造条件,也将给水泥企业创造一个公平竞争的环境,不再有"谁治理、谁吃亏"的现象出现。

在一些重点污染地区设立中央特派员制度,加强环保工作的督促和检查。环保部门一旦独立出来,那些不惜通过弄虚作假来隐瞒污染实情,粉饰太平,浮夸自已政绩的地方官员将不再有市场了。考核政绩时,采取环保"一票否决制"也将有望在全国成为现实。

17.4.5　加强社会舆论监督

水泥厂废气的排放难以做到像废水排放那么隐蔽,尤其在白天,几乎是一目了然的。对恣意排放者,可以充分利用新闻媒体予以曝光,同时也可以采取举报污染有奖的办法,使排污者在强大的社会舆论压力下难以度日。此外,也必须加强对执法部门的监督,对那些无所作为、执法不力、欺上瞒下、视百姓生命健康为儿戏的环保部门坚决予以揭露。通过舆论引导人们勇于同污染环境、破坏环境的违法行为作斗争,形成一种人人关心环境、人人爱护环境的良好风尚。

思　考　题

1. 什么叫环境? 什么叫环境污染?
2. 作为新一代的水泥工作者,对待水泥工业中的环境污染,我们应如何做?
3. 水泥生产过程的主要尘源有哪些?
4. 水泥生产过程的主要环境污染治理包括哪几个方面?

附录一

水泥工业大气污染物排放标准

1. 范围

本标准规定了水泥工业各生产设备排气筒大气污染物排放限值,作业场所颗粒物无组织排放限值,以及环保相关管理规定等。本标准也规定了水泥制品生产的颗粒物排放要求。

本标准适用于对现有水泥工业企业及水泥制品生产企业的大气污染物排放管理,以及对新建、改建、扩建水泥矿山、水泥制造和水泥制品生产线的环境影响评价、设计、竣工及其建成后的大气污染物排放管理。

2. 规范性引用文件

下列文件中的条款通过本标准的引用成为本标准的条款。凡是不注日期的引用文件,其最新版本适用于本标准。

GB 16297—1996 大气污染物综合排放标准;

GB 18484 危险废物焚烧污染控制标准;

GB/T 16157 固定污染源排气中颗粒物测定与气态污染物采样方法;

GB/T 15432 环境空气总悬浮颗粒物的测定——重量法;

HJ/T 42 固定污染源排气中氮氧化物的测定——紫外分光光度法;

HJ/T 43 固定污染源排气中氮氧化物的测定——盐酸萘乙二分光光度法;

HJ/T 55 大气污染物无组织排放监测技术导则;

HJ/T 56 固定污染源排气中二氧化硫的测定——碘量法;

HJ/T 57 固定污染源排气中二氧化硫的测定——定电位电解法;

HJ/T 67 大气固定污染源氟化物的测定——离子选择电极法;

HJ/T 76 固定污染源排气烟气连续监测系统技术要求及检测方法;

HJ/T 77 多氯代二苯并二噁英和多氯代二苯并呋喃的测定——同位素稀释高分辨毛细管气相色谱/高分辨质谱法。

3. 术语和定义

下列术语和定义适用于本标准。

3.1　标准状态

指温度为 273K,压力为 101 325Pa 时的状态。简称"标态"。本标准规定的大气污染物排放浓度均指标准状态下干烟气中的数值。

3.2　最高允许排放浓度

指处理设施后排气筒中污染物任何 1h 浓度平均值不得超过的限值;或指无处理设施排气筒中污染物任何 1h 浓度平均值不得超过的限值。

3.3　单位产品排放量

指各设备生产每吨产品所排放的有害物重量,单位 kg/t 产品,产品产量按污染物监测时段的设备实际小时产出量计算,如水泥窑、熟料冷却机以熟料产出量计算,生料磨以生料产出量计算,水泥磨以水泥产出量计算,煤磨以产出的煤粉计算,烘干机、烘干磨以产出的干物料计算。对于窑磨一体机,在窑磨联合运转时,以磨机产出的物料量计算,在水泥窑单独运转时,以水泥产出的熟料量计算。

3.4 无组织排放

指大气污染物不经过排气筒的无组织排放,主要包括作业场所物料堆放、开放式输送扬尘和管道、设备的含尘气体泄漏等。

低矮排气筒的排放属有组织排放,但在一定条件也可造成与无组织排放相同的后果,因此在执行"无组织排放监控点浓度限值"指标时,由低矮排气筒造成的监控点污染物浓度增加不予扣除。

3.5 无组织排放监控点浓度限值

指监控点的污染物浓度在任何 1h 的平均值不得超过的限值。

3.6 排气筒高度

指自排气筒(或其主体建筑构造)所在的地平面至排气筒出口计的高度。

3.7 水泥窑

指水泥熟料煅烧设备,通常包括回转窑和立窑两大类。

3.8 窑磨一体机

指把水泥窑废气引入物料粉磨系统,利用废气余热烘干物料,窑和磨排出的废气用同一台除尘设备进行处理的窑磨联合运行的系统。

3.9 烘干机、烘干磨、煤磨和冷却机

烘干机指各种形式物料烘干设备;烘干磨指物料烘干兼粉磨设备;煤磨指各种形式煤粉制备设备;冷却机指各种类型(筒式、箅式)冷却熟料设备。

3.10 破碎机、磨机、包装机和其他通风生产设备

破碎机指各种破碎块状物料设备;磨机指各种物料粉磨设备系统(不包括烘干磨和煤磨);包装机指各种形式包装水泥设备(包括水泥散装仓);其他通风生产设备指除上述主要生产设备以外的需要通风的生产设备,其中包括物料输送设备、料仓和各种类型储库等。

3.11 水泥制品生产

指预拌混凝土和混凝土预制件的生产,不包括水泥用于现场搅拌的过程。

3.12 现有生产线、新建生产线

现有生产线是指本标准实施之日(2005 年 1 月 1 日)前已建成投产或环境影响报告已通过审批的水泥矿山、水泥制造、水泥制品生产线。

新建生产线是指本标准实施之日(2005 年 1 月 1 日)起环境影响报告通过审批的新、改、扩建水泥矿山、水泥制造、水泥制品生产线。

4. 排放限值

4.1 生产设备排气筒大气污染物排放限值

4.1.1 在 2006 年 7 月 1 日前,现有水泥厂(含粉磨站)各生产设备(设施)排气筒中的大气污染物排放仍执行 GB 4915—1996;现有水泥矿山和水泥制品厂仍执行 GB 16297—1996。

自 2006 年 7 月 1 日至 2009 年 12 月 31 日止,现有生产线各生产设备(设施)排气筒中的颗粒物和气态污染物最高允许排放浓度及单位产品排放量不得超过表 1 规定的限值。

自 2010 年 1 月 1 日起,现有生产线各生产设备(设施)排气筒中的颗粒物和气态污染物最高允许排放浓度及单位产品排放量不得超过表 2 规定的限值。

4.1.2 自 2005 年 1 月 1 日起,新建生产线各生产设备(设施)排气筒中的颗粒物和气态污染物最高允许排放浓度及单位产品排放量不得超过表 2 规定的限值。

4.1.3 水泥窑焚烧危险废物时,排气中颗粒物、二氧化硫、氮氧化合物、氟化物依照水泥窑建设期间,分别执行表 1 或表 2 规定的排放限值;其他污染物执行 GB 18484《危险废物焚烧污染控制标准》规定的排放限值,但排放浓度最高不得超过 0.1ng TEQ/m³。

4.2 作业场所颗粒物无组织排放限值

现有水泥厂(含粉磨站)颗粒物无组织排放,在 2006 年 7 月 1 日前仍执行 GB 4915—1996;现有水泥制品厂仍执行 GB 16297—1996。

自 2006 年 7 月 1 日起现有生产线,自 2005 年 1 月 1 日起新建生产线,作业场所颗粒物无组织排放监控点浓度不得超过表 3 规定的限值。

5. 其他管理规定

5.1 颗粒物无组织排放控制要求

5.1.1 水泥矿山、水泥制造和水泥制品生产过程,应采取有效措施,控制颗粒物无组织排放。

5.1.2 新建生产线的物料处理、输送、装卸、储存过程应当封闭,对块石、粘湿物浆料以及车船装、卸料过程也可采取其他抑尘措施。

5.1.3 现有生产线对于粉状物的处理、输送、装卸、储存过程应当封闭;露天储料场应当采取防起尘、防雨水冲刷流失的措施;车船装、卸料时,应采取有效措施,防止扬尘。

5.2 非正常排放和事故排放要求

5.2.1 除尘装置应与对应的生产工艺设备同步运转。应分别计算生产工艺设备和除尘装置的年累计运转时间,以除尘装置年运转时间与生产工艺设备的年运转时间之比,考核同步运转率。

5.2.2 新建水泥窑应保证在生产工艺波动情况下,除尘装置仍能正常运转,禁止非正常排放。现有水泥窑采用的除尘装置,其相对于水泥窑通风机的年同步运转率不得小于 99%。

5.2.3 因除尘装置故障造成事故排放,应采取应急措施使主机设备停止运转,待除尘装置检修完毕后共同投入使用。

5.3 排气筒高度要求

5.3.1 除提升输送、储库下小仓的除尘设施外,生产设备排气筒(含车间排气筒)一律不得低于 15m。

5.3.2 以下生产设备排气筒高度还应符合表 4 中的规定。

5.3.3 若现有水泥生产线生产设备排气筒高度达不到表 4 中的规定的高度,其大气污染物应加严格控制。排放限值按下式计算。

$$C = C_0 \cdot \frac{h^2}{h_0^2}$$

式中 C——实际允许排放浓度,mg/m³;

C_0——表 1 或表 2 规定的允许排放浓度,mg/m³;

h——实际排气筒高度,m;

h_0——表2规定的排气筒高度,m。

5.4 其他规定

5.4.1 不得采用、使用《中华人民共和国大气污染防治法》第十九条规定的严重污染大气环境的落后工艺和设备。

5.4.2 禁止在环境空气质量一类功能区内开采矿山、生产水泥及其制品。

5.4.3 水泥窑不得用于焚烧重金属类危险废物。

水泥窑焚烧医疗废物应遵守《医疗废物集中处置技术规范》的要求。

利用水泥窑焚烧危险废物,其水泥或窑磨一体机的烟气处理应采用高效布袋除尘器。

6. 监测

6.1 排气筒中大气污染物的监测

6.1.1 生产设备排气筒应设置永久采样孔并符合GB/T 16157规定的采样条件。

6.1.2 排气筒中颗粒物或气态污染物的监测采样应按GB/T 16157执行。

6.1.3 对于日常监督性监测,采样期间的工况与当时正常工况相同。排污单位人员和实时监测人员不得任意改变当时的运行工况。以任何连续1h的采样获得平均值,或在任何1h内,以等时间间隔采集3个以上样品,计算平均值。

建设项目环境保护设施竣工验收监测的工况要求和采样时间频次按国家环境保护总局制定的建设项目环境保护设施竣工验收监测办法和规范执行。

6.1.4 水泥工业大气污染物分析方法见表5。

6.1.5 新、改、扩建水泥生产线,水泥窑及窑磨一体机排气筒(窑尾)应当安装烟气颗粒物、二氧化硫和氮氧化物连续监测装置;冷却机排气筒(窑头)应当安装烟气颗粒物连续监测装置;对现有水泥生产线,应按地方环境保护行政主管部门的规定安装连续监测装置。

连续监测装置需满足HJ/T 76《固定污染源排气烟气连续监测系统技术要求及检测方法》的要求。烟气排放连续监测装置经县级以上人民政府环境保护行政主管部门验收后,在有效期内其监测数据为有效数据。以小时平均值作为连续监测达标考核的数据。

6.2 厂界外颗粒物无组织排放的监测

6.2.1 在厂界外20m处(无明显厂界,以车间外20m处)上风方与下风方同时布点采样,将上风方的数据作为参考值。

6.2.2 监测按HJ/T 55《大气污染物无组织排放监测技术导则》的规定执行。

6.2.3 颗粒物分析方法采用GB/T 15432《环境空气总悬浮颗粒物的测定——重量法》。

7. 标准实施

7.1 本标准由县级以上人民政府环境保护行政主管部门负责监督实施。

7.2 地方环境保护行政主管部门应根据环境管理要求,考虑水泥工业结构调整和企业达标情况,制定现有水泥生产线烟气连续监测装置的安装计划,并予以公布。

7.3 各省、自治区、直辖市人民政府环境保护行政主管部门可根据本地环境管理的需求,提请省级人民政府批准,并报国家环境保护行政主管部门备案,提前实施表1或表2规定的限值。

表 1

生产过程	生产设备	颗粒物		二氧化硫		氮氧化合物(以 NO$_2$ 计)		氟化物(以总氟计)	
		排放浓度 (mg/m³)	单位产品排放量 (kg/t)	排放浓度 (mg/m³)	单位产品排放量 (kg/t)	排放浓度 (mg/m³)	单位产品排放量 (kg/t)	排放浓度 (mg/m³)	单位产品排放量 (kg/t)
矿山开采	破碎机及其他通风设备	50	—	—	—	—	—	—	—
	水泥窑及窑磨一体机(见注)	100	0.30	400	1.20	800	2.40	10	0.03
	烘干机、烘干磨、煤磨和冷却机	50	0.30	—	—	—	—	—	—
	破碎机、磨机、包装机和其他通风生产设备	50	0.04	—	—	—	—	—	—
水泥制品生产	水泥仓其他通风生产设备	50	—	—	—	—	—	—	—

注:指烟气中 O$_2$ 含量 10% 状态下的排放浓度及单位产品排放量。

表 2

生产过程	生产设备	颗粒物		二氧化硫		氮氧化合物(以 NO$_2$ 计)		氟化物(以总氟计)	
		排放浓度 (mg/m³)	单位产品排放量 (kg/t)	排放浓度 (mg/m³)	单位产品排放量 (kg/t)	排放浓度 (mg/m³)	单位产品排放量 (kg/t)	排放浓度 (mg/m³)	单位产品排放量 kg/t
矿山开采	破碎机及其他通风设备	30	—	—	—	—	—	—	—
	水泥窑及窑磨一体机(见注)	50	0.15	200	0.60	800	2.40	5	0.015
	烘干机、烘干磨、煤磨和冷却机	50	0.15	—	—	—	—	—	—
	破碎机、磨机、包装机和其他通风生产设备	30	0.024	—	—	—	—	—	—
水泥制品生产	水泥仓其他通风生产设备	30	—	—	—	—	—	—	—

注:指烟气中 O$_2$ 含量 10% 状态下的排放浓度及单位产品排放量。

表3 颗粒物的排放点(无组织)监控限值

作 业 场 所	颗粒物无组织排放监控点	浓度限值见注1(mg/m³)
水泥厂(含粉磨站)水泥制品厂	厂界外20m处	1.0(扣除参考值见注2)

注:1. 指监控点处的总悬浮颗粒物(TSP)1h的浓度值。
　　2. 参考值含义见6.2.1条。

表4 生产设备排气筒高度限值

生产设备名称	水泥窑及窑磨一体机				烘干机、烘干磨、煤磨和冷却机			破碎机、磨机、包装机和其他通风生产设备
单线(机)生产能力(t/d)	≤240	>240~700	>700~1 200	>1 200	≤500	>500~1 000	>1 000	高于本体建筑3m以上
最低允许高度(m)	30	45(见注)	60	80	20	25	30	

注:现有立窑排气筒仍按35m要求。

表5 水泥工业大气污染物分析方法

序　号	分析项目	手动分析方法	自动分析方法
1	颗粒物	GB/T 16157 重量法	HJ/T 76 固定污染源排气烟气连续监测系统技术要求及检测方法
2	二氧化硫	HJ/T 56 碘量法 HJ/T 57 定电位电解法	
3	氮氧化物	HJ/T 42 紫外分光光度法 HJ/T 43 盐酸萘乙二分光光度法	
4	氟化物	HJ/T 67 离子选择电极法	—
5	二噁英	HJ/T 77 色谱质谱联用法	—

附录二

工业企业厂界噪声标准
GB 12348—90

本标准为贯彻《中华人民共和国环境保护法》及《中华人民共和国环境噪声污染防治条例》,控制工业企业厂界噪声危害而制订。

1. 标准的适用范围

本标准适用于工厂及有可能造成噪声污染的企事业单位的边界。

1.1 标准值

各类厂界噪声标准值列于下表:

等效声级 L_{eq}[dB(A)]

类　　别	昼　　间	夜　　间
Ⅰ	55	45
Ⅱ	60	50
Ⅲ	65	55
Ⅳ	70	55

1.2 各类标准适用范围规定

1.2.1 Ⅰ类标准适用于以居住、文教机关为主的区域。

1.2.2 Ⅱ类标准适用于居住、商业、工业混杂区及商业中心区。

1.2.3 Ⅲ类标准适用于工业区。

1.2.4 Ⅳ类标准适用于交通干线道路两侧区域。

1.2.5 各类标准适用范围由地方人民政府划定。

1.3 夜间频繁突发的噪声(如排气噪声),其峰值不准超过标准值 10dB(A),夜间偶然突发的噪声(如短促鸣笛声),其峰值不准超过标准值 15dB(A)。

1.4 本标准昼间、夜间的时间由当地人民政府按当地习惯和季节变化划定。

2. 引用标准

GB 12349 工业企业厂界噪声测量方法。

3. 监测方法

按 GB 12349 执行。

参考文献

1. 殷维君. 水泥工艺学. 武汉:武汉工业大学出版社,1991

2. 建材标准水泥编写组. 建材标准汇编. 水泥. 北京:中国标准出版社,1999

3. 沈威,黄文熙,闵盘荣编. 水泥工艺学. 北京:中国建筑工业出版社,1980

4. 南京化工学院,武汉建材学院,同济大学,华南工学院合编. 水泥工艺原理. 北京:中国建筑工业出版社,1980

5. 洛阳建筑材料工业学校,山东建筑材料工业学院编. 水泥工艺原理. 北京:中国建筑工业出版社,1981

6. 陈全德,曹辰等编著. 新型干法水泥生产技术. 北京:中国建筑工业出版社,1987

7. 沈曾荣,耿光斗等译. 水泥工艺进展. 北京:中国建筑工业出版社,1983

8. S.N 戈什编. 杨南如,闵盘荣等译校. 水泥技术进展. 北京:中国建筑工业出版社,1986

9. 首都水泥工业学校主编. 水泥烧成工艺(修订版). 北京:中国建筑工业出版社,1974

10. 山东建筑材料工业学院主编. 水泥工业热工过程与设备. 北京:中国建筑工业出版社,1981

11. 华南工学院,武汉建材学院,南京化工学院合编. 水泥厂工艺设计概论. 北京:中国建筑工业出版社,1982

12. F.M. 李著. 唐明述等译. 水泥和混凝土化学(第三版). 北京:中国建筑工业出版社,1980

13. 陈浩煊编. 胶凝物质工艺学. 北京:中国工业出版社,1964

14. 杨斌等编. 国内外水泥标准汇编. 北京:中国标准出版社,1987

15. 胶凝材料编写组. 胶凝材料学. 北京:中国建筑工业出版社,1979

16. 北京建材学校等合编. 水泥工业粉磨及设备. 北京:中国建筑工业出版社,1981

17. 武汉建筑材料工业学院编. 非金属矿床露天开采. 北京:中国建筑工业出版社,1984

18. 王宜光等编. 原料与生料设备. 北京:中国建筑工业出版社,1984

19. 邹依仁编著. 全面质量管理. 上海:上海科学技术出版社,1984

20. 庞金石,邓松,刘小娟编. 化工企业全面质量管理及环境保护. 成都:成都科技大学出版社,1988

21. 徐金石主编. 工业企业管理与技术经济. 北京:机械工业出版社,1984

22. 李京文,袁子仁,金光华主编. 建材工业企业管理. 北京:中国建筑工业出版社,1982

23. 裴守屏主编. 立窑水泥质量手册. 太原:山西人民出版社,1982

24. 西南水泥工业设计院编. 小水泥生产技术. 北京:中国建筑工业出版社,1984

25. 焦毅寒,王开霞编. 生产控制与检验. 北京:中国建筑工业出版社,1985

26. 建筑材料科学研究院. 水泥物理检验(第三版). 北京:中国建筑工业出版社,1985

27. 中国质量管理协会编. 全面质量管理基本知识(修订本). 北京:科学普及出版社,1987

28．童三多等译．世界水泥标准．技术出版社,1981

29．AA 巴申科著．钱清杨译．新型水泥．北京:中国建筑工业出版社,1983

30．森茂二郎编．王幼云等译．新型水泥与混凝土．北京:中国建筑工业出版社,1981

31．杨东生编．水泥工艺实验．北京:中国建筑工业出版社,1986